U0403488

楼盖振动舒适度评价理论与方法

周绪红　曹　亮
刘界鹏　李　江　著

科学出版社
北　京

内 容 简 介

本书总结了近年来作者在楼盖振动舒适度方面的一些研究成果。书中简释了国内外有关建筑楼盖振动舒适度的主要规范；详细介绍了混凝土楼盖和钢-混凝土组合楼盖的振动舒适度试验研究；推导了混凝土楼盖和钢-混凝土组合楼盖的频率和加速度响应理论公式；为便于设计人员验算混凝土楼盖振动舒适度，提出了峰值加速度简化验算公式；基于试验数据建立了步行和跑步荷载的数学模型。

本书可供从事工程结构振动舒适度研究的学者、工程技术人员，以及高等院校相关专业的研究生、教师参考。

图书在版编目(CIP)数据

楼盖振动舒适度评价理论与方法/周绪红等著. —北京：科学出版社，2023.3
ISBN 978-7-03-069721-9

Ⅰ. ①楼… Ⅱ. ①周… Ⅲ. ①地板-建筑结构-结构振动-舒适性-研究 Ⅳ. ①TU225

中国版本图书馆 CIP 数据核字（2021）第 182030 号

责任编辑：任加林 / 责任校对：王万红
责任印制：吕春珉 / 封面设计：东方人华平面设计部

科学出版社 出版
北京东黄城根北街 16 号
邮政编码：100717
http://www.sciencep.com
北京中科印刷有限公司印刷
科学出版社发行 各地新华书店经销
*
2023 年 3 月第 一 版 开本：B5（720×1000）
2023 年 3 月第一次印刷 印张：12 3/4
字数：254 000

定价：128.00 元
（如有印装质量问题，我社负责调换〈中科〉）
销售部电话 010-62136230 编辑部电话 010-62139281（BA08）

前　言

近 20 年来，随着国民经济持续快速发展，我国在城市建筑与基础设施方面取得了令人瞩目的建设成就，大量公共建筑相继建成，如博览建筑、体育场馆、会展中心、交通建筑、商业建筑、办公建筑、医院和学校等。我国建筑行业的迅速发展，给人们的生活和工作提供了更加舒适的环境和空间。但与此同时，人们对建筑的使用功能也提出了更高的要求。对于公共建筑，人们常希望楼盖的跨度更大，楼盖梁的高度更小，从而得到跨度和净高均较大的使用空间。随着楼盖跨度的增大，结构设计中梁逐渐由承载力控制变为由刚度控制，当梁刚度不足时，不仅会导致挠度超过限值，更容易带来人致竖向振动舒适度问题。增加梁高以提高楼盖抗弯刚度是有效提高楼盖振动舒适度的方法，但梁高增加导致成本提高，同时还会降低室内的净高，影响使用功能。因此，对跨度较大的楼盖进行精准设计，在楼盖梁高和振动舒适度要求之间找到一种“平衡”，对公共建筑的经济性和使用功能的提高具有重要意义。

楼盖振动舒适度的主要控制指标是竖向振动频率与加速度。目前国内外相关设计规范对楼盖振动舒适度的限值均进行了明确规定，并以美国钢结构协会（American Institute of Steel Construction，AISC）给出的方法为基础建议了楼盖振动频率与加速度的简化计算方法。但 AISC 的方法在计算楼盖振动频率与加速度过程中，均将楼盖简化为简支梁，简化过程复杂，且计算过程中不能考虑人-楼盖的耦合振动效应，计算结果精度较低。采用有限元方法可精准地计算楼盖振动频率和加速度值，但有限元方法的建模和分析过程工作量大，设计效率低，很难在结构设计中广泛应用。

针对楼盖振动舒适度的设计问题和研究现状，本书作者近年来进行了较为深入的研究，包括理论分析、数值模拟、模型试验、现场试验等。通过研究，作者发现了人-楼盖耦合振动的楼盖刚度临界值，提出人-楼盖耦合振动的人致荷载模型，求得了不同边界条件楼盖的振动频率和加速度解析解，并最终建立满足工程设计精度要求的频率和加速度简化计算公式。根据与现场试验及有限元分析结果的对比，与现有规范的设计方法相比，本书中的楼盖振动舒适度设计方法精度更高，计算过程更简便，可在结构设计中广泛应用。

本书是作者对近 10 年来创新性研究成果的总结。全书分为 9 章，主要内容包括基本分析理论、混凝土楼盖和钢-混凝土组合楼盖的试验与有限元分析、楼盖的人致振动理论分析、楼盖的人-结构耦合振动理论分析、人致激励荷载模型等。本书最后一章结合实际案例给出了详细的验算过程；结构工程师在工程实践中不需要了解其他章节的任何内容，就可根据最后一章的详细步骤验算出一个较规则楼盖的振动舒适度是否满足要求。

在本书的研究过程中，作者指导的研究生黄鉥、郑星、呼辉峰、张力、周子楷、单文臣、张瑞芝、虞铁然、苗亚军、张琳博、李东声、张裕松、唐华明、宋华、陈约瑟、黎翔、李强、余洁、韩凤丽等参与了试验研究或有限元分析工作；没有他们的辛勤付出，本书不可能最终成稿。本书的研究工作还得到了国家自然科学基金项目“钢结构高效抗震体系研究”（项目编号：51890902）、“考虑人-结构耦合作用的组合楼盖人致振动舒适度研究”（项目编号：51908084）、“钢-混凝土组合结构”（项目编号：51622802）、“预应力混凝土刚架索梁-钢管约束钢筋混凝土柱大跨度框架结构的力学性能研究”（项目编号：51378244），中国博士后科学基金项目“考虑人-结构耦合作用的冷弯薄壁型钢组合楼盖振动舒适度研究”（项目编号：2020M673139），重庆市博士后科学基金项目“基于倒立摆模型人-人行天桥耦合作用及舒适度研究”（项目编号：cstc2019jcyj-bshX0013）等的资助。在此，本书作者谨向对本书研究工作提供帮助的各位研究生、国家自然科学基金委员会、中国博士后科学基金会、重庆市科学技术局等表示诚挚的感谢！

需要指出的是，人致结构振动舒适度是一个复杂问题，不但涉及结构动力学，还涉及心理学、人机工程学、模糊数学、可靠度理论、优化理论等多学科方向，从而导致其研究过程复杂，学科交叉要求高。本书的工作只是对人致荷载下楼盖振动舒适度的前期研究，作者的研究工作还将进一步深入。期待本书的出版对推动结构人致振动舒适度的分析和设计理论发展起到一定作用。

由于作者水平有限，书中难免有不足之处，恳请读者批评指正。

著　者

2020 年 12 月

目　录

第1章　绪　　论

振动是自然界普遍存在的一种现象，大至宇宙，小至亚原子粒子，无不存在振动。在日常生活中，振动现象无处不在：心脏的搏动、耳膜和声带的振动，都是人体不可缺少的功能；生活中不能没有声音和音乐，而声音的产生、传播和接收都离不开振动。在工程技术领域，振动现象也比比皆是：桥梁和建筑物在风、地震和人致荷载激励下的振动，飞机和船舶在航行中的振动，机床和刀具在加工时的振动，各种动力机械的振动，控制系统中的自激振动等。对于人类而言，振动既包含积极影响（如振动传输、振动筛选、振动研磨、振动抛光、振动沉桩和振动消除内应力等），也包括消极影响（如影响精密仪器设备的功能，降低加工精度和光洁度，加剧构件的疲劳和磨损，干扰人类正常生活）等。

本书主要研究混凝土楼盖和钢-混凝土组合楼盖的人致振动舒适度问题。在建筑结构中，楼盖振动主要是由机械设备的运转和人的日常活动引起，而后者存在于绝大多数楼盖。激励产生的振动可通过基础、柱、墙、楼盖等结构构件传递，而传播介质的动力特性，包括刚度、质量和阻尼等，又会影响结构振动响应的大小。楼盖在人致荷载作用下产生的振动若超过一定范围时，将导致人体产生不适（如注意力下降、头晕、心慌等），甚至可能造成人群恐慌而诱发公共安全事件。因此，针对人致楼盖振动的原理及舒适度设计方法开展深入研究，对提升建筑正常使用功能品质具有重要意义。

1.1　人致结构振动问题

一般由跳跃、步行和跑步等人致荷载所产生的振动，称为人致结构振动。有关人致结构振动对结构安全性的影响，早在 19 世纪上半叶就为人所知。1821 年 Stevenson[1]记录了某军队通过人行桥时发生的剧烈振动，指出人行桥的设计应考虑人致荷载，此记录是最早关于人致人行桥振动的报告；1825 年，位于德国萨勒河上一座跨度 78m 的悬索桥，由于人群过桥而造成破坏[2]；英格兰的布劳顿桥建于 1826 年，1830 年因军队“齐步走”过桥而垮塌；法国昂热桥建于 1839 年，1850 年一个营的士兵在暴风雨中过桥，桥在狂风及士兵较为一致的步伐下产生振动而垮塌，226 人丧生[3]。类似人群活动所导致的建筑结构倒塌事故也曾发生。1981 年美国堪萨斯州的凯悦酒店（Hyatt Regency）在举行一个舞会期间横跨大厅的人行步道桥倒塌，导致113人死亡和188人受伤[4]；1985年瑞典的新乌利维球场（Nya Ullevi）举办音乐会时，热情似火的观众随歌而舞引起了体育场下软土地基的强烈振动，在距离体育场400m外都有感，体育场遭受严重的损坏[5]；2011年17名中年人在韩国TechnoMart购物大楼随音乐跳跆搏健身操，其有节奏的跳动和楼盖产生共振，导致购物中心大楼出现长达10min的“摇摆”，数百人惊慌逃离[6]。表1.1和表1.2分别总结了国内外人致结构振动事例。

表 1.1　国内人致结构振动事例

结构名称	振动描述	制振措施
武汉长江大桥[7-8]	大桥建成通车，市民涌上桥面观光、游览。中午人流非常拥挤，感觉大桥有晃动现象，晃动持续至晚上人群散去为止。据观测数据表明端桥门架顶横向全振幅为8mm；桥跨中央下弦横向全振幅为5～15mm（平均10mm）；上弦横向全振幅小得多；振动周期0.8s	
杭州解百天桥	该桥为大跨工字型钢箱梁结构，使用过程中行人普遍反映步行时振感明显，引起市民的恐慌，其主要原因是结构固有频率过低，在行人或桥下汽车激励下发生共振	拆除，重建
武汉理工大学理工一桥[9]	桥梁跨度45m，宽度7m，独塔斜拉钢箱梁结构。行人在桥上可以感到桥身有明显的上下晃动，人数较多时，桥身晃动更加剧烈，似乎有垮塌的危险，使人产生恐慌心理，严重影响桥的使用	
重庆童心桥[10]	该人行桥上部结构为两跨30.63m全焊接钢连续梁，箱高0.80m、宽4.2m，其中人行道4.0m，纵坡按圆曲线设置，下部结构为人工挖孔桩基础钢结构异型墩，两侧设钢结构人行梯道，梯道与钢箱梁固结。该桥于2002年6月建成后投入使用，使用过程中行人普遍反映步行时振感明显，桥下大车通过时会激起箱梁振动，且振幅度较大	
北京太平街人行天桥[11]	天桥上部结构为跨长42m、宽3m的简支钢箱梁，下部结构采用带盖梁的钢管混凝土“T”形墩柱。天桥一阶振型频率为2.44Hz，与行人步频较近，易引发共振	采用黏滞流体阻尼器和调频质量阻尼器设计减振系统
砖混房屋楼板[12]	该3层砖混结构房屋建于20世纪70年代初，长68.2m，宽8.4m，墙体为240红砖砌筑，楼板、屋面板为预制空心板。由于房屋中部设置的楼梯刚度不足，导致使用过程中楼板有明显的振动，影响了房屋安全使用	加固改造
武汉市钟家村人行天桥	该天桥修建于20世纪90年代初，桥体为钢箱梁，全长180m、桥下净空为5m，最大跨径为42.8m，桥面宽4.0～6.1m不等。在使用过程中发现该天桥弹性较大，行人通过时产生的振动较为明显	
洪雅柳江古镇铁索桥	2010年2月14日12时，该铁索桥意外垮塌，造成28人不同程度受伤，其中7人伤势较重。事后经现场调查初步分析，发生垮塌的原因是行人摇晃振荡产生共振，超过钢索强度，致使一主绳断裂后产生连锁反应，发生侧翻	
广州某临时人行天桥[13]	行人作用下振动过大	梁底增焊一块通长的钢厚板
北京南裱褙胡同南侧人行天桥[14]	振幅过大引起行人和媒体的关注	在天桥上部增加两道钢拱结构进行加固

表 1.2 国外人致结构振动事例[2, 15-16]

地理位置	事故时间/年	桥龄/年	用途	形式	跨径/m	宽度/m	垮桥场合	人群状况/人	人群行为	死亡（受伤）/人
德国宁堡（Nienburg）	1825	1	b	cidi	78			多		
英国南埃斯克河畔蒙特罗斯（Montrose）	1830	1	a		129.6		S	约 700	d	多
英国英格兰诺森伯兰郡莫珀斯堡（Castle Morpeth）	1830			c				拥挤		
英国英格兰曼彻斯特的布劳顿（Bronghton）	1831	2	a	c	44.3	5.6	C	60	f	
印度马德拉斯（Madras）	1840			c			C		f	>30
英国北部码头（North Quay）	1845	16	a	cidt	26.2	6.0	S	>300	c	>113
孟加拉国杰索尔附近津德尔（Jinguruchy）	1846	2		cidi			S	>500	c	约 100
法国巴斯-谢纳（Basse-Chaine）桥	1850	11	a	c	102	7.2	C		f	
英国博特福德（Boatford）桥	1871	0		c	53.3			60		1～2
英国威德科姆（Widcombe）	1877	15	b	dt	24.4	2.4	O	>100	e	约 11
英国英格兰索尔塔什（Saltash）	1877	久远		dt				>200		0
捷克共和国梅里施-奥斯特劳（Mährisch-Ostrau）	1886	35	a		66	7.1	C	>30	f	6
美国韦斯顿（Weston）	1896			c			O	拥挤		2
美国利特尔顿（Littleton）	1896			c				拥挤		2
美国麦迪逊街（Madison St.）桥	1903			c	13		O	约 200	b	40
美国奥康托福尔斯（Oconto Falls）	1906	久远	b				O	12		1
美国芬德利（Findlay）	1907		b	c			M	>100	a	（4）
美国长滩皮尔（Pier approach）	1913		c	dt			O	多	e	35

续表

地理位置	事故时间/年	桥龄/年	用途	形式	跨径/m	宽度/m	垮桥场合	人群状况/人	人群行为	死亡（受伤）/人
加拿大多佛港（Port Dover）	1913	久远		dt			T	>60	e	（20）
美国诺曼溪（Norman's Creek）	1913			dt	21.3		SR	24		
美国迪韦森街（Division Street）	1913	临时	b	dt			R	>40	b	
美国宾夕法尼亚州切斯特第三大街	1921	35	c	ds			S	>75	c	24
美国西弗吉尼亚怀茨维尔（Whitesville）	1926	13	b	cs	65.2	1.5	S	>100	d	6
德国摩泽尔（Mosel）河	1930		b	dt			O			>40
菲律宾那牙（Naga）	1949			dt			SR			多
英国英格兰贝里市诺斯利街车站	1952	70	b	dt	22.1	2.2	M	约 200	e	1（174）
菲律宾那牙（Naga）	1972	20	c	dt	120.1	7.9	SR	约 500		138
西班牙博斯普鲁斯（Bosporus）大桥	1973		c				O	10000	d	
尼泊尔马赫卡利（Mahkali）河	1974	60		csdt	60	1.5		150		138
新西兰奥克兰港口	1975		a				O	3000	d	
俄罗斯普希金诺（Puškino）	1977		b				O	很多		>10
保加利亚瓦尔纳（Varna）	1978	久远		d				多		数个
墨西哥勒马（RioLerma）河	1979	0	b		40	1.4	R	400	b	7
日本九州	1980	11		c	114		R			7
美国堪萨斯州凯悦酒店	1981		c	csds			O	>1000		113（186）
马来西亚北海（Butterworth）	1988		c				R	3000	e	30
法国科西嘉岛看台	1992	临时								13
西班牙马德里附近阿兰胡埃斯（Aranjuez）	1996	31	b	csdt	40	3		11～52		2

续表

地理位置	事故时间/年	桥龄/年	用途	形式	跨径/m	宽度/m	垮桥场合	人群状况/人	人群行为	死亡（受伤）/人
以色列特拉维夫附近雅孔河	1997	0.5	b	adt	20		M	>100	b	2
英国伦敦千禧桥	2000	0	b	c	325	4	S	很多	d	
美国费城特拉华（Delaware）河	2000		c				O	>37		3
美国北卡罗来纳州康可的罗维斯赛道	2000	5	b	co	25	48	O		a	（107）
尼泊尔苏尔凯德县宗朱（Chunchu）村	2007	0	b	c			R	>300		12
柬埔寨金边洞里萨河钻石桥	2010		b		100	8	S	很多	a	>456
尼泊尔印尼边境	2011		b	c	160		O	>50	a	3

注：1. 在“用途”列中：a——道路；b——人行桥；c——其他。

2. 在“形式”列中：a——铝；c——链或索支撑；co——混凝土；d——桥面结构；i——铁；s——钢；t——木材。

3. 在“垮桥场合”列中：C——骑兵或士兵；M——体育运动集结；R——宗教集结；S——观看河上景观；T——缴费受阻；O——其他。

4. 在“人群行为”列中：a——从桥的一端到另一端；b——队伍行进；c——人群聚集在桥面一侧；d——人群从桥面一侧到另一侧；e——排队等待；f——骑兵、士兵或其他兵种的部队。

5. “死亡（受伤）/人”列中，括号内的数字表示受伤人数，仅有数值表示死亡人数，如 1981 年在美国堪萨斯州凯悦酒店事例中，113（186）表示死亡 113 人，受伤 186 人。

由人致荷载引起建筑结构的大幅振动、结构破坏甚至人员伤亡事件，在世界多地均有发生，特别是针对体育比赛或演唱会等临时搭建的看台，设计人员采用了不同的措施来避免此类事故。例如，国家游泳中心临时看台，结构设计人员通过调节钢柱的高度以提高钢柱的抗侧刚度，达到控制频率的目的[17]；英国卡迪夫千禧体育场在举行大型音乐会之前安装了临时支撑；英国利物浦的安菲尔德体育馆按照要求额外增加了钢柱来增强结构整体刚度；著名的英国曼彻斯特老特拉福德体育馆则采用了严格的人群管理来降低人群的动力效应影响[18]。

目前，随着结构分析方法、设计方法、施工技术、高强轻质材料应用等方面的进步，大跨度楼盖在办公、商业、体育、交通、展览等公共建筑和基础设施中的应用日益广泛。大跨度楼盖在人致荷载作用下，容易发生振动，导致人体不适，甚至诱发公共安全事件。因此，对于此类楼盖，人致荷载作用下的振动舒适度问题已超越承载力要求成为结构设计的控制因素[18-19]。伴随着结构工程向“更高、更长、更轻”的方向发展，大跨楼盖在人致荷载作用下的振动问题将日益突出，因此工程界和学术界应从“一种新型灾害”的角度重视人致楼盖振动问题[18]。

人致楼盖振动舒适度问题在土木工程领域由来已久。早在1820年，Tredgold[20]建议加大木结构主梁高度，以减小步行引起的楼盖振动。楼盖的振动由很多不确定性因素引起，研究过程涉及数学、结构力学、心理学、人机工程学、可靠度理论和优化理论等诸多学科，该问题至今仍未妥善解决[21]。因此，针对人致楼盖振动舒适度问题，应开展人致荷载、舒适度评价标准和楼盖振动响应等方面的深入研究。

1.2 人致荷载研究现状

使用者在完成步行、跳跃、奔跑、舞蹈、踏步、瞬时起立或坐下、屈伸运动以及拍手等动作时对支撑结构产生的动力作用统称为人致动力荷载，简称人致荷载[18]。人的日常活动可产生各种形式的动荷载，而此类动荷载可能是周期性或瞬时性的。其中，周期荷载是指大小和方向均随时间做周期性变化的动荷载，如步行、跑步和跳舞等产生的动荷载；瞬时荷载主要是由结构构件受到的简单冲击力产生的，如单次落足、立定跳远或重物落下等产生的动荷载。

然而，考虑到人体激励的随机性，如活动种类、活动人数不确定，要精确描述所有形式的人致荷载显得尤为困难。但是，步行、跑步和跳跃荷载是实际生活中最常见的人体活动。因此，本章重点介绍这些人致荷载的研究现状。

1.2.1 步行和跑步

步行和跑步可对人行桥、路线桥、廊道和楼盖等人行结构产生相当大的动荷载，这些运动形式可用步频、步速及荷载-时间函数来表征。

1）步频

步频（f_s）是动荷载的主要控制参数，其可用每秒落脚次数表示，但作为荷载频率的特性用赫兹（Hz）表示更合理。试验研究表明，在平面正常步行时，人的步频一般为1.5～2.5Hz[22]；跑步步频一般为2.4～2.7Hz，快跑时可高达5.0Hz。但是在公共的人行结构上，步频很少超过3.5Hz[23]。

2）步速

人的行进速度（v_s）随步频和步距（l_s）的变化而变化。当然对同样的行进速度，不同的人有不同的步距和步频，见表1.3。

表 1.3 步行和跑步时步频、步速和步距的关系

运动形式	f_s/Hz	v_s/(m/s)	l_s/m
慢步	约 1.7	1.1	0.60
正常步行	约 2.0	1.5	0.75
快步	约 2.3	2.2	1.00
慢跑	约 2.5	3.3	1.30
快跑	约 3.2	5.5	1.75

3）荷载-时间函数

人在步行或跑步时产生了垂直和水平（前进方向和横向）的动荷载。影响荷载-时间函数的参数主要有步频、走步特征（脚跟或脚掌着地）、人的体重、性别、脚上所穿鞋形式（或光脚）和楼面条件（表面的松软程度）等。

由于参数众多，不同的调查结果差别很大，另外采用的试验方法和测量技术也影响调查结果。1970 年，Galbraith 等[24]系统地研究了体重、步频（慢行至跑步范围）、脚上所穿鞋形式和地面条件等因素对步行和跑步竖向荷载的影响。研究结果表明，与人的体重和步频相比，竖向荷载幅值受鞋子类型和地面条件影响较小。由图 1.1 可见，连续步行时两脚接触时间存在搭接，连续跑步时两脚与地面间断地接触。Wheeler[25-26]系统地总结了慢行至跑步范围内荷载的区别，同时阐述了步长、步频、荷载幅值和接触时间等参数的关系。随步频增加，荷载幅值和步长增加，而接触时间减少，如图 1.2 所示。

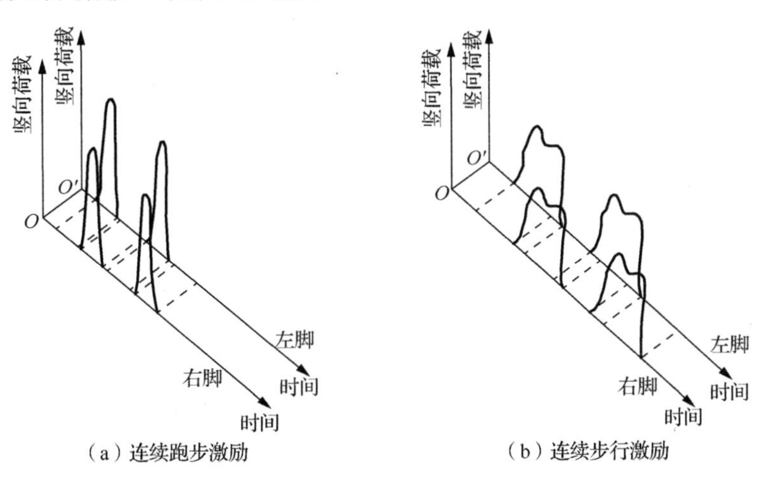

（a）连续跑步激励　（b）连续步行激励

图 1.1 连续跑步、步行时时间和竖向荷载的关系曲线

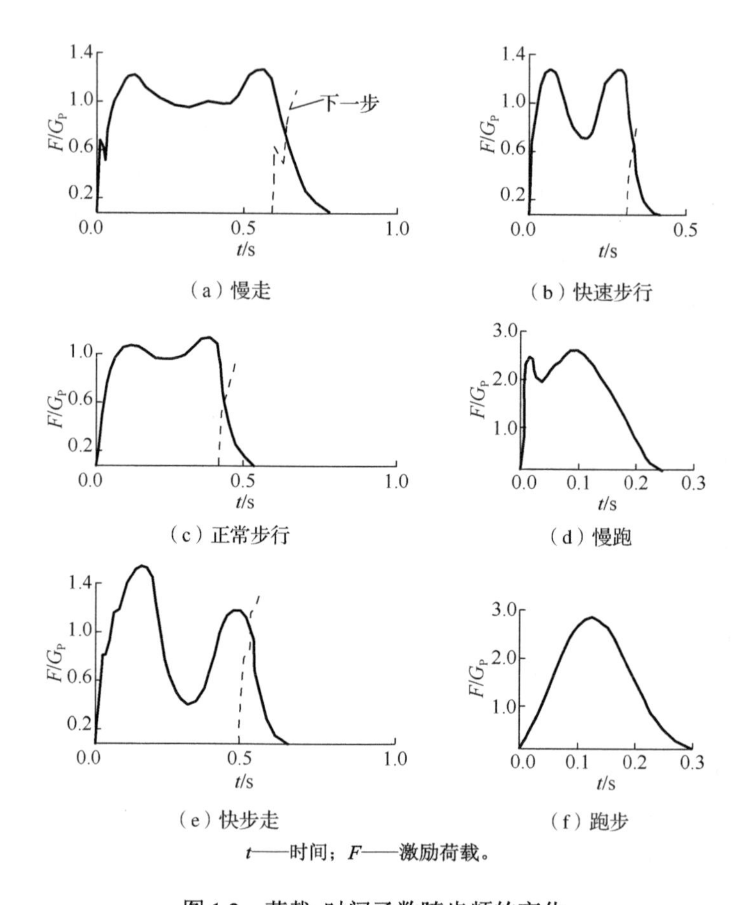

图 1.2　荷载-时间函数随步频的变化

一个理想的动荷载数学模型必须能考虑步行和跑步间的差别，选用“连续与地接触”和“不连续与地接触”的不同方法来计算。

步行荷载 $F_{\mathrm{W}}(t)$ 可理想地表示为

$$F_{\mathrm{W}}(t)=G_{\mathrm{P}}\left[1+\sum_{i=1}^{n_{\mathrm{W}}}\alpha_{\mathrm{W}i}\sin(2\pi i f_{\mathrm{W}}t-\theta_{\mathrm{W}i})\right] \tag{1.1}$$

式中，G_{P}——人体重量，一般取 0.7kN；

$\alpha_{\mathrm{W}i}$——第 i 阶荷载步频的动载因子（dynamic load factor，DLF）；

f_{W}——步行频率，即步频；

$\theta_{\mathrm{W}i}$——第 i 阶荷载步频的相位角；

n_{W}——谐波总数。

基于上述傅里叶函数的简化，国内外学者试图量化动力放大因子以便完美地呈现步行荷载曲线。不同学者提出的步行荷载模型动力放大因子（单人步行）见表 1.4。

表 1.4 不同学者提出的步行荷载模型动力放大因子（单人步行）

<table>
<tr><th>序号</th><th>文献</th><th>动力放大因子</th><th>相位角</th><th>备注</th></tr>
<tr><td>1</td><td>Blanchard 等[27]</td><td>$\alpha_{W1}=0.257$</td><td></td><td></td></tr>
<tr><td rowspan="3">2</td><td rowspan="3">Bachmann 等[23, 28]</td><td>$f_W=2.0\text{Hz},\ \alpha_{W1}=0.4$</td><td>$\theta_{W1}=0$</td><td rowspan="3">$2\text{Hz}<f_W<2.4\text{Hz}$
α_{W1} 线性内插</td></tr>
<tr><td>$f_W=2.4\text{Hz},\ \alpha_{W1}=0.5$</td><td>$\theta_{W2}=\pi/2$</td></tr>
<tr><td>$f_W=2.0\text{Hz},\ \alpha_{W2}=\alpha_{W3}=0.1$</td><td>$\theta_{W3}=\pi/2$</td></tr>
<tr><td>3</td><td>Rainer 等[29]</td><td>详见图 1.3</td><td></td><td></td></tr>
<tr><td>4</td><td>Kerr[30]</td><td>$\alpha_{W1}=-0.265f_W^3+1.321f_W^2$
$-1.760f_W+0.761$
$\alpha_{W2}=0.07$
$\alpha_{W3}=0.05$</td><td></td><td>$1.6\text{Hz}<f_W<2.2\text{Hz}$</td></tr>
<tr><td rowspan="4">5</td><td rowspan="4">Smith 等[31]</td><td>$\alpha_{W1}=0.436(f_W-0.95)$</td><td>$\theta_{W1}=0$</td><td rowspan="4">$1.8\text{Hz}<f_W<2.2\text{Hz}$</td></tr>
<tr><td>$\alpha_{W2}=0.006(2f_W+12.3)$</td><td>$\theta_{W2}=\pi/2$</td></tr>
<tr><td>$\alpha_{W3}=0.007(3f_W+5.2)$</td><td>$\theta_{W3}=-\pi$</td></tr>
<tr><td>$\alpha_{W4}=0.007(4f_W+2.0)$</td><td>$\theta_{W4}=-\pi/2$</td></tr>
<tr><td>6</td><td>Young[32]</td><td>$\alpha_{W1}=0.37(f_W-0.95)$
$\alpha_{W2}=0.054+0.0044f_W$
$\alpha_{W3}=0.026+0.0050f_W$
$\alpha_{W4}=0.010+0.0051f_W$</td><td></td><td>$1\text{Hz}<f_W<2.8\text{Hz}$</td></tr>
<tr><td rowspan="4">7</td><td rowspan="4">Murray 等[33-34]
和 Allen 等[35]</td><td>$\alpha_{W1}=0.5$</td><td>$\theta_{W1}=0$</td><td rowspan="4">$1.6\text{Hz}<f_W<2.2\text{Hz}$</td></tr>
<tr><td>$\alpha_{W2}=0.2$</td><td>$\theta_{W2}=0$</td></tr>
<tr><td>$\alpha_{W3}=0.1$</td><td>$\theta_{W3}=0$</td></tr>
<tr><td>$\alpha_{W4}=0.05$</td><td>$\theta_{W4}=0$</td></tr>
<tr><td rowspan="5">8</td><td rowspan="5">陈隽等[36]</td><td>$\alpha_{W1}=0.2358f_W-0.2010$</td><td>$\theta_{W1}=-\pi/4$</td><td rowspan="5">$1.2\text{Hz}<f_W<3\text{Hz}$</td></tr>
<tr><td>$\alpha_{W2}=0.0949$</td><td>$\theta_{W2}=0$</td></tr>
<tr><td>$\alpha_{W3}=0.0523$</td><td>$\theta_{W3}=0$</td></tr>
<tr><td>$\alpha_{W4}=0.0461$</td><td>$\theta_{W4}=\pi/4$</td></tr>
<tr><td>$\alpha_{W5}=0.0339$</td><td>$\theta_{W5}=\pi/2$</td></tr>
</table>

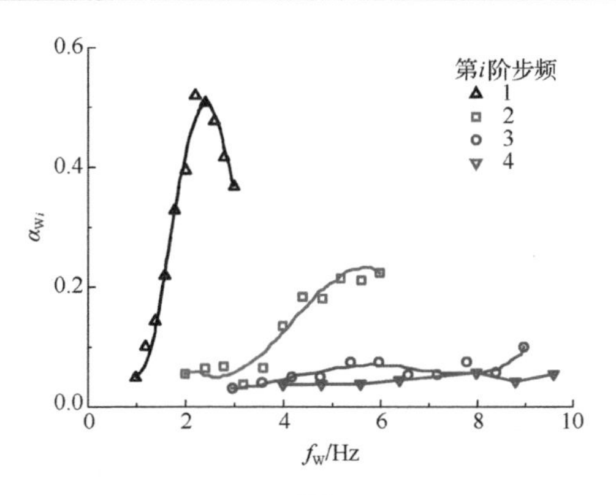

图 1.3 Rainer 等[29]学者推荐的 α_{Wi}

与其他学者不一致，Smith 等[31]推荐的步行函数表达式为

$$F_W(t) = G_P \sum_{i=1}^{n_W} \alpha_{Wi} \sin(2\pi i f_W t - \theta_{Wi}) \tag{1.2}$$

Ebrahimpour 等[37]强调多人步行时，高阶步频（i=2 和 i=3）分量对楼盖响应的贡献很小，尤其是随着人数的增加越大其贡献越小，因此分析多人步行引起的楼盖振动时，可忽略高阶步频分量的影响。基于试验和有限元分析，多人步行时动力放大因子 α_{W1}、步行人数 N_P 和步频 f_W 的关系如表 1.5 所示。

表 1.5　多人步行时动力放大因子 α_{W1}、步行人数 N_P 和步频 f_W 的关系

N_P/人	α_{W1}			
	f_W=1.5Hz	f_W=1.75Hz	f_W=2.0Hz	f_W=2.5Hz
≤10	$0.18-0.05\lg N_P$	$0.25-0.08\lg N_P$	$0.34-0.09\lg N_P$	$0.51-0.09\lg N_P$
>10	0.13	0.17	0.25	0.42

跑步荷载函数 $F_R(t)$ 一般只有单一的荷载最大值，其函数可以用半正弦脉冲序列来表示。一个周期内的跑步荷载函数可表示为

$$F_R(t) = \begin{cases} K_R G_P \sin\left(\dfrac{\pi t}{t_R}\right) & t < t_R \\ 0 & t_R \leqslant t \leqslant T_R \end{cases} \tag{1.3}$$

式中，K_R——动力冲击系数，$K_R = F_{R\cdot max}/G_P$，其中 $F_{R\cdot max}$ 为动荷载峰值；

t_R——跑步激励时，足底与地面接触时间；

T_R——跑步激励周期，$T_R = 1/f_s$。

动力冲击系数 K_R 按势能为常数的条件提出，即在一个周期范围内的荷载-时间函数的积分必须与静止荷载（静重）的积分相等。跑步荷载模型如图 1.4 所示。

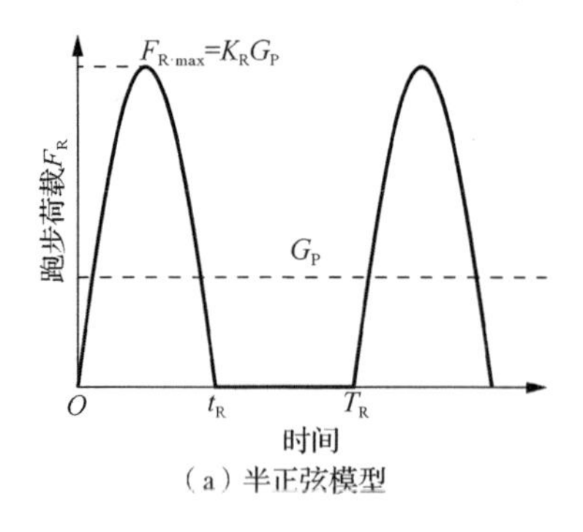

（a）半正弦模型

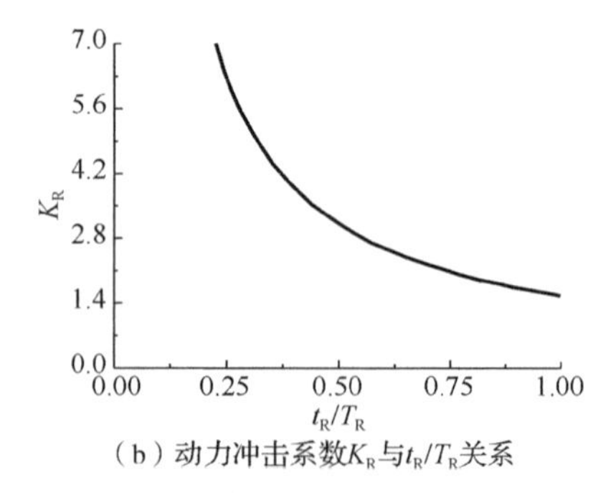

（b）动力冲击系数K_R与t_R/T_R关系

图 1.4　跑步荷载模型

按照半正弦模式的时间函数可以写成式（1.4）的形式，即取人体重量 G_P 与谐波分量之和。

$$F_{\mathrm{R}}(t)=G_{\mathrm{P}}\left\{\alpha_{\mathrm{R}0}+\sum_{i=0}^{\infty}\alpha_{\mathrm{R}i}\cos\left[2\pi if_{\mathrm{R}}\left(t-\frac{t_{\mathrm{R}}}{2i}\right)\right]\right\} \tag{1.4}$$

式中，$\alpha_{\mathrm{R}i}$——第 i 阶谐波动力放大因子；

f_{R}——跑步频率。

图 1.5 表示了按谐波分析（傅里叶分析）计算出的前四阶谐波动力放大因子 $\alpha_{\mathrm{R}i}$ 与接触时间比值 $t_{\mathrm{R}}/T_{\mathrm{R}}$ 的对应关系。从图 1.5 可看出，$\alpha_{\mathrm{R}i}$ 与接触时间的比值有关，高谐波对荷载仍可能起主要的作用。但是，与步行一样，对强迫振动计算起控制作用的只是第一阶谐波，因此相位移无关紧要。

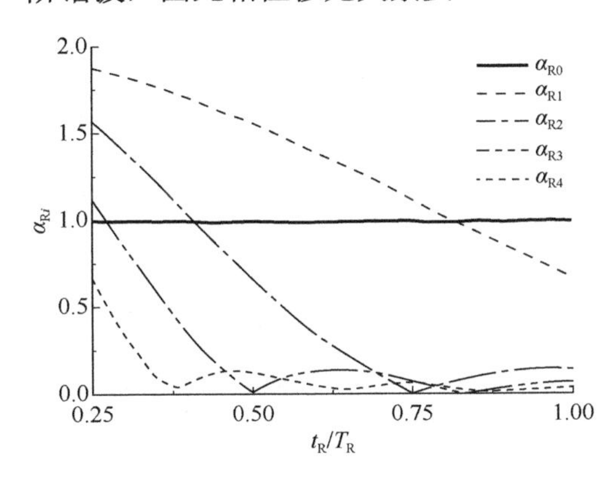

图 1.5 跑步荷载前四阶谐波 $\alpha_{\mathrm{R}i}$ 与 $t_{\mathrm{R}}/T_{\mathrm{R}}$ 的关系

由步行和跑步产生的荷载通常可假设为稳定的激振(即空间固定)。研究表明，相对较慢的前进速度对结构的垂直振动影响较小。如果考虑单个步行或跑步的人的前进速度对强迫振动的影响，反应将是瞬时的，振幅较小，原因是人在离开结构前不能达到稳定状态。

1.2.2 跳跃

跳跃活动，如跳舞、蹦迪等，会在体育馆、健身房等产生较大的动荷载，进而可能导致严重的楼盖振动。连续跳跃与跳跃频率相关，而跳跃荷载-时间函数可由单次跳跃激励荷载经时程拓展得到。

1）跳跃频率

近年来人们按有节奏的音乐做体操已较为普遍，其音乐多选用节奏适合于做跳、蹦、跑的曲调。做健康体操时，各种运动的频率约为 2.0～3.2Hz，有跳跃的爵士舞也在这个频率范围内。在同一地点较长时间（约 1～2min）的跳跃试验表明，跳跃频率约在 1.0～2.8Hz；即使是在短时间内（如 20s），人在生理上一般也不容许达到 3.5Hz 以上的频率。因此，计算频率可取 1.8～3.4Hz。

2）荷载-时间函数

人跳跃对楼盖产生的荷载主要是垂直荷载，其主要影响参数是跳跃频率、强度（中等的或跳到最高）、人的体重、脚上穿着和楼面条件。

虽然已给出跳跃可能的频率范围，但是由于体操或其他运动的节奏变化，导致荷载-时间函数形式多种多样。此处集中讨论同点跳动（两脚同时跳）的运动形式，这种跳跃形式描述较容易，且从频率范围以及最大可能的动荷载振幅来看，这种跳跃形式仍可作为典型代表。

对于跳跃荷载 $F_J(t)$，理想的数学描述和计算仍可用半正弦函数模型，即

$$F_J(t)=\begin{cases} K_J G_P \sin\left(\dfrac{\pi t}{t_J}\right) & t<t_J \\ 0 & t_J\leqslant t\leqslant T_J \end{cases} \tag{1.5}$$

式中，K_J——动力冲击系数，$K_J=F_{J\cdot\max}/G_P$，其中 $F_{J\cdot\max}$ 为跳跃荷载峰值；

t_J——跳跃激励持续时间；

T_J——跳跃激励周期。

尽管半正弦函数模型便于有限元分析，但不能直观和形象地描述跳跃激励瞬态激励的特性。借鉴 Murray[38]和 Blakeborough 等[39]建立 Heel-drop 函数模型的思路，本书作者提出三角形函数模型［图 1.6（a)］[40]。有限元仿真模拟表明，三角函数模型计算结果与试验结果吻合良好（详见第 3 章）。

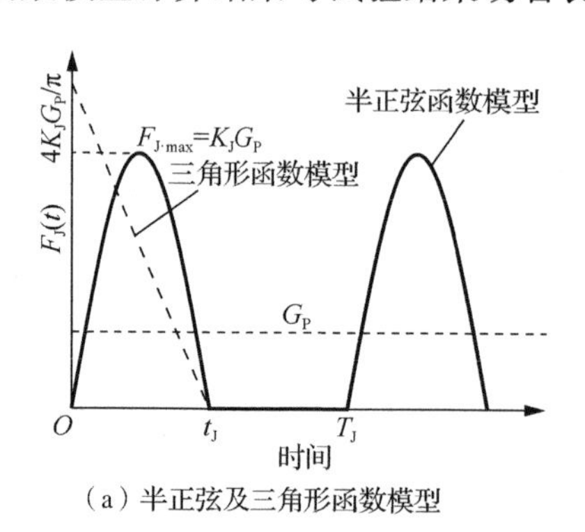

（a）半正弦及三角形函数模型

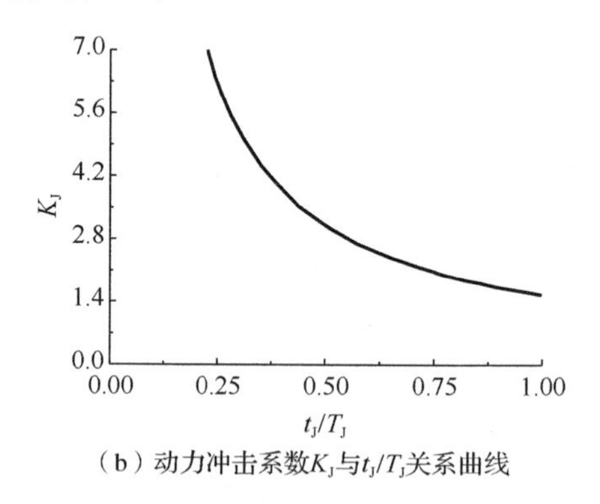

（b）动力冲击系数K_J与t_J/T_J关系曲线

图 1.6　跳跃荷载模型

1.3　振动舒适度评价标准简介

19 世纪 80 年代，德国著名生理和心理学家威廉 · 冯特（Wihelm Wundt）首先较为系统地研究了人对振动的感受[21]。到 20 世纪 30 年代，德国学者赖厄

（Reiher）和迈思特（Meister）在振动台上对试验人员施加简谐振动，以不同的频率、振幅、方向和人的姿态为工况进行了一系列试验，提出了人对振动反应的一般描述和振动舒适度频率效应的近似规律。随后，英、德、美等国家的学者针对人体的振动舒适度问题进行了大量试验研究，研究方法主要是根据试验者在一定频率和振幅的振动下对振动的主观感受，以一定的振动参数为舒适度指标，建立舒适度指标与振动主观感受之间的关系。随着研究的深入，研究成果逐步体现到相应的标准规范中，如 AISC #11[33-34]、AISC #3[41]、钢结构作业守则[42]、ISO 18324[43]、ISO 10137[44]、预制/预应力混凝土协会（Precast/prestressed Concrete Institute，PCI）标准[45]等。

本节将结合国内外振动舒适度相关研究及技术规定，重点介绍楼盖振动舒适度方面的评价标准。

1.3.1　中国标准

1998 年，《高层民用建筑钢结构技术规程》（JGJ 99—98）[46]建议组合板的自振频率 f 可按式（1.6）计算，但不得小于 15Hz。

$$f = \frac{1}{0.178\sqrt{\overline{w}}} \tag{1.6}$$

式中，$\overline{w}$——永久荷载产生的挠度（cm）。

随着国内对人致结构振动舒适度试验和理论研究的逐渐深入，《混凝土结构设计规范（2015 年版）》（GB 50010—2010）[47]、《高层建筑混凝土结构技术规程》（JGJ 3—2010）[48]和《组合楼板设计与施工规范》（CECS 273—2010）[49]，《高层民用建筑钢结构技术规程》（JGJ 99—2015）[50]均考虑了人致结构振动舒适度问题，对结构（楼盖）的竖向自振频率、挠度和加速度进行了相关的规定。

2010 年《混凝土结构设计规范》（GB 50010—2010）规定，对混凝土楼盖结构应根据使用功能的要求进行竖向自振频率验算，并宜符合下列要求：

（1）住宅和公寓不宜低于 5Hz；

（2）办公楼和旅馆不宜低于 4Hz；

（3）大跨度公共建筑不宜低于 3Hz。

《高层建筑混凝土结构技术规程》（JGJ 3—2010）规定楼盖结构应具有适宜的舒适度。楼盖结构竖向振动频率不宜小于 3Hz，步行引起的楼盖竖向振动加速度峰值 a_{P} 可按式（1.7）近似计算，但不应超过表 1.6 的限值。

$$a_{\mathrm{P}} = p_0 \mathrm{e}^{-0.35 f_{\mathrm{n}}} g / (\xi \omega) \tag{1.7}$$

式中，p_0——人行走产生的作用力（kN），按表 1.7 采用；

f_{n}——楼盖结构竖向自振频率（Hz）；

ξ——楼盖结构阻尼比，按表 1.7 采用；

ω——楼盖结构阻抗有效重量（kN）；

g——重力加速度，取 9.8m/s^2。

表 1.6 楼盖竖向振动加速度限值

人员活动环境	峰值加速度限值/(m/s^2)	
	竖向自振频率<2Hz	竖向自振频率>4Hz
住宅、办公	0.07	0.05
商场及室内连廊	0.22	0.15

注：楼盖结构竖向自振频率为 2～4Hz 时，峰值加速度限值可按线性插值选取。

表 1.7 人行走作用力及楼盖结构阻尼比

人员活动环境	人行走作用力 p_0/kN	结构阻尼比ξ
住宅、办公、教堂	0.3	0.02～0.05
商场	0.3	0.02
室内人行天桥	0.42	0.01～0.02
室外人行天桥	0.42	0.01

注：1．表中阻尼比用于钢筋混凝土楼盖结构和钢-混凝土组合楼盖结构。

2．对住宅、办公、教堂建筑，阻尼比 0.02 可用于无家具和非结构构件情况，无纸化电子办公区、开敞办公区和教堂；阻尼比 0.03 可用于有家具、非结构构件，带少量可拆卸隔断的情况；阻尼比 0.05 可用于含全高填充墙的情况。

3．对室内人行天桥，阻尼比 0.02 可用于天桥带干挂吊顶的情况。

《组合楼板设计与施工规范》（CECS 273：2010）规定组合楼板使用阶段挠度不应大于板跨 l 的 1/200；组合楼盖在正常使用时，其自振频率 f_n 不宜小于 3Hz，亦不宜大于 8Hz，且振动加速度峰值 a_P ［按式（1.8）计算］与重力加速度 g 之比不宜大于表 1.8 中的限值。

$$a_P = p_0 e^{-0.35 f_n} g / (\xi\omega) \tag{1.8}$$

式中，p_0——人步行产生的激振作用力(N)，一般可取 0.3kN；

ξ——楼盖结构阻尼比，采用表 1.9。

表 1.8 振动峰值加速度限值

房屋功能	a_P / g
住宅、办公	0.005
商场、餐饮	0.015

注：1．舞厅、健身房、手术室等其他功能房屋应做专门研究论证。

2．当 f_n 小于 3Hz 或大于 8Hz 时，应做专门研究论证。

表 1.9 楼盖结构阻尼比

<table>
<tr><th rowspan="2">房间功能</th><th colspan="2">结构阻尼比 ξ</th></tr>
<tr><th>住宅、办公</th><th>商业、餐饮</th></tr>
<tr><td>计算板格内无家具或家具很少、没有非结构构件或非结构构件很少</td><td>0.02</td><td rowspan="4">0.02</td></tr>
<tr><td>计算板格内有少量家具、有少量可拆式隔墙</td><td>0.03</td></tr>
<tr><td>计算板格内有较重家具、有少量可拆式隔墙</td><td>0.04</td></tr>
<tr><td>计算板格内每层都有非结构分隔墙</td><td>0.05</td></tr>
</table>

《高层民用建筑钢结构技术规程》（JGJ 99—2015）规定楼盖结构应具有适宜的舒适度。楼盖结构的竖向振动频率不宜小于 3Hz，竖向振动峰值加速度限值不应大于表 1.6 中的规定。

为规范建筑楼盖结构振动舒适度设计、检测和评估，合理选择相关技术、参数和计算方法，做到安全适用、技术先进、经济合理，住房和城乡建设部颁布了《建筑楼盖结构振动舒适度技术标准》（JGJ/T 441—2019）[51]。此标准以竖向振动峰值加速度和第一阶竖向自振频率为评价指标。此规范推荐的加速度计算公式为

$$a_{\mathrm{P}} = F_{\mathrm{P}} g / (\xi W) \tag{1.9}$$

$$F_{\mathrm{P}} = p_0 \mathrm{e}^{-0.35 f_1} \tag{1.10}$$

式中，F_{P}——楼盖结构共振时行走产生的作用力（kN）；

p_0——行走产生的作用力（kN），楼盖结构取 0.29kN；

f_1——第一阶竖向自振频率（Hz）；

ξ——阻尼比，可按表 1.10 采用；

W——振动有效重量（kN）。

表 1.10 行走激励为主的楼盖结构阻尼比

<table>
<tr><th rowspan="2">楼盖使用类别</th><th colspan="2">结构阻尼比 ξ</th></tr>
<tr><th>钢-混凝土组合楼盖</th><th>混凝土楼盖</th></tr>
<tr><td>手术室</td><td>0.02～0.04</td><td>0.05</td></tr>
<tr><td>办公室、住宅、宿舍、旅馆、酒店、医院病房</td><td>0.02～0.05</td><td>0.05</td></tr>
<tr><td>教室、会议室、医院门诊室、托儿所、幼儿园、剧场、影院、礼堂、展览厅、公共交通等候大厅、商场、餐厅、食堂</td><td>0.02</td><td>0.05</td></tr>
</table>

对于楼盖的自振频率，该规范推荐的计算公式如下所示。

（1）均布荷载作用下，梁式结构的第一阶竖向自振频率计算公式为

$$f_1 = C_{\mathrm{f}} / \sqrt{\Delta} \tag{1.11}$$

式中，Δ——梁式楼盖的最大竖向变形（mm）；

C_f——梁式楼盖的频率系数，可取18～20。

（2）当无梁楼盖双向不少于5跨、各跨度相差不大于10%时，均布荷载作用下无梁楼盖的第一阶竖向自振频率计算公式为

$$f_1 = C_{nf} / \sqrt{\Delta_{nb}} \tag{1.12}$$

式中，Δ_{nb}——无梁楼盖的最大变形（mm）；

C_{nf}——无梁楼盖的频率系数，可按表1.11取值。

表1.11　无梁楼盖的频率系数C_{nf}

无梁楼盖类型	C_{nf}	
	边跨板	非边跨板
有边梁	19	16
无边梁	18	16

依据上述公式计算得到的加速度及频率，其限值需满足如下要求。

（1）以步行激励为主的楼盖结构，第一阶竖向自振频率不宜低于3Hz，竖向振动峰值加速度不应大于表1.12规定的限值。

表1.12　竖向振动峰值加速度限值（一）

楼盖使用类别	峰值加速度限值/(m/s^2)
手术室	0.025
住宅、医院病房、办公室、会议室、医院门诊室、教室、宿舍、旅馆、酒店、托儿所、幼儿园	0.050
商场、餐厅、公共交通等候大厅、剧场、影院、礼堂、展览厅	0.150

（2）以有节奏运动为主的楼盖结构，在正常使用时楼盖的第一阶竖向自振频率不宜低于4Hz，竖向振动有效最大加速度不应大于表1.13规定的限值。

表1.13　竖向振动有效最大加速度限值

楼盖使用类别	有效最大加速度限值/(m/s^2)
舞厅、演出舞台、看台、室内运动场地、仅进行有氧健身操的健身房	0.50
同时进行有氧健身操和器械健身的健身房	0.20

注：看台是指演唱会和体育场馆的看台，包括无固定座位和固定座位。

（3）车间办公室、安装娱乐振动设备、生产操作区的楼盖结构、正常使用时楼盖的第一阶竖向自振频率不宜低于3Hz，竖向振动峰值加速度不应大于表1.14中规定的限值。

表 1.14 竖向振动峰值加速度限值（二）

楼盖使用类别	峰值加速度限值/(m/s^2)
车间办公室	0.20
安装娱乐振动设备	0.35
生产操作区	0.40

（4）连廊和室内天桥的第一阶横向自振频率不宜小于 1.2Hz，振动峰值加速度不应大于表 1.15 规定的限值。

表 1.15 连廊和室内天桥的振动峰值加速度限值

楼盖使用类别	峰值加速度限值/(m/s^2)	
	竖向	横向
封闭连廊和室内天桥	0.15	0.10
不封闭连廊	0.50	0.10

1.3.2 AISC 标准

依据第一版 AISC #11[33]，美国钢结构协会（American Institute of Steel Construction，AISC）和加拿大钢结构协会（Canadian Institute of Steel Construction，CISC）共同提出了楼盖结构舒适度评价指标，如表 1.16 和图 1.7 所示。需要强调的是，在第二版 AISC#11[34]中，阻尼比的划分更加详细，见表 1.17。图 1.7 中的加速度限值是基于 ISO 2631-2[52]标准，根据人员活动环境进行相应的调整，例如，办公室等、室内廊道等和室外人行桥等分别是 ISO 限值的 10 倍、30 倍和 100 倍。

表 1.16 第一版 AISC#11 规定楼盖结构阻尼比

人员活动环境	阻尼比
住宅、办公室、教堂	0.02～0.05*
商场	0.02
室内廊道和室外人行天桥	0.01

注：1．教堂和空旷工作区域（无非结构构件，如天花板、导管、分隔墙等）阻尼比取 0.02；

2．有家具、非结构构件，带少量可拆卸隔断的情况阻尼比取 0.03；

3．密集办公区域阻尼比取 0.05。

* 与分隔墙的数量和位置有关，近梁处阻尼较大。

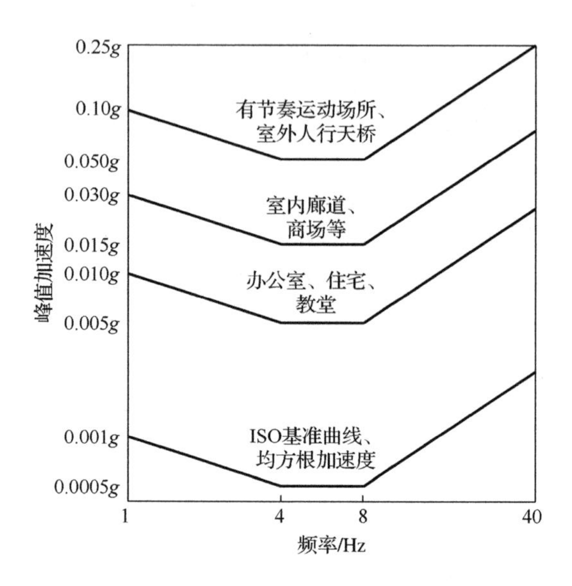

图 1.7　第一版 AISC#11 基于基频规定楼盖峰值加速度

表 1.17　第二版 AISC#11 规定楼盖结构阻尼比

结构构件	阻尼比
结构系统	0.01
天花板和管道	0.01
无纸办公室	0.005
有纸办公室	0.01
教堂、学校和商场	0.0
全高非结构分隔墙	0.02～0.05*

* 与分隔墙的数量和位置有关，近梁处阻尼数较大。

1.3.3　PCI 标准

PCI 标准[45]的适用对象为预制/预应力混凝土楼盖。该标准针对一般步行荷载和有节奏荷载引起的楼盖振动，提出了相应的频率（3Hz 以上）、加速度限值和阻尼比（表 1.18）设计标准和计算方法。

表 1.18　PCI 标准推荐加速度限值和阻尼比

人致荷载类型	人员活动环境	α_P	阻尼比
有节奏荷载	办公室或住宅	$0.004g$～$0.007g$	
	餐饮	$0.015g$～$0.025g$	
	仅有节奏运动	$0.04g$～$0.07g$	

续表

人致荷载类型	人员活动环境	α_P	阻尼比
步行荷载	办公室、住宅、教堂	0.05g	0.02～0.05*
	购物中心	0.015g	0.02
	室内人行天桥	0.015g	0.01
	室外人行天桥	0.05g	0.01

注：1．对无非结构构件（如顶棚、管道、隔断）或家具的楼盖，开放的工作空间、教堂，阻尼比取 0.02；
2．对有非结构构件和家具的楼盖、但只有可拆卸的小隔断，阻尼比取 0.03；
3．对有全高度隔断的楼盖，阻尼比取 0.05。
* 与分隔墙的数量和位置有关，近梁处阻尼较大。

1.3.4 其他标准

1）Murray 的可接受准则[21]

在对近百种楼盖结构进行了振动测试，并深入研究人对振动感知的各种情况后，针对居住和办公环境，1981 年默里（Murray）提出了楼盖结构振动计算的具体过程，由他确定的楼盖振动标准称为“Murray 的可接受准则”或“Reiher-Meister/Murray 准则”。

Murray 的可接受准则基本计算步骤如下所述。

（1）估算楼盖结构的有效阻尼 D_{avail}（表 1.19），如果总的有效阻尼大于 8%～10%，则满足楼盖结构振动要求，无须进一步计算。

表 1.19 楼盖结构有效阻尼建议范围

类别	有效阻尼/%	备注
楼盖结构	1～3	轻质混凝土楼盖取下限，厚的普通楼盖取上限
吊顶	1～3	悬挂吊顶取下限，与楼盖和梁可靠连接的吊顶取上限
机械系统	1～10	取值大小与数量及楼盖的连接方式有关
隔墙	10～20	隔墙与楼盖有 3 个以上的连接点且每片隔墙不能超过 5 跨梁

（2）计算组合截面的特性和楼盖结构的第一竖向自振频率 f_1，如果自振频率大于 10Hz，则无论阻尼多大，都能满足楼盖结构的振动要求。

（3）计算人蹬踏作用下，梁的初始最大振幅 A_{0t}，即

$$A_{0t} = \text{DLF} \times \frac{L^3}{80EI} \tag{1.13}$$

式中，DLF——动力放大系数，与自振频率有关，详见图 1.8；

L——梁的跨度；

E——梁的弹性模量；

I——梁的惯性矩。

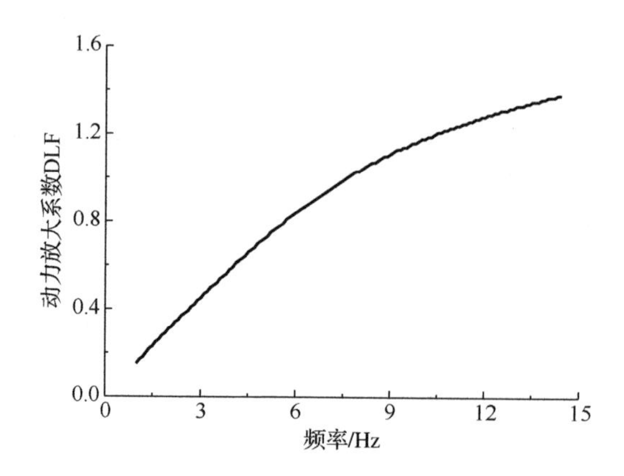

图 1.8　动力放大系数与楼盖结构自振频率的关系曲线

（4）通过计算梁的有效数量 N_{eff} 来统计相邻梁的刚度贡献

$$N_{\mathrm{eff}}=2.97-0.0578\left(\frac{S}{d_e}\right)+2.56\times10^{-8}\left(\frac{L^4}{I}\right) \tag{1.14}$$

式中，S——梁的间距；

d_e——组合楼盖的折算厚度。

（5）考虑相邻梁的刚度贡献，计算梁的修正最大振幅 A_0，即

$$A_0=\frac{A_{0t}}{N_{\mathrm{eff}}} \tag{1.15}$$

（6）计算需要的阻尼，即

$$D_{\mathrm{reqd}}=3.5A_0 f_1+2.5 \tag{1.16}$$

（7）比较有效阻尼 D_{avail} 和需求阻尼 D_{reqd}，即

$$\begin{cases} D_{\mathrm{reqd}}\leqslant D_{\mathrm{avail}} & \text{满足要求} \\ D_{\mathrm{reqd}}>D_{\mathrm{avail}} & \text{建议重新设计} \end{cases} \tag{1.17}$$

如果有效阻尼无法测估，Murray 建议的需求阻尼值见表 1.20。

表 1.20　Murray 建议的需求阻尼值

计算需求阻尼	备注
$D_{\mathrm{reqd}}\leqslant 3.5\%$	满足要求
$3.5\%<D_{\mathrm{reqd}}\leqslant 4.2\%$	应慎重考虑办公环境和房间用途
$D_{\mathrm{reqd}}>4.2\%$	如果不能给楼盖增加阻尼，则需重新设计楼盖结构

式（1.17）的适用范围为楼盖结构自振频率小于 10Hz，楼盖或梁的跨度小于 12.2m。Murray 的可接受准则假定主梁和柱的变形很微小，可以忽略不计，仅对

次梁进行振动计算。

2）Wiss-Parmelee 比例因子

在 Murray 的可接受准则基础上，维斯（Wiss）和帕米利（Parmelee）对楼盖瞬时振动给人造成的影响做了试验研究。他们用振动台模拟蹬踏作用引起的楼盖振动，并请40位志愿者在这个振动台上接受振动影响测试。通过这个试验，给出了一个评价楼盖振动舒适度的经验公式。这个公式与楼盖最大位移幅值 A_0、第一阶竖向自振频率 f_1 和有效阻尼 D_{avail} 有关，即

$$R = 5.08\left[\frac{f_1 A_0}{(D_{\text{avail}})^{0.217}}\right]^{0.265} \tag{1.18}$$

式中，R——Wiss-Parmelee 比例因子，对其定义如下：

$$R = \begin{Bmatrix} 1 \\ 2 \\ 3 \\ 4 \\ 5 \end{Bmatrix} \begin{Bmatrix} \text{没有感觉} \\ \text{有较微弱的感觉} \\ \text{能够清楚地感觉到} \\ \text{有强烈的感觉} \\ \text{无法忍受} \end{Bmatrix} \tag{1.19}$$

一般认为，Wiss-Parmelee 比例因子 $R \leqslant 2.5$ 时满足振动舒适度要求。Wiss-Parmelee 比例因子的不足之处在于其对楼盖结构的阻尼缺乏足够的敏感性。

美国住房与城市发展部（United States Department of Housing and Urban Development，USDHUD）和《钢结构设计手册》（第三版）[①]等均以 Wiss-Parmelee 比例因子作为楼盖振动设计的指标。

1.4 人致楼盖振动响应研究现状

大跨度、轻质楼盖已成为建筑结构领域的研究热点。在人致楼盖振动研究方面，一般可根据人体系统是否与楼盖系统耦合两方面进行研究，即非耦合和人-结构耦合情形。

1.4.1 非耦合情形

对于非耦合情形时，国内外学者的研究主要集中于新型楼盖体系、人致楼盖振动舒适度分析方法等。目前，国内外文献中对人致楼盖振动舒适度研究分别见表1.21。

① 《钢结构设计手册》编辑委员会．钢结构设计手册：上册[M]．3版．北京：中国建筑工业出版社，2003．

表 1.21　国内外文献中对人致楼盖振动舒适度研究

研究者	年份	楼盖类型	研究对象	分析方法
周绪红等[53]	2016	预应力刚架索梁楼盖	频率、加速度	试验法和有限元法
杨维国等[54]	2016	大跨度张弦梁楼盖	频率、加速度	试验法和有限元法
刘建军等[55]	2016	单跨多层大跨度钢网格盒式结构组合空腹楼盖	模态、加速度	试验法和有限元法
祝明桥等[56]	2016	悬挑梁板	频率、位移	试验法
张志强等[57]	2016	钢桁架-压型钢板	频率	试验法和有限元法
姜岚等[58]	2016	大跨度空腹夹层板楼盖	加速度	有限元法
韩庆华等[59]	2015	钢网架和组合网架	加速度	理论分析和有限元法
陆道渊等[60]	2015	长悬挑结构楼盖	模态、加速度	有限元法
安琦等[61]	2015	张弦梁-混凝土组合楼盖	模态、加速度	有限元法
宋秋璐等[62]	2015	钢连廊	模态、加速度	有限元法
马伯涛等[63]	2015	大跨度张弦梁楼盖	加速度	试验法
凌江等[64]	2015	钢-混凝土组合楼盖	加速度	有限元法
陈瑞生等[65]	2015	大跨度预应力混凝土楼盖	加速度	有限元法
熊仲明等[66]	2014	大跨预应力混凝土楼盖	加速度	有限元法
屈文俊等[67]	2014	压型钢板-混凝土组合楼盖	加速度	有限元法
蒋新新[68]	2014	张弦梁-混凝土组合楼盖	模态	有限元
周绪红等[69]	2014	冷弯薄壁型钢梁-OSB 板组合楼盖	频率	试验法
孙敏等[70]	2014	现浇钢筋混凝土空心楼盖	模态、加速度	有限元法
李济民等[71]	2014	可拆装钢-混凝土组合楼盖	频率	试验法和有限元法
孙崇芳等[72]	2014	新型预制装配式楼盖	频率、加速度	试验法
曾大明等[73]	2014	现浇钢筋混凝土楼盖	模态、加速度	有限元法
于敬海等[74]	2013	钢筋混凝土楼盖	频率、加速度	有限元法
范庆波等[75]	2013	大跨度无梁楼盖	频率、加速度	有限元法
徐平辉等[76]	2013	悬挑结构楼盖	加速度	有限元法
杨旺华等[77]	2013	钢梁-压型钢板组合楼盖	模态、加速度	有限元法
孟美莉等[78]	2013	H 型钢梁-混凝土现浇楼盖	加速度	有限元法
曹乐等[79]	2012	大跨度、大悬挑钢结构楼盖	模态、位移、加速度	试验法和有限元法
吕佐超等[80]	2012	压型钢板-混凝土组合楼盖	频率、加速度	理论分析
姜岚等[81]	2012	大跨度空腹夹层楼盖	频率、加速度	有限元法
胡岚等[82]	2012	空腹夹层板楼盖	模态、加速度	试验法
周凤中等[83]	2012	钢筋混凝土楼盖	模态、加速度	有限元法

续表

研究者	年份	楼盖类型	研究对象	分析方法
陈隽等[84]	2011	大跨混凝土楼盖	模态、加速度	试验法和有限元法
马臣杰等[85]	2011	大悬挑楼盖	模态、加速度	有限元法
鲍华等[86]	2010	钢-混凝土组合梁楼盖	模态、加速度	有限元法
迟春等[87]	2010	大跨度预应力楼盖	模态、加速度	试验法和有限元法
焦柯等[88]	2010	长悬臂钢框架楼盖	加速度	有限元法
操礼林等[89]	2010	压型钢板组合楼盖	加速度	有限元法
阳升等[90]	2009	大跨度楼面	频率、加速度	有限元法
刘昭清等[91]	2009	现浇预应力混凝土空心楼盖	模态、阻尼、加速度	试验法
朱鸣等[92]	2008	大跨度钢结构楼盖	频率、加速度	有限元法
徐庆阳等[93]	2008	悬挂楼盖	频率、加速度	有限元法
吕佐超等[94]	2007	钢-混凝土组合楼盖	频率、加速度	理论分析
宋志刚等[95]	2004	简支楼盖	加速度	理论分析
Zhang 等[96]	2016	木楼盖	模态、阻尼、位移	试验法
Weckendorf 等[97]	2016	木楼盖	模态、阻尼、位移	
Petrovic-Kotur 等[98]	2016	轻钢楼盖	频率、加速度	试验法和有限元法
Brownjohn 等[99]	2016	混凝土楼盖	频率、加速度	试验法和有限元法
Devin 等[100]	2016	钢-混凝土组合楼盖	模态、加速度	有限元法
Liu 等[101]	2015	钢结构楼盖、钢-混凝土组合楼盖	加速度、速度	试验法
Hong 等[102]	2015	混凝土楼盖	频率、加速度	试验法
Rijal 等[103]	2015	木-混凝土组合梁	模态、阻尼	试验法
Kozarić[104]	2015	木-混凝土组合楼盖	频率	有限元法
da Silva 等[105]	2014	钢-混凝土组合楼盖	模态、加速度	试验法和有限元法
Costa-Neves 等[106]	2014	钢-混凝土组合楼盖	模态、加速度	有限元法
Lee 等[107]	2014	钢-混凝土组合楼盖	模态、加速度	试验法和有限元法
Lee 等[108]	2013	钢-混凝土组合楼盖	模态、加速度	试验法和有限元法
Abeysinghe 等[109]	2013	HCFPS	模态、加速度	试验法和有限元法
Zhang 等[110]	2013	木结构	模态、加速度	试验法
Davis 等[111]	2013	钢-混凝土组合楼盖	加速度	试验法和有限元法
Awad 等[112]	2012	GFRP 层压楼盖	频率	有限元法
Fahmy 等[113]	2012	组合钢楼盖	频率、加速度	试验法

续表

研究者	年份	楼盖类型	研究对象	分析方法
Setareh[114-115]	2010、2012	钢-混凝土组合楼盖	频率、加速度	试验法和有限元法
Sanchez 等[116]	2011	LSCD	加速度	试验法和有限元法
Diaz 等[117]	2010	钢-混凝土组合楼盖	模态、加速度	试验法
Sanchez 等[118]	2010	LSDFS	加速度	试验法
Živanović 等[119]	2009	预应力混凝土楼盖	模态、加速度	试验法
de Silva 等[120]	2009	钢-混凝土组合楼盖	模态、加速度	有限元法
Mello 等[121]	2008	钢-混凝土组合楼盖	模态、加速度	有限元法
Brownjohn 等[122]	2008	混凝土楼盖	模态、加速度	有限元法
Pan 等[123]	2008	混凝土楼盖	模态、加速度	试验法和有限元法
Davis 等[124]	2008	钢-混凝土组合楼盖	模态、加速度	试验法和有限元法
Xu 等[125]	2007	冷弯薄壁型钢楼盖	模态、加速度	试验法
Barrett 等[126]	2006	钢组合楼盖	模态、加速度	试验法
El-Dardiry 等[127]	2006	钢-混凝土组合楼盖	模态	有限元法
Hanagan[128]	2005	钢-混凝土组合楼盖	加速度	试验法
Pavic 等[129]	2003	高强混凝土楼盖	模态	试验法
da Silva 等[130]	2003	钢-混凝土组合楼盖	模态、加速度	有限元法
Pavic 等[131]	2001	预应力混凝土楼盖	模态	有限元法
Chen[132]	1999	预应力混凝土组合 T 型楼盖	加速度	有限元法
Recuero 等[133]	1995	混凝土楼盖	频率、加速度	试验法和有限元法

注：模态包括频率和振型分析。

1．文献[97]为文献综述。

2．文献[107]和[108]均为 TechnoMart 购物大楼舒适度研究。

由表 1.21 可见，国内外学者研究人致楼盖振动舒适度主要以试验法和有限元法为主，且绝大多数研究集中于步行激励引起的楼盖舒适度问题。尽管试验法能准确获得楼盖动力特性和加速度响应，但需要投入大量人力物力；有限元法计算时间成本较高且荷载模型选择存在一定难度；且试验和有限元计算两种方法在工程设计中均不便采用。理论计算能有效避免上述方法的缺点，便于结构设计人员验算楼盖振动舒适度。

基于共振条件，AISC#11[33-34]等国内外规范提出了步行激励引起的楼盖峰值加速度简化公式。在非共振条件下，峰值加速度简化公式尚未提出；且人正常活动多种多样，楼盖振动舒适度研究不能局限于步行荷载。

1.4.2 人-结构耦合情形

1.4.1 节中国内外学者研究人致楼盖振动舒适度时，均未考虑人致荷载对结构特性及振动响应的影响，而这些影响对于某些大跨或轻质结构可能将产生重大的经济损失，如伦敦千禧桥[134-135]。大量的试验和工程经验已表明目前舒适度设计方法并不能准确地预测人致荷载引起的大跨或轻质楼盖体系的振动[136-137]，而产生的主要原因在于舒适度设计方法忽略了人-结构耦合（human-structure interaction，HSI）作用[138-141]。

早期学者认为大跨或轻质楼盖系统不存在人-结构耦合现象[142]。然而随着国内外学者研究的深入发现，人-结构耦合将显著地改变大跨或轻质楼盖体系的振动特性及振动响应[143]。为了能够考虑人正常活动对楼盖振动特性及振动响应的影响，一些学者[144-148]采用随机分析方法考虑激励者产生步行荷载的随机性，尽管这种方法提高了步行荷载模型的可靠度，但是仍未能合理地描述人-结构耦合的特性，主要的原因在于缺少足够的可靠试验数据用以简化人-结构耦合模型。

基于人致楼盖振动舒适度的已有研究成果，人-结构耦合可做如下定义：人通过正常活动作用于楼盖，通过接触点产生了相互关联的人体子系统和楼盖子系统各自的动力响应。人-结构耦合作用与人的活动类型和活动姿势有关[149-150]，可通过不同的激励作用对楼盖不同的振动方向产生影响。

依据 Sachse[151]和质量-弹簧-阻尼（mass-spring-damper，MSD）模型，人-结构耦合问题可以分为两大类：第一类问题为人体子系统动力参数，如质量、刚度和阻尼等；第二类问题为由人体子系统产生的楼盖体系的动力响应和结构特性参数。例如对于步行者，楼盖子系统的振动将影响人体子系统的步行频率、相位角、步长和步行速度。

为了能便于理论分析人-结构耦合问题，国内外学者通过将人体子系统简化为不同的荷载模型，建立人体子系统和楼盖体系的控制方程。目前常用的人体子系统主要包括如下几种。

（1）线性振子模型（linear oscillator model）[152-154]。线性振子模型为人-结构耦合问题分析中常用人体子系统简化模型，分为单自由度模型[155]和多自由度模型[156]。

（2）倒立摆模型（inverted-pendulum model，IPM）[157-158]。基于高保真度，倒立摆模型常用于生物力学模拟人体动力系统空间和时间步态参数，如步长、步行频率和质心（center of mass，CoM）[159]。由于倒立摆模型为非线性系统，将倒立摆模型应用于人-结构耦合问题时，将不可避免地遇到求解困难，不利于舒适度设计。

（3）整体弹簧模型（whole body link-segment model）。Maca 和 Valasek[160]首次提出了 2 维和 3 维整体弹簧模型以模拟人–结构耦合问题。尽管此模型能够精确地模拟人的步行频率、结构频率和步行人数对结构振动的影响，然而过多的自由度（2 维模型有竖向 9 个自由度，3 维模型有横向和竖向共 34 个自由度）限制了此模型的应用。

目前国内外学者关于人–结构耦合问题的研究主要集中于采用数值分析方法研究人行天桥[161-163]。正如前文所述，大跨度轻质楼盖已成为建筑结构领域新潮流，因此轻质楼盖与人体的耦合作用是舒适度研究不可避免的难题。目前此课题的研究较少[164]，尤其是其解析解的求解更是少之又少。

1.5 本书主要内容

本书将系统介绍作者在人致楼盖振动方面近 10 年的研究内容和成果，主要包括以下内容。

1）楼盖振动基本分析理论

简述人致楼盖振动分析方法的相关理论知识，包括正交各向异性薄板理论、加权余量法、参数摄动法、杜阿梅尔（Duhamel）积分和分离变量法。

2）混凝土楼盖人致振动舒适度试验与有限元分析

以三块混凝土楼盖为研究对象，基于楼盖振动舒适度试验与有限元分析结果，阐述人致楼盖振动舒适度评价过程。

3）混凝土楼盖人致振动理论分析

将混凝土楼盖简化为正交各向异性薄板，基于振型分解法推导加速度响应理论计算公式；引入人致振动因子，提出峰值加速度简化验算公式。

4) 钢–混凝土组合楼盖振动试验与有限元分析

对钢–混凝土组合楼盖振动特性开展原位试验，基于环境激励和步行激励引起的楼盖振动响应，提出评估楼盖舒适度、确定合理的边界条件和验证人–结构耦合的方法。

5）组合楼盖单人–结构耦合振动理论分析

将钢–混凝土组合楼盖简化为正交各向异性薄板，建立单人人体子系统和薄板子系统控制方程；采用双参数摄动法，推导控制方程的解析解；与试验结果比较验证摄动解的有效性，并展开参数分析。

6）组合楼盖多人–结构耦合振动理论分析

在单人–结构耦合振动分析基础上，建立多人人体子系统和薄板子系统控制方程；采用单参数摄动法，推导不同边界条件下楼盖的频率和加速度的解析解。

7）人致荷载模型

基于试验结果，建立单人步行激励荷载与跑步激励荷载的时域模型，包括单人单步激励荷载模型和连续激励荷载模型，以及各荷载模型参数的取值方法。

8）算例分析

基于本书研究成果，建议人致楼盖振动设计评价流程，通过实例阐述评价步骤，供工程技术人员参考。

参考文献

[1] Stevenson R. Description of bridges of suspension [J]. Edinburgh Philosophical Journal, 1821, 5 (10): 237-256.

[2] Wolmuth B, Surtees J. Crowd-related failure of bridges [J]. Proceedings of the Institution of Civil Engineers-Civil Engineering, 2003, 156 (3): 116-123.

[3] 于今昌．昂热桥惨案[M]．北京：中国社会出版社，2006.

[4] Orr S M, Robinson W A. The hyatt regency skywalk collapse: An EMS-based disaster response [J]. Annals of Emergency Medicine, 1983, 12 (10): 601-605.

[5] Bodare A, Erlingsson S. Rock music induced damage and vibration at Nya Ullevi stadium [C/OL]// International Conferences on Case Histories in Geotechnical Engineering, Rolla: University of Missouri-Rolla，1993[2021-12-10]. https://scholarsmine.mst.edu/icchge/3icchge/3icchge-session04/7.

[6] Lee S H, Woo S S, Chung L, et al. Field measurements for identification of the vibration accident cause of a 39-story steel building structure [J]. Journal of the Architectural Institute of Korea Structure and Construction, 2013, 29 (3): 19-27.

[7] 曾庆元，郭向荣．列车桥梁时变系统振动分析理论与应用[M]．北京：中国铁道出版社，1999.

[8] 袁旭斌．人行桥人致振动特性研究[D]．上海：同济大学，2006.

[9] 洪文林．某体育馆楼板振动舒适度研究[D]．武汉：武汉理工大学，2009.

[10] 杨玮．钢结构人行天桥动力特性探讨[J]．公路交通技术，2005（S1）：95-99.

[11] 车向东，牟小倩，孙文．钢结构人行过街桥的减振控制设计[J]．市政技术，2004，22（1）：14-18.

[12] 张力，梁江波．某房屋楼板振动原因分析及加固处理[J]．工业安全与环保，2004，30（3）：36-37.

[13] 刘志才，唐颖．人行天桥竖向振动控制[J]．城市道桥与防洪，2008（12）：32-36.

[14] 叶正强，李爱群，丁幼亮，等．某大跨人行天桥的消能减振设计（一）[J]．特种结构，2003，20（1）：68-70.

[15] Dallard P, Fitzpatrick T，Flint A, et al. London Millennium Bridge: pedestrian-induced lateral vibration [J]. Journal of Bridge Engineering, 2001, 6 (6): 412-417.

[16] 魏建东，刘忠玉，阮含婷．与人群有关的桥梁垮塌事故[J]．中外公路，2005，25（6）：78-82.

[17] 谭伟，顾磊，傅学怡．国家游泳中心临时看台钢结构设计[J]．建筑钢结构进展，2007，9（6）：49-52.

[18] 陈隽．人致荷载与人致结构振动[M]．北京：科学出版社，2016.

[19] Van Nimmen K, Van den Broeck P, Verbeke P, et al. Numerical and experimental analysis of the vibration serviceability of the Bears' Cage footbridge [J]. Structure and Infrastructure Engineering, 2017, 13 (3): 390-400.

[20] Tredgold T. Elementary principles of carpentry [M]. London: Crosby Lock Wood and Co, 1885.

[21] 娄宇，黄健，吕佐超．楼板体系振动舒适度设计[M]．北京：科学出版社，2012.

[22] Matsumoto Y, Shiojiri H, Nishioka T, et al. Dynamic design of footbridges [J]. IABSE proceedings, 1978, 2(17): 1-15.

[23] Bachmann H, Ammann W. Vibrations in structures: Induced by man and machines [M]. Switzerland: International Association for Bridge and Structural Engineering, 1987.

[24] Galbraith F W, Barton M V. Ground loading from footsteps [J]. Journal of the Acoustic Society of America, 1970, 48(5): 1288-1292.

[25] Wheeler J E. Pedestrian-induced vibrations in footbridges [J]. ARRB Proceedings,1980,10(3): 21-35.

[26] Wheeler J E. Prediction and control of pedestrian induced vibration in footbridges [J]. Journal of the Structural Division, 1982, 108 (9): 2045-2065.

[27] Blanchard J, Davies B L, Smith J W. Design criteria and analysis for dynamic loading of footbridges[C]//Proceeding of a Symposium on Dynamic Behaviour of Bridges at the Transport and Road Research Laboratory, Crowthorne, 1977: 90-106.

[28] Bachmann H, Ammann W, Deischl F, et al. Vibration problems in structures: Practical guidelines [M]. Berlin: Birkhäuser, 1995.

[29] Rainer J H, Pernica G, Allen D E. Dynamic loading and response of footbridges [J]. Canadian Journal of Civil Engineering, 1988, 15 (1): 66-71.

[30] Kerr S C. Human induced loading on staircases [D]. London: University of London, 1998.

[31] Smith A L, Hicks S J, Devine P J. Design of floors for vibration: a new approach [M]. Berkshire: The Steel Construction Institute, 2009.

[32] Young P. Improved floor vibration prediction methodologies [M]// Proceedings of ARUP Vibration Seminar on Engineering for Structure Vibration-Current Developments in Research and Practice. London: Institution of Mechanical Engineering, 2001: 5-10.

[33] Murray T M, Allen D E, Ungar E E. Design guide 11: Floor Vibrations due to human activity [S]. Chicago: American Institute of Steel Construction, 1997.

[34] Murray T M, Allen D E, Ungar E E, et al. Design guide 11: Vibrations of steel-framed structural systems due to human activity [S]. 2nd ed. Chicago: American Institute of Steel Construction, 2016.

[35] Allen D E, Murray T M. Design criterion for vibrations due to walking [J]. Engineering Journal, 1993, 30 (4): 117-129.

[36] 陈隽，王浩祺，彭怡欣．行走激励的傅里叶级数模型及其参数的实验研究[J]．振动与冲击，2014，33（8）：11-15.

[37] Ebrahimpour A, Hamam A, Sack R L, et al. Measuring and modeling dynamic loads imposed by moving crowds [J]. Journal of Structural Engineering, 1996, 122 (12): 1468-1474.

[38] Murray T M. Design procedure to prevent annoying floor vibrations [J]. Engineering Journal, 1975, 12 (3): 82-87.

[39] Blakeborough A, Williams M S. Measurement of floor vibrations usings a heel drop test [J]. Proceedings of the Institution of Civil Engineers: Structures and Buildings, 2003, 156 (4): 367-371.

[40] Zhou X H, Liu J P, Cao L, et al. Vibration serviceability of pre-stressed concrete floor system under human activity [J]. Structure and Infrastructure Engineering, 2017, 13 (8): 967-977.

[41] American Institute of Steel Construction. Serviceability design considerations for steel buildings (2nd Edition) (AISC #3) [S]. Chicago: American Institute of Steel Construction, Inc., 2003.

[42] 屋宇署．钢结构作业守则[S]．香港：屋宇署，2011.

[43] International Organization for Standardization. Timber structures—Test methods—Floor vibration performance (ISO 18324: 2016) [S]. Switzerland: International Organization for Standardization, 2016.

[44] International Organization for Standardization. Bases for design of structures—Serviceability of buildings and walkways against vibrations (ISO 10137: 2007) [S]. Switzerland: International Organization for Standardization, 2007.

[45] Precast/Prestressed Concrete Institute. PCI design handbook: Precast and prestressed concrete [S]. 7th ed. Chicago: Precast/Prestressed Concrete Institute, 2010.

[46] 中华人民共和国住房和城乡建设部.高层民用建筑钢结构技术规程：JGJ 99—98 [S]．北京：中国建筑工业出版社，1998.

[47] 中华人民共和国住房和城乡建设部．混凝土结构设计规范：GB 50010—2010[S]．北京：中国建筑工业出版社，2010.

[48] 中华人民共和国住房和城乡建设部．高层建筑混凝土结构技术规程：JGJ 3—2010[S]．北京：中国建筑工业出

版社，2010.
[49] 中国工程建设协会标准．组合楼板设计与施工规范：CECS 273: 2010 [S]．北京：中国计划出版社，2010.
[50] 中华人民共和国住房和城乡建设部．高层民用建筑钢结构技术规程：JGJ 99—2015 [S]．北京：中国建筑工业出版社，2015.
[51] 中华人民共和国住房和城乡建设部．建筑楼盖结构振动舒适度技术标准：JGJ/T 441—2019 [S]．北京：中国建筑工业出版社，2019.
[52] International Organization for Standardization. Evaluation of human exposure to whole-body vibration—Part 2: Continuous and shock-induced vibrations in buildings (1 to 80 Hz) (ISO 2631-2: 1989) [S]. Switzerland: International Organization for Standardization, 1989.
[53] 周绪红，李江，刘界鹏，等．预应力混凝土刚架索梁楼盖体系振动舒适度研究[J]．建筑结构，2016，46（15）：1-4.
[54] 杨维国，马伯涛，宋毛毛，等．大跨度楼盖结构在运动荷载下的振动性能 [J]．哈尔滨工业大学学报，2016，48（6）：64-69.
[55] 刘建军，马克俭，魏艳辉，等．单跨多层大跨度钢网格盒式结构组合空腹楼盖舒适度分析与实测研究[J]．建筑结构，2016，46（16）：79-82.
[56] 祝明桥，蔡云都，吕伟荣，等．房屋悬挑结构振动响应舒适性分析[J]．湖南科技大学学报（自然科学版），2016，31（1）：49-53.
[57] 张志强，马斐，李爱群，等．大跨度钢桁架-压型钢板混凝土组合楼盖实测及舒适度参数分析[J]．建筑结构学报，2016，37（6）：19-27.
[58] 姜岚，马克俭，张华刚，等．大跨度空腹夹层板楼盖基于行走路线法的舒适度时程分析[J]．空间结构，2016，22（2）：28-36.
[59] 韩庆华，赵一峰，芦燕，等．人致荷载作用下楼层网架结构舒适度研究[J]．建筑结构，2015，45（16）：35-39.
[60] 陆道渊，黄良，江蓓，等．长悬挑结构楼盖振动舒适度分析与控制[J]．建筑结构，2015，45（19）：13-16.
[61] 安琦，陈志华，闫翔宇，等．张弦梁-混凝土板组合楼盖结构分析及设计与应用[J]．建筑结构，2015，45（20）：40-45.
[62] 宋秋璐，朱召泉，李华．双塔结构架空连体舒适度分析[J]．江南大学学报（自然科学版），2015，14（5）：620-624.
[63] 马伯涛，张楠，宋毛毛，等．大跨度楼盖运动场内人员舒适度实测分析研究[J]．振动与冲击，2015，34（24）：164-169.
[64] 凌江，郭满良，田志国．钢-混凝土组合楼盖舒适度概念及工程实践[J]．钢结构，2015，30（2）：7-10.
[65] 陈瑞生，周德泓，胡明大，等．大跨度预应力混凝土楼盖行人荷载下舒适性评价[J]．浙江建筑，2015，32（3）：12-14.
[66] 熊仲明，虞子良，魏明兴．大跨预应力混凝土楼盖的双向加速度分布规律及舒适度分析研究[J]．西安建筑科技大学学报（自然科学版），2014，46（6）：785-790.
[67] 屈文俊，宋超，朱鹏，等．人行激励下压型钢板-混凝土组合楼盖舒适度分析[J]．建筑科学与工程学报，2016，31（4）：7-15.
[68] 蒋新新．张弦梁结构在人致荷载下的振动控制研究[J]．低温建筑技术，2014，189（3）：49-52.
[69] 周绪红，高婷婷，石宇．冷弯薄壁型钢梁-OSB 板组合楼盖静力挠度及振动性能试验研究[J]．工程力学，2014，31（5）：211-217.
[70] 孙敏，李永泽，叶玲．人行荷载下大跨度空心楼盖舒适度分析[J]．低温建筑技术，2014（8）：67-69.
[71] 李济民，张溯．可拆装钢-混凝土组合楼板的振动分析及舒适度评价[J]．工业建筑，2014（S1）：459-461.
[72] 孙崇芳，梁书亭，朱筱俊．新型预制装配式楼盖人行荷载下舒适度试验研究[J]．建筑结构，2014，44（13）：19-23.
[73] 曾大明，牛金龙．某商场大跨楼盖竖向振动舒适度分析[J]．结构工程师，2014，30（3）：86-92.
[74] 于敬海，曹建锋，李敬明．跳跃荷载作用下大跨度钢筋混凝土楼盖舒适度分析[J]．工程抗震与加固改造，2013，35（6）：64-67.

[75] 范庆波，杜俊，陈力奋．柱板连接特性对大跨度无梁楼盖竖向振动舒适度的影响研究[J]．复旦学报（自然科学版），2013，52（5）：635-645.

[76] 徐平辉，刘永桂．悬挑结构楼盖竖向振动加速度分析及设计实例[J]．建筑结构，2013，43（S1）：700-704.

[77] 杨旺华，周斌，王启文．钢梁-压型钢板组合楼盖楼板舒适度分析[J]．深圳土木建筑，2013，10（4）：19-22.

[78] 孟美莉，吴兵，傅学怡，等．深圳火车北站大跨度楼盖人行舒适度分析[J]．建筑结构，2013，43（S1）：277-280.

[79] 曹乐，左清林，王立长，等．大连国际会议中心楼盖振动测试与分析[J]．建筑结构，2012，42（2）：58-65.

[80] 吕佐超，娄宇．某健身房楼板振动舒适度加固设计[J]．建筑结构，2012，42（3）：45-48.

[81] 姜岚，张华刚，袁波，等．行走激励下大跨度空腹夹层板结构振动舒适度分析[J]．四川建筑科学研究，2012，38（1）：9-13.

[82] 胡岚，马克俭，易伟建，等．U 形钢板-混凝土高强螺栓连接组合空腹夹层板楼盖舒适度实测与研究[J]．建筑结构学报，2012，33（5）：70-75.

[83] 周凤中，何健，吴剑国．钢筋混凝土楼板在人行荷载作用下的舒适度研究[J]．浙江建筑，2012，29（3）：30-32.

[84] 陈隽，折雄雄，刘秦生．青岛体育中心综合训练馆大跨混凝土楼盖振动舒适度测试与分析[J]．建筑结构，2011（8）：115-119.

[85] 马臣杰，杨鸿，郑竹，等．深圳市当代艺术馆与城市规划展览馆楼板振动舒适度分析[J]．建筑结构，2011，41（S1）：731-733.

[86] 鲍华，李敬学，孙少军，等 武昌站钢-混凝土组合梁楼板舒适度分析与研究[J]．工业建筑，2010，40（1）：116-119.

[87] 迟春，宋涛炜，冯远，等．青岛综合训练馆大跨度楼盖竖向振动舒适度研究[J]．建筑结构，2010，40（9）：69-72.

[88] 焦柯，卫文，吴桂广．某高层结构长悬臂钢框架楼板的减振分析[J]．广东土木与建筑，2010，11：3-6.

[89] 操礼林，李爱群，陈鑫，等．人群荷载下大型火车站房大跨楼盖振动舒适度控制研究[J]．土木工程学报，2010，43（S1）：334-340.

[90] 阳升，钱基宏，赵鹏飞，等．武汉火车站大跨度楼面结构振动舒适度研究[J]．建筑结构，2009，39（1）：28-30.

[91] 刘昭清，钱稼茹，徐焱，等．现浇预应力混凝土空心楼盖的舒适度试验和计算研究[J]．实验技术与管理，2009，26（11）：30-34.

[92] 朱鸣，张志强，柯长华，等．大跨度钢结构楼盖竖向振动舒适度的研究[J]．建筑结构，2008，38（1）：72-76.

[93] 徐庆阳，李爱群，张志强，等．考虑人体舒适度的大跨度悬挂结构振动控制研究[J]．振动与冲击，2008，27（4）：139-142.

[94] 吕佐超，韩合军，黄健，等．北京银泰中心楼盖体系舒适度设计[J]．建筑结构，2007，37（11）：20-22.

[95] 宋志刚，金伟良．行走激励下大跨度楼板振动的最大加速度响应谱方法[J]．建筑结构学报，2004，25（2）：57-63.

[96] Zhang B S, Kermani A, Fillingham T. Vibrations of metal web joist timber floors with strongbacks [J]. Structures and Buildings, 2016, 169 (8): 549-562.

[97] Weckendorf J, Toratti T, Smith I, et al. Vibration serviceability performance of timber floors [J]. European Journal of Wood and Wood Products, 2016, 74 (3): 353-367.

[98] Petrovic-Kotur S P, Pavic A P. Vibration analysis and FE model updating of lightweight steel floors in full-scale prefabricated building [J]. Structural Engineering and Mechanics, 2016, 58 (2): 277-300.

[99] Brownjohn J M W, Pan T C, Middleton C, et al. Floor vibration serviceability in a multistory factory building [J]. Journal of Performance of Constructed Facilities, 2016, 30 (1): 04014203.

[100] Devin A, Fanning P J, Pavic A. Nonstructural partitions and floor vibration serviceability [J]. Journal of Architectural Engineering, 2016, 22 (1): 04015008.

[101] Liu D, Davis B. Walking vibration response of high-frequency floors supporting sensitive equipment [J]. Journal of Structural Engineering, 2015, 141 (8): 04014199.

[102] Hong S U, Na J H, Kim S H, et al. Evaluation of the floor vibration of concrete structures [J]. Materials Research Innovations, 2015, 19（S5）: 799-804.

[103] Rijal R, Samali B, Shrestha R, et al. Experimental and analytical study on dynamic performance of timber- concrete composite beams [J]. Construction and Building Materials, 2015, 75: 46-53.
[104] Kozarić L. Vibrations of repaired wooden floors caused by human action [J]. Wood Research, 2015, 60 (4): 663-670.
[105] da Silva J G S, de Andrade S A L, Lopes E D C. Parametric modelling of the dynamic behaviour of a steel-concrete composite floor [J]. Engineering Structures, 2014, 75: 327-339.
[106] Costa-Neves L F, da Silva J G S, de Lima L R O, et al. Multi-storey, multi-bay buildings with composite steel-deck floors under human-induced loads: The human comfort issue [J]. Computers & Structures, 2014, 136: 34-46.
[107] Lee S H, Lee K K, Woo S S, et al. Global vertical mode vibrations due to human group rhythmic movement in a 39 story building structure [J]. Engineering Structures, 2013, 57: 296-305.
[108] Lee K, Lee S H, Kim G C, et al. Global vertical resonance phenomenon between steel building and human rhythmic excitations [J]. Journal of Constructional Steel Research, 2014, 92: 164-174.
[109] Abeysinghe C M, Thambiratnam D P, Perera N J. Dynamic performance characteristics of an innovative hybrid composite floor plate system under human-induced loads [J]. Composite Structures, 2013, 96: 590-600.
[110] Zhang B S, Kermani A, Fillingham T. Vibrational performance of timber floors constructed with metal web joists [J]. Engineering Structures, 2013, 56: 1321-1334.
[111] Davis B, Liu D, Murray T M. Solving floor vibration problems using dynamic analysis and testing [M]// Leshko B J, McHugh J. Structures Congress 2013: Bridging Your Passion with Your Profession. Reston: ASCE Press, 2013:1759-1766.
[112] Awad Z K, Aravinthan T, Yan Z G. Investigation of the free vibration behaviour of an innovative GFRP sandwich floor panel [J]. Construction and Building Materials, 2012, 37: 209-219.
[113] Fahmy Y G M, Sidky A N M. An experimental investigation of composite floor vibration due to human activities. A case study [J]. HBR C Journal, 2012, 8 (3): 228-238.
[114] Setareh M. Vibrations due to walking in a long-cantilevered office building structure [J]. Journal of Performance of Constructed Facilities, 2012, 26 (3): 255-270.
[115] Setareh M. Vibration serviceability of a building floor structure. I: Dynamic testing and computer modeling [J]. Journal of Performance of Constructed Facilities, 2010, 24 (6): 497-507.
[116] Sanchez T A, Davis B, Murray T M. Floor vibration characteristics of long span composite slab systems [M]// Ames D, Droessler T L, Hoit M. Structures Congress 2011. Reston：ASCE Press, 2011: 360-370.
[117] Diaz I M, Reynolds P. Acceleration feedback control of human-induced floor vibrations [J]. Engineering Structures, 2010, 32 (1): 163-173.
[118] Sanchez T A, Murray T M. Experimental and analytical study of vibrations in long span deck floor system [M]// Senapathi S, Casey K, Hoit M. Structures Congress 2010. Reston: ASCE Press, 2010: 914-925.
[119] Živanović S, Pavić A. Probabilistic modeling of walking excitation for building floors [J]. Journal of Performance of Constructed Facilities, 2009, 23 (3): 132-143.
[120] de Silva S S, Thambiratnam D P. Dynamic characteristics of steel-deck composite floors under human-induced loads [J]. Computers & Structures, 2009, 87 (17/18): 1067-1076.
[121] Mello A V A, da Silva J G S, da S Vellasco P C G, et al. Dynamic analysis of composite systems made of concrete slabs and steel beams [J]. Journal of Constructional Steel Research, 2008, 64 (10): 1142-1151.
[122] Brownjohn J M W, Middleton C J. Procedures for vibration serviceability assessment of high-frequency floors [J]. Engineering Structures, 2008, 30 (6): 1548-1559.
[123] Pan T C, You X T, Lim C L. Evaluation of floor vibration in a biotechnology laboratory caused by human walking [J]. Journal of Performance of Constructed Facilities, 2008, 22 (3): 122-130.
[124] Davis B, Murray T M. Comparisons of measured modal properties with finite element analysis predictions for composite slab floor [M]// Ettouney M. AEI 2008: Building Integration Solutions. Reston: ASCE Press, 2008:1-9.
[125] Xu L, Tangorra F M. Experimental investigation of lightweight residential floors supported by cold-formed steel C-shape joists [J]. Journal of Constructional Steel Research, 2007, 63 (3): 422-435.

[126] Barrett A R, Avci O, Setareh M, et al. Observations from vibration testing of in-situ structures [M/OL]// Cross B, Finke J. Structures Congress 2006: Structural Engineering and Public Safety. Reston: ASCE Press, 2006. https://doi.org/10.1061/40889(201)65.

[127] El-Dardiry E, Ji T J. Modelling of the dynamic behaviour of profiled composite floors [J]. Engineering Structures, 2006, 28 (4): 567-579.

[128] Hanagan L M. Walking-induced floor vibration case studies [J]. Journal of Architectural Engineering, 2005, 11 (1): 14-18.

[129] Pavic A, Reynolds P. Modal testing and dynamic FE model correlation and updating of a prototype high-strength concrete floor [J]. Cement and Concrete Composites, 2003, 25 (7): 787-799.

[130] da Silva J G S, da S Vellasco P C G, de Andrade S A L, et al. An evaluation of the dynamical performance of composite slabs [J]. Computers & Structures, 2003, 81 (18/19): 1905-1913.

[131] Pavic A, Reynolds P, Waldron P, et al. Dynamic modelling of post-tensioned concrete floors using finite element analysis [J]. Finite Elements in Analysis and Design, 2001, 37 (4): 305-323.

[132] Chen Y C. Finite element analysis for walking vibration problems for composite precast building floors using ADINA: modeling, simulation, and comparison [J]. Computers & Structures, 1999, 72 (1/2/3): 109-126.

[133] Recuero A, Rio O, Gutiérrez J P. Uneven dynamic response of floors in a sports pavilion [J]. Computers & Structures, 1995, 55 (1): 185-189.

[134] Willford M. Dynamic actions and reactions of pedestrians [C]//AFGC, OTUA. Proceedings of the International Conference on the Design and Dynamic Behaviour of Footbridges, Paris, 2002: 66-73.

[135] Dallard P, Fitzpatrick A J, Flint A, et al. The London millennium footbridge [J]. Structural Engineer, 2001, 79 (22): 17-33.

[136] Pimentel R L, Pavic A, Waldron P. Evaluation of design requirements for footbridges excited by vertical forces from walking [J]. Canadian Journal of Civil Engineering, 2001, 28 (5): 769-777.

[137] Zivanovic S, Pavic A, Ingolfsson E T. Modeling spatially unrestricted pedestrian traffic on footbridges [J]. Journal of Structural Engineering, 2010, 136 (10): 1296-1308.

[138] Brownjohn J M W, Pavic A, Omenzetter P. A spectral density approach for modelling continuous vertical forces on pedestrian structures due to walking [J]. Canadian Journal of Civil Engineering, 2004, 31 (1): 65-77.

[139] Kasperski M, Sahnaci C. Serviceability of pedestrian structures [M]// Society for Experimental Mechanics (SEM). Modal Analysis Conference 2007 (IMAC-XXV)-A Conference and Exposition on Structural Dynamics. New York: Curran Associates, Inc., 2007:774-798.

[140] Shahabpoor E, Pavic A. Comparative evaluation of current pedestrian traffic models on structures [J]// Caicedo J M, Catbas F N, Cunha A, et al. Topics on the Dynamics of Civil Structures, Volume 1: Proceedings of the 30th IMAC, A Conference on Structural Dynamics, 2012. Conference Proceedings of the Society for Experimental Mechanics Series, 2012, 26: 41-52.

[141] 何浩祥，闫维明，张爱林. 人行激励下梁板结构与人体耦合作用研究 [J]. 振动与冲击，2008, 27 (10): 130-133.

[142] Ellis B R, Ji T. Human-structure interaction in vertical vibrations [J]. Structures and Buildings, 1997, 122 (1): 1-9.

[143] Živanović S, Díaz I M, Pavić A. Influence of walking and standing crowds on structural dynamic properties [M]// Society for Experimental Mechanics (SEM). 27th Conference and Exposition on Structural Dynamics 2009 (IMAC XXVII). New York: Curran Associates, Inc., 2009: 1973-1982.

[144] Racic V, Brownjohn J M W. Stochastic model of near-periodic vertical loads due to humans walking [J]. Advanced Engineering Informatics, 2011, 25 (2): 259-275.

[145] Zivanovic S, Pavic A, Reynolds P. Probability-based prediction of multi-mode vibration response to walking excitation [J]. Engineering Structures, 2007, 29 (6): 942-954.

[146] Piccardo G, Tubino F. Equivalent spectral model and maximum dynamic response for the serviceability analysis of footbridges [J]. Engineering Structures, 2012, 40: 445-456.

[147] Krenk S. Dynamic response to pedestrian loads with statistical frequency distribution [J]. Journal of Engineering Mechanics, 2012, 138 (10): 1275-1281.

[148] Caprani C C. Application of the pseudo-excitation method to assessment of walking variability on footbridge vibration [J]. Computers & Structures, 2014, 132: 43-54.

[149] 高世桥，王栋，牛少华．人-结构耦合系统动态特性分析[J]．北京理工大学学报，2013，33（3）：235-238.

[150] Živanović S, Pavic A, Reynolds P. Vibration serviceability of footbridges under human-induced excitation: a literature review [J]. Journal of Sound and Vibration, 2005, 279 (1/2): 1-74.

[151] Sachse R. The influence of human occupants on the dynamic properties of slender structures [D]. Sheffield: University of Sheffield, 2003.

[152] Zhang M S, Georgakis C T, Chen J. Biomechanically excited SMD model of a walking pedestrian [J]. Journal of Bridge Engineering, 2016, 21 (8): C4016003.

[153] Sachse R, Pavic A, Reynolds P. Parametric study of modal properties of damped two-degree-of-freedom crowd-structure dynamic systems [J]. Journal of Sound and Vibration, 2004, 274 (3/4/5): 461-480.

[154] Agu E, Kasperski M. Influence of the random dynamic parameters of the human body on the dynamic characteristics of the coupled system of structure-crowd [J]. Journal of Sound and Vibration, 2011, 330 (3): 431-444.

[155] Silva F T, Pimentel R. Biodynamic walking model for vibration serviceability of footbridges in vertical direction [C]//Proceeding of the 8th International Conference on Structural Dynamics, Eurodyn'11, 2011: 1090-1096.

[156] Obata T, Miyamori Y. Identification of a human walking force model based on dynamic monitoring data from pedestrian bridges [J]. Computers & Structures, 2006, 84 (8/9): 541-548.

[157] 秦敬伟，杨庆山．基于双足步行模型和反馈机制的人体-结构相互作用[J]．建筑结构学报，2014．35（S1）：18-24.

[158] 高延安，杨庆山．行走人群-结构相互作用模型研究[J]．振动与冲击，2016，35（23）：153-159.

[159] Živanović S. Modelling human actions on lightweight structures: experimental and numerical developments [J]. MATEC Web of Conferences, 2015, 24: 01005.

[160] Maca J, Valasek M. Interaction of human gait and footbridges [C]//Proceedings of the 8th International Conference Structural Dynamics, 2011: 1083-1089.

[161] 秦敬伟，杨庆山，杨娜．人体-结构系统静态耦合的模态参数[J]．振动与冲击，2012，31（15）：150-157.

[162] 陈建英，方之楚．人-结构相互作用动力学建模研究[J]．振动与冲击，2007，26（6）：10-13.

[163] Zhang M S, Georgakis C T, Qu W J, et al. SMD model parameters of pedestrians for vertical human-structure interaction [M]// Caicedo J, Pakzad S. Dynamics of Civil Structures- Proceedings of the 33rd IMAC, A Conference and Exposition on Structural Dynamics, 2015: 311-317.

[164] 樊健生，李泉，李全旺，等．考虑人-结构相互作用的楼盖振动控制研究[J]．振动与冲击，2010，29（11）：230-236.

第 2 章　楼盖振动基本分析理论

解决人致楼盖振动问题需要掌握结构动力学、板壳理论、数学物理方程等多门学科的相关基础知识，是对工程结构、数学、力学等知识的综合应用。本章将针对人致楼盖振动问题，介绍正交各向异性薄板理论、加权余量法、摄动法、Duhamel 积分和分离变量法等基本分析理论。

2.1　正交各向异性薄板理论

正交各向异性薄板在弯曲时的弹性特征参数包括主刚度（D_1、D_2、D_k）和泊松系数（μ_1、μ_2）。计算均匀正交各向异性薄板的刚度，需要知道其厚度 h、弹性常数（E_1、E_2）、剪切刚度（G）、泊松系数等参数。均匀正交各向异性薄板的刚度表达式为

$$D_1 = \frac{E_1 I}{1 - \mu_1 \mu_2} \tag{2.1}$$

$$D_2 = \frac{E_2 I}{1 - \mu_1 \mu_2} \tag{2.2}$$

$$D_k = GI \tag{2.3}$$

式中，I——梁横截面惯性矩，$I = h^3 / 12$，梁的轴向与主方向相重合[1]。

对于等厚度的板，梁的截面都是高度等于板厚 h、宽度为 1 的矩形。

式（2.1）～式（2.3）所表示的刚度，需要依据所用材料的性质做微小的修正，特别是基于纯理论所考虑的所有抗扭刚度 D_k 的数值均应视为一级近似。

正交各向异性薄板模型如图 2.1 所示，其振动方程表达式为

$$D_1 \frac{\partial^4 W}{\partial x^4} + 2D_3 \frac{\partial^4 W}{\partial x^2 \partial y^2} + D_2 \frac{\partial^4 W}{\partial y^4} + c\frac{\partial W}{\partial t} + \frac{\bar{q}_0}{g}\frac{\partial^2 W}{\partial t^2} = F(x, y, t) \tag{2.4}$$

式中，D_1——x 方向抗弯刚度；

D_2——y 方向抗弯刚度；

D_3——组合刚度，$D_3 = D_1 S\mu + 2D_k$，其中 S 为相对抗弯刚度 D_2 / D_1，D_k 为主向的抗扭刚度，μ为泊松系数；

c——黏滞阻尼系数；

$\bar{q}_0$——楼盖单位面积上荷载；

$F(x, y, t)$——楼盖所受外荷载。

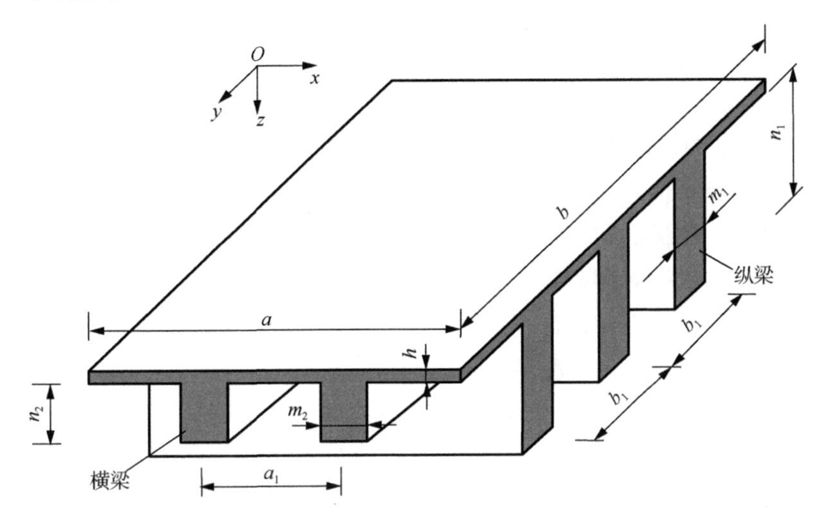

图 2.1　正交各向异性薄板模型

将图 2.1 中上部构造各个构件（纵梁和横梁）联成整体结构的钢筋混凝土板，可看作具有各向同性的构造，其刚度确定公式为

$$D_1 = \frac{E}{1-S\mu^2}I_1' + \frac{EI_1''}{b_1} \tag{2.5}$$

$$D_2 = \frac{E}{1-S\mu^2}I_2' + \frac{EI_2''}{a_1} \tag{2.6}$$

刚度 D_3 近似表达式为

$$D_3 = D_1 S\mu + 2D_k = D_1 S\mu + \frac{Gh^3}{6} + \frac{1}{n}\left(\frac{c_1}{b_1} + \frac{c_2}{b_2} + \cdots + \frac{c_n}{b_n}\right) + \frac{1}{m}\left(\frac{c_1'}{a_1} + \frac{c_2'}{a_2} + \cdots + \frac{c_m'}{a_m}\right) \tag{2.7}$$

混凝土的泊松系数 μ 可取 0.1667，因为 $\mu^2 = 0.1667^2$ 是个小于 0.03 的小量，而 S 总小于 1，所以$(1-S\mu^2)$的式子可取为 1，则抗弯刚度可用更简单的公式表达，即

$$D_1 = EI_1' + \frac{EI_1''}{b_1} = E\left(I_1' + \frac{I_1''}{b_1}\right) = \frac{EI_1^0}{b} \tag{2.8}$$

$$D_2 = EI_2' + \frac{EI_2''}{a_1} = E\left(I_2' + \frac{I_2''}{a_1}\right) = \frac{EI_2^0}{a} \tag{2.9}$$

式中，E——混凝土弹性模量；

I_1'——x 向梁板横截面内板对梁板截面重心的惯性矩；

I_1''——x 向梁板横截面内梁对梁板截面重心的惯性矩；

b_1——x 向相邻梁中至梁中的距离；

a_1——y 向相邻梁中至梁中的距离；

I_2'——y 向梁板横截面内板对梁板截面重心的惯性矩；

I_2''——y 向梁板横截面内梁对梁板截面重心的惯性矩；

a——x 向楼板的宽度；

b——y 向楼板的宽度；

I_1^0——x 向梁板横截面惯性矩；

I_2^0——y 向梁板横截面惯性矩。

上部构造的相对抗扭刚度表达式为

$$\theta=\frac{D_3}{D_1}=S\mu+\frac{0.425h^3b}{6I_1^0}+\frac{0.425m_1^3n_1\alpha b}{b_1I_1^0}+\frac{0.425m_2^3n_2\alpha b}{a_1I_1^0} \tag{2.10}$$

式中，h——楼盖板厚；

m_1——x 向梁的宽度；

n_1——x 向梁的高度；

m_2——y 向梁的宽度；

n_2——y 向梁的高度；

α——根据 n_i / m_i（i=1，2）比值而确定的系数，可查表 2.1。

表 2.1　系数 α 与 n_i / m_i 的关系

α	n_i / m_i
0.141	1.00
0.196	1.50
0.214	1.75
0.229	2.00
0.249	2.50
0.263	3.00
0.281	4.00
0.312	10.00
0.330	∞

当楼盖为一组等距离梁的楼盖时，如图 2.2 所示，其刚度 D_1、D_2 和 D_3 可按下列公式计算：

$$D_1=\frac{Eh^3}{12}+\frac{EI_1''}{b_1} \tag{2.11}$$

$$D_2=\frac{Eh^3}{12} \tag{2.12}$$

$$D_3 = D_2\mu + \frac{Gh^3}{6} + \frac{Gm_1^3 n_1 \alpha}{b_1} \tag{2.13}$$

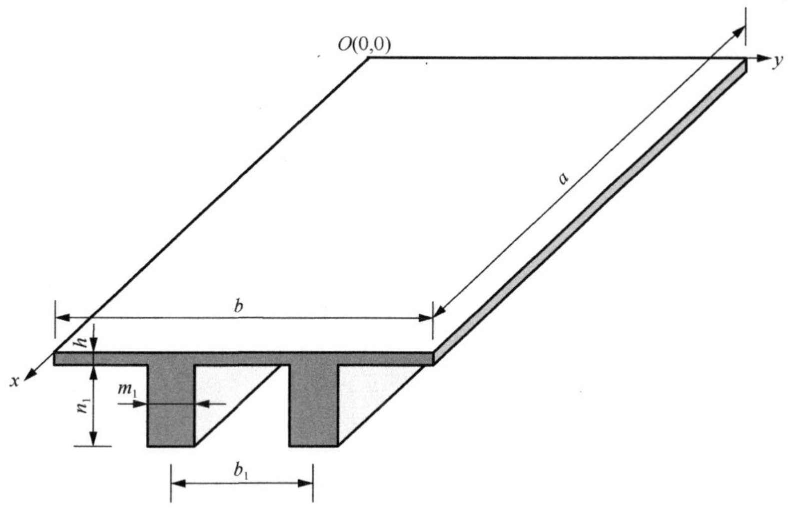

图 2.2　一组等距离梁的楼盖

2.2　加权余量法

加权余量法[2]是一种可以直接从微（积）分方程式求得近似解的数学方法，在计算力学中应用较多。在固体力学中，加权余量法是求解线性、非线性微分方程的一种有效方法，它是基于等效积分形式的近似方法，也是通用的数值计算方法。有限元法、边界元法、无网格法都是加权余量法的特殊情况，因为这三种方法各有其特点，所以都各自发展为一种独立的方法。加权余量法最早是在流体力学和传热学等科学领域得到广泛应用，接着在固体力学中得到了更为广泛的应用。

加权余量法基本思路为先假设一个试函数，将其代入要求解的微分方程和边界条件或初值条件；试函数一般不能完全满足这些条件，因而出现误差，即出现残数或残值；选择合理的权函数与残数相乘，列出在解的域内消灭残数的方程式，就可以把求解微分方程的问题转化为数值计算问题，从而得出近似解。

如某一应用科学问题的控制微分方程式和边界条件分别为

$$\bar{F}u - \bar{f} = 0 \text{（}V\text{ 域）} \tag{2.14}$$

$$\bar{G}u - \bar{g} = 0 \text{（}S\text{ 边界）} \tag{2.15}$$

式中，u——待求函数；

　　$\bar{F}$——算符；

$\bar{G}$——算符；

$\bar{f}$——不含 u 的项；

$\bar{g}$——不含 u 的项。

假设未知函数可以采用近似函数来表示。近似函数是一簇带有待定参数的已知函数，一般形式为

$$u \approx \bar{u} = \sum_{i=1}^{n} C_i N_i \tag{2.16}$$

式中，C_i——待定参数；

N_i——已知试函数（或基函数、形函数）。

式（2.16）一般不能满足式（2.14）和式（2.15），从而出现内部残数 R_1 和边界条件 R_{b}，即

$$R_1 = \bar{F}\,\bar{u} - \bar{f} \tag{2.17}$$

$$R_{\mathrm{b}} = \bar{G}\bar{u} - \bar{g} \tag{2.18}$$

为消灭残数，分别以内部权函数 W_1 和边界权函数 W_{b} 乘以式(2.17)和式(2.18)，从而得到消除残数的方程，即

$$\int_V W_1 R_1 \mathrm{d}V = 0 \tag{2.19}$$

$$\int_S W_{\mathrm{b}} R_{\mathrm{b}} \mathrm{d}S = 0 \tag{2.20}$$

式（2.19）和式（2.20）为代数方程式，从这些方程式求出 C_i，就获得满足式（2.14）和式（2.15）的近似解式（2.16）。

若解式（2.16）中所选择的试函数项 N_i，事先已能满足式（2.15），则只需用式（2.19）消除残数，这种方法称为内部法。若 N_i 已满足式（2.14），则只需用式（2.20）消灭残数，这种方法称为边界法。若 N_i 既不满足式（2.14），又不满足式（2.15），则须用式（2.19）和式（2.20），这种方法称为混合法。

作为一种数值计算方法，加权余量法具有下述优点。

（1）原理的统一性：寻求控制微分方程式的近似解，不分问题的类型和性质。

（2）应用的广泛性：数学、固体力学、流体力学、热传导、核物理和化工等多学科的问题都能应用；既可解边值问题、特征值问题和初值问题，也可解非线性问题。

（3）不依赖于变分原理：在泛函不存在时也能进行求解。

（4）计算误差可知。

（5）方法一般比较简单、快速、准确，工作量少，程序简单。

加权余量法是求解微分方程近似解的一种有效方法。显然，任何独立的完全函数都可作为权函数，加权余量法可分为内部法、边界法和混合法，在内部法中，又可分为：①配点法（以狄拉克函数 δ 作为权函数）；②子域法；③最小二乘法；④力矩法；⑤伽辽金法。

2.3 摄　动　法

解决工程技术和科学领域中的各种理论和实际课题，就问题的数学解决方法而言，主要是解析解和数值解两大类。目前能得到精确解析解的问题极少，一般只能求得其近似解析解，而各种摄动法则是求近似解析解最主要的手段。应用领域极其广泛，是摄动方法的一个显著特点。摄动法能得出简单而又准确的近似解，容易看出每个物理参数对解的影响，有助于弄清楚解的解析结构，这是一般数值解所不能比拟的优势[3]。摄动法最为成功的例子之一，是发现了冥王星，并在广袤的宇宙中预测出它将出现的位置[4]。摄动法中的奇异摄动法更被认为是 20 世纪理论与应用力学领域十大进展之一[5]。

摄动法（perturbation method）又称为小参数展开法，是应用力学中非线性问题求解近似解的普通分析方法，可以用来求解各类数学方程的近似解析解，包括代数方程、超越方程、常微分方程、偏微分方程以及积分方程等。摄动法的基本思路是：假设某一物理问题（或者某一系统）$\overline{S}$，可以用无量纲变量$u(x,\varepsilon)$的微分方程$L(u,x,\varepsilon)=0$和边界条件$B(u,\varepsilon)=0$来表示，其中x是无量纲的自变量，ε是一个无量纲的参数。对于这个难以精确求解的问题$\overline{S}(\varepsilon)$，如果存在一个参数$\varepsilon_0$（特别是当$\varepsilon_0=0$时），使得问题$\overline{S}(\varepsilon_0)$可以求解，那么对于小的参数$\varepsilon$，问题$\overline{S}(\varepsilon)$的近似解可以用小参数$\varepsilon$的渐近展开式来表示，例如，用$\varepsilon$的幂函数展开为

$$u(x,\varepsilon)=\varepsilon^0u_0(x)+\varepsilon^1u_1(x)+\varepsilon^2u_2(x)+\cdots \tag{2.21}$$

通常称类似式（2.21）的公式为参数摄动展开式，式中ε^n（n=0,1,2,3,⋯）称为标准函数，$u_0(x)$是$\varepsilon=\varepsilon_0$时问题$\overline{S}(\varepsilon_0)$的解，$u_n(x)$不依赖于$\varepsilon$。将参数摄动展开式代入微分方程$L(u,x,\varepsilon)=0$及边界条件$B(u,\varepsilon)=0$中，则可渐进地确定$u_n(x)$；这样就将所求解的问题$\overline{S}(\varepsilon)$退化为了求解问题$\overline{S}(\varepsilon_0)$，从而简化了问题的求解过程。从另外一个角度，可以将$\overline{S}(\varepsilon_0)$视为$\overline{S}(\varepsilon)$的未扰系统，即$\overline{S}(\varepsilon)$是$\overline{S}(\varepsilon_0)$产生一个扰动$\varepsilon-\varepsilon_0$后的扰动系统。简而言之，摄动法是应用摄动变量将一个非线性问题转化为无穷多个线性问题，并用前几个线性问题的解之和来逼近该非线性问题之解。

在摄动法求解过程中，大多数问题一般仅由一个摄动参数加以描述即可。但是在求解某些问题时，将方程用两个或两个以上的参数来表示，计算更为方便或者所求的结果具有更高的精确度。假设所研究的边值（或初值）问题包含两个相互内在独立的参数ε_1、ε_2，显然参数ε_1、ε_2可具有不同的特征，如某些是描述材料特性，某些是描述问题的几何或动力特性等。注意：与里兹法和伽辽金法相反，摄动法特别是多参数形式的摄动法，在于用带有预先给定系数的未知函数来展开解；而在里兹法和伽辽金法中，是用带有未知参数的预先指定函数的级数来求解。

双参数摄动法标准的求解步骤如下所述。

（1）建立数学模型，得到控制方程和边界条件。

（2）选择恰当的无量纲参数，对基本方程和边界条件无量纲化。

（3）合理选择两个无量纲参数 ε_1、ε_2 作为摄动参数，将边界条件和方程渐近展开，成为一个关于 2 个摄动参数的渐近序列，即

$$f(x,\varepsilon)=\sum_{p,q=0}^{\infty}(\varepsilon_1)^p(\varepsilon_2)^q\beta_{pq}(x) \tag{2.22}$$

其中渐近序列中每一项前面的系数 $\beta_{pq}(x)$ 待定，这一步是直接关系到摄动法难易程度和结果是否收敛。

（4）合并关于摄动参数的同类项，并利用边界条件确定渐近序列中的每一项前面的待定常数。

为更好地理解双参数摄动法思路以及其获得解的优势，以下举例说明。

一端简支一端固定梁（图 2.3）大挠度问题的基本方程[6]为

$$\frac{\dfrac{\mathrm{d}^2w}{\mathrm{d}x^2}}{\left[1+\left(\dfrac{\mathrm{d}w}{\mathrm{d}x}\right)^2\right]^{\frac{3}{2}}}=\frac{M_0}{EI}-\frac{Q_0}{EI}+\frac{q}{EI}x\int_0^x\left[1+\left(\frac{\mathrm{d}w}{\mathrm{d}x}\right)^2\right]^{\frac{1}{2}}\mathrm{d}x-\frac{q}{EI}\int_0^x x\left[1+\left(\frac{\mathrm{d}w}{\mathrm{d}x}\right)^2\right]^{\frac{1}{2}}\mathrm{d}x \tag{2.23}$$

式中，w——挠度；

EI——刚度；

M_0——$x=0$ 处的弯矩；

Q_0——$x=0$ 处的剪力。

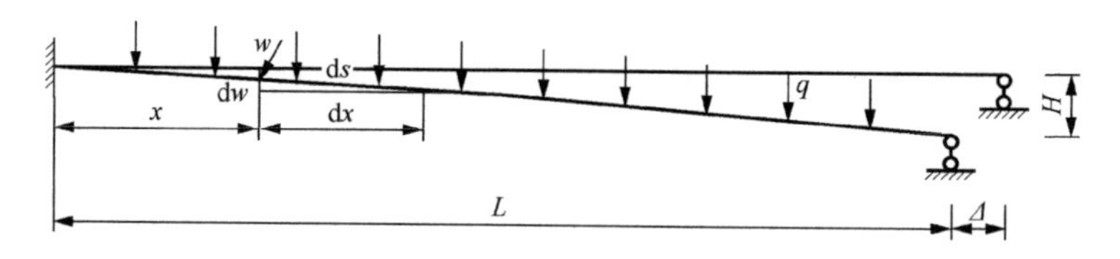

图 2.3　一端简支一端固定梁

边界条件为

$$\begin{cases}x=0,\ w=0,\ \dfrac{\mathrm{d}w}{\mathrm{d}x}=0\\[2ex] x=L,\ w=H,\ \dfrac{\mathrm{d}^2w}{\mathrm{d}x^2}=0\end{cases} \tag{2.24}$$

为便于求解，引入无量纲量，即

$$\xi=\frac{x}{L},W=\frac{w}{L},m_0=\frac{M_0}{EI},\Omega_0=\frac{Q_0L}{EI},\alpha=\frac{qL^3}{12EI},\beta=\frac{6H}{L} \tag{2.25}$$

则式（2.24）和式（2.25）改写为

$$\frac{\dfrac{\mathrm{d}^2W}{\mathrm{d}\xi^2}}{\left[1+\left(\dfrac{\mathrm{d}W}{d\xi}\right)^2\right]^{\frac{3}{2}}}=m_0-\Omega_0\xi+12\alpha\xi\int_0^\xi\left[1+\left(\frac{\mathrm{d}W}{\mathrm{d}\xi}\right)^2\right]^{\frac{1}{2}}\mathrm{d}\xi$$

$$-12\alpha\int_0^\xi\xi\left[1+\left(\frac{\mathrm{d}W}{\mathrm{d}\xi}\right)^2\right]^{\frac{1}{2}}\mathrm{d}\xi \tag{2.26}$$

边界条件为

$$\begin{cases}\xi=0,\ W=0,\ W'=\dfrac{\mathrm{d}W}{\mathrm{d}\xi}=0\\ \xi=1,\ W=\dfrac{\beta}{6},\ \dfrac{\mathrm{d}^2W}{\mathrm{d}\xi^2}=0\end{cases} \tag{2.27}$$

从式（2.26）可以看出，本算例的非线性主要是由 $(1+W'^2)^{3/2}$ 和 $(1+W'^2)^{1/2}$ 中的 W' 引起，所以如果 $W'(\xi)$ 本身是小量，则 $(1+W'^2)^{3/2}$ 和 $(1+W'^2)^{1/2}$ 的展开式为

$$\begin{cases}(1+W'^2)^{\frac{1}{2}}=1+\dfrac{1}{2}W'^2-\dfrac{1}{8}W'^4+\cdots\\ (1+W'^2)^{\frac{3}{2}}=1+\dfrac{3}{2}W'^2+\dfrac{3}{8}W'^4+\cdots\end{cases} \tag{2.28}$$

将式（2.28）代入式（2.26），得

$$\frac{\dfrac{\mathrm{d}^2W}{\mathrm{d}\xi^2}}{1+\dfrac{3}{2}W'^2+\dfrac{3}{8}W'^4+\cdots}=m_0-\Omega_0\xi+12\alpha\xi\int_0^\xi\left(1+\frac{1}{2}W'^2-\frac{1}{8}W'^4+\cdots\right)\mathrm{d}\xi$$

$$-12\alpha\int_0^\xi\xi\left(1+\frac{1}{2}W'^2-\frac{1}{8}W'^4+\cdots\right)\mathrm{d}\xi \tag{2.29}$$

选取 α 、β 为双参数，为此须将 W 、m_0 和 Ω_0 展开成摄动参数 α 和 β 的渐近级数，即

$$\begin{cases}m_0=m_1\alpha+m_2\beta+m_3\alpha^2+m_4\alpha\beta+m_5\beta^2+\cdots\\ \Omega_0=\Omega_1\alpha+\Omega_2\beta+\Omega_3\alpha^2+\Omega_4\alpha\beta+\Omega_5\beta^2+\cdots\\ W=W_1\alpha+W_2\beta+W_3\alpha^2+W_4\alpha\beta+W_5\beta^2+\cdots\end{cases} \tag{2.30}$$

其中，m_i 和 $\Omega_i\,(i=1,2,\cdots)$为待定常数，$W_i\,(i=1,2,\cdots)$为关于 ξ 的待定函数。将式（2.30）代入式（2.29）和式（2.27），比较等式左右两边 $\alpha^m\beta^n$ 同次幂的系数，如比较 α 和 β 的同次幂。具体如下所述。

（1）α 的同次幂计算公式为

$$\frac{\mathrm{d}^2W_1}{\mathrm{d}\xi^2}=m_1-\Omega_1\xi+12\xi\int_0^\xi 1\mathrm{d}\xi-12\int_0^\xi \xi\mathrm{d}\xi \tag{2.31}$$

边界条件为

$$\begin{cases}\xi=0,\ W_1=0,\ \dfrac{\mathrm{d}W_1}{\mathrm{d}\xi}=0\\ \xi=1,\ W_1=0,\ \dfrac{\mathrm{d}^2W_1}{\mathrm{d}\xi^2}=0\end{cases} \tag{2.32}$$

解得

$$m_1=\frac{3}{2},\ \Omega_1=\frac{15}{2},\ W_1=\frac{3}{4}\xi^2-\frac{5}{4}\xi^3+\frac{1}{2}\xi^4 \tag{2.33}$$

（2）β 的同次幂计算公式为

$$\frac{\mathrm{d}^2W_2}{\mathrm{d}\xi^2}=m_2-\Omega_2\xi \tag{2.34}$$

边界条件为

$$\begin{cases}\xi=0,\ W_2=0,\ \dfrac{\mathrm{d}W_2}{\mathrm{d}\xi}=0\\ \xi=1,\ W_2=\dfrac{1}{6},\ \dfrac{\mathrm{d}^2W_2}{\mathrm{d}\xi^2}=0\end{cases} \tag{2.35}$$

解得

$$m_2=\frac{1}{2},\ \Omega_2=\frac{1}{2},\ W_2=\frac{1}{4}\xi^2-\frac{1}{12}\xi^3 \tag{2.36}$$

以此类推，比较 $\alpha^2,\alpha\beta,\beta^2,\cdots$ 的系数，可以确定 m_i、Ω_i 和 $W_i\,(i=3,4,\cdots)$。由于此例只是简单介绍双参数摄动法的步骤，故不再写出具体求解步骤。我们直接给出 W 关于 α 和 β 的表达式为[6]

$$\begin{aligned}W=&\left(\frac{3}{4}\xi^2-\frac{5}{4}\xi^3+\frac{1}{2}\xi^4\right)\alpha+\left(\frac{1}{4}\xi^2-\frac{1}{12}\xi^3\right)\beta+\left(\frac{33}{4480}\xi^2-\frac{141}{13\,440}\xi^3+\frac{27}{64}\xi^4\right.\\&\left.-\frac{81}{32}\xi^5+\frac{4119}{640}\xi^6-\frac{7767}{896}\xi^7+\frac{14\,493}{2240}\xi^8-\frac{425}{168}\xi^9+\frac{17}{42}\xi^{10}\right)\alpha^3+\left(-\frac{11}{1344}\xi^2\right.\\&\left.-\frac{53}{20\,160}\xi^3+\frac{27}{64}\xi^4-\frac{297}{160}\xi^5+\frac{2071}{640}\xi^6-\frac{1737}{640}\xi^7+\frac{1223}{1120}\xi^8-\frac{85}{504}\xi^9\right)\alpha^2\beta\\&+\left(\frac{81}{4480}\xi^2-\frac{221}{13\,440}\xi^3+\frac{9}{64}\xi^4-\frac{63}{160}\xi^5+\frac{743}{1920}\xi^6-\frac{713}{4480}\xi^7+\frac{53}{2240}\xi^8\right)\alpha\beta^2\\&+\left(-\frac{3}{560}\xi^2+\frac{1}{560}\xi^3+\frac{1}{64}\xi^4-\frac{3}{160}\xi^5+\frac{1}{128}\xi^6-\frac{1}{896}\xi^7\right)\beta^3\end{aligned} \tag{2.37}$$

在小挠度理论中，梁长为L。而在大挠度非线性理论中，由于梁的弯曲，实际长度应该是曲线的弧长S，其计算公式为

$$S=\int_0^L\left[1+\left(\frac{\mathrm{d}w}{\mathrm{d}x}\right)^2\right]^{\frac{1}{2}}\mathrm{d}x \tag{2.38}$$

其无量纲形式为

$$\frac{S}{L}=\int_0^1\left[1+\left(\frac{\mathrm{d}W}{\mathrm{d}\xi}\right)^2\right]^{\frac{1}{2}}\mathrm{d}\xi \tag{2.39}$$

如果$\mathrm{d}W/\mathrm{d}\xi$是小量，即式（2.39）等号右边可以采用近似式（2.28）。将式（2.37）代入式（2.39）得

$$\frac{S}{L}=1+\frac{3}{280}\alpha^2-\frac{3}{120}\alpha\beta+\frac{1}{60}\beta^2+O(\alpha^4,\ \alpha^3\beta,\ \alpha^2\beta^2,\ \alpha\beta^3,\ \beta^4) \tag{2.40}$$

2.4　Duhamel 积分

受时间变化的外荷载 $p(t)$和黏滞阻尼作用下的线性单自由度系统的运动方程可表示为

$$m\ddot{u}+c\dot{u}+ku=p(t) \tag{2.41}$$

式中，m——等效振子的质量；

c——黏滞阻尼系数；

k——系统刚度；

u——系统振幅。

其初始条件为

$$\begin{cases}u(0)=0\\ \dot{u}(0)=0\end{cases} \tag{2.42}$$

在推导一般解时，通常将$p(t)$假设为持续时间为无穷小量的脉冲序列。

脉冲力是指作用时间非常短，但时间积分为有限值的非常大的力。图 2.4 展示了从时刻 $t=\tau$开始持续时间ε的力 $p(t)=1/\varepsilon$。由此可知，随着$\varepsilon\to 0$，力$p(t)\to\infty$；但由力$p(t)$的时间积分定义的脉冲幅值仍然等于 1。极限情况$\varepsilon\to 0$时的力$p(t)$称为单位脉冲。Dirac-δ函数$\delta(t-\tau)$在数学上定义了以$t=\tau$为中心的单位脉冲[7]。

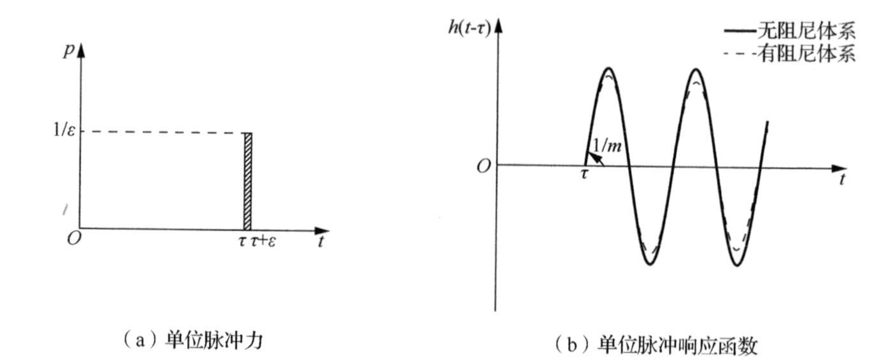

（a）单位脉冲力　　（b）单位脉冲响应函数

图 2.4　对单位脉冲的反应

对于无阻尼体系在任意时刻τ时受到冲击荷载$\delta(t-\tau)$作用的脉冲时的反应为

$$h(t-\tau) \equiv u(t) = \frac{1}{m\omega_n}\sin[\omega_n(t-\tau)] \tag{2.43}$$

式中，ω_n——系统在无阻尼状态下振动的固有圆频率。

同理可得黏滞阻尼体系的结果

$$h(t-\tau) \equiv u(t) = \frac{1}{m\omega_D}\mathrm{e}^{-\xi\omega_n(t-\tau)}\sin[\omega_D(t-\tau)] \tag{2.44}$$

式中，ω_D——系统在有阻尼状态下振动的固有圆频率。

单位脉冲响应函数$h(t-\tau)$如图 2.4（b）所示。

随时间任意变化的力$p(t)$可被描绘成无穷小短脉冲的序列（图 2.5）。假设线性动力体系在任意τ时刻承受大小为$p(\tau)\mathrm{d}\tau$的脉冲时，其响应是单位脉冲响应函数$h(t-\tau)$的$p(\tau)\mathrm{d}\tau$倍，即

$$\mathrm{d}u(t) = [p(\tau)\mathrm{d}\tau]h(t-\tau) \quad (t > \tau) \tag{2.45}$$

体系在时刻t的反应直到该时刻所有脉冲反应之和（图 2.5），因此

$$u(t) = \int_0^t p(\tau)h(t-\tau)\mathrm{d}\tau \tag{2.46}$$

式（2.46）称为卷积积分，是应用于任意线性动力体系的一般解。

将式（2.44）和式（2.43）分别代入式（2.46），可得有阻尼和无阻尼体系下的 Duhamel 积分分别如下：

$$u(t) = \begin{cases} \dfrac{1}{m\omega_D}\displaystyle\int_0^t p(\tau)\mathrm{e}^{-\xi\omega_n(t-\tau)}\sin[\omega_D(t-\tau)]\mathrm{d}\tau & \text{有阻尼} \\ \dfrac{1}{m\omega_n}\displaystyle\int_0^t p(\tau)\sin[\omega_n(t-\tau)]\mathrm{d}\tau & \text{无阻尼} \end{cases} \tag{2.47}$$

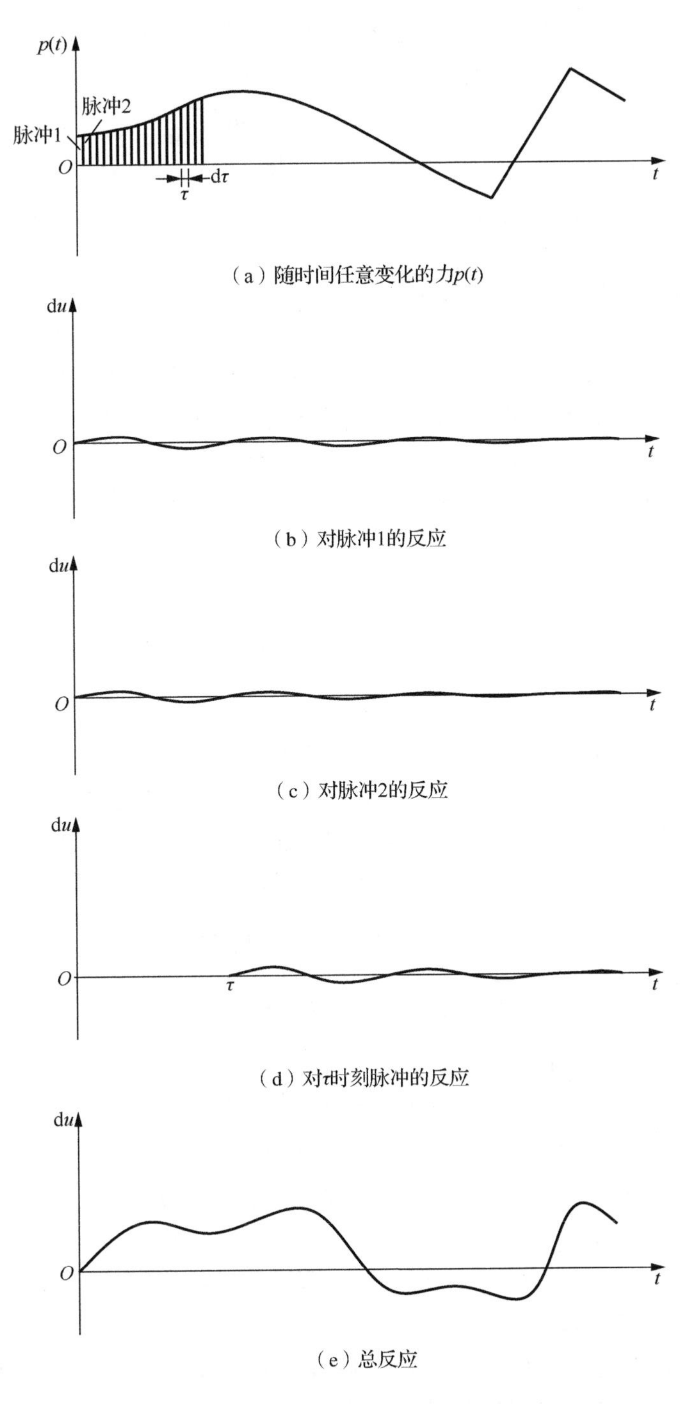

（a）随时间任意变化的力$p(t)$

（b）对脉冲1的反应

（c）对脉冲2的反应

（d）对τ时刻脉冲的反应

（e）总反应

图 2.5　卷积积分的示意性说明

暗含在这个结果中的是“静止”初始条件，即 $u(0)=0$ 和 $\dot{u}(0)=0$。若初始条件位移和速度分别为 $u(0)$ 和 $\dot{u}(0)$，则需要将由式（2.48）

$$u(t)=\begin{cases}\mathrm{e}^{\xi\omega_n t}\left[u(0)\cos\omega_D t+\dfrac{\dot{u}(0)+\xi\omega_n u(0)}{\omega_D}\sin\omega_D t\right] & \text{有阻尼}\\ u(0)\cos\omega_n t+\dfrac{\dot{u}(0)}{\omega_n}\sin\omega_n t & \text{无阻尼}\end{cases}\tag{2.48}$$

确定的自由振动反应分别加到式（2.47）。

Duhamel 积分为求解线性单自由度体系对任意激励的反应提供了一般结果。这个结果只能用于线性体系，因为它是以叠加原理为基础的，因此不能应用于结构的变形超出线弹性极限的问题。如果 $p(\tau)$ 是一个简单函数，那么获得积分的封闭解是可能的。因此，除了经典方法以外，Duhamel 积分方法是求解微分方程的另一种方法。如果 $p(\tau)$ 是一个用数字描述的复杂函数，则求积分需要采用数值方法。

2.5　分离变量法

微分方程可用于许多物理规律、过程和状态的描述。当研究仅包含一个自变量的运动过程时，常常提出常微分方程的问题，如质点的运动、集中参数 *R-L-C* 电路中电流及电压的变化等[8]。而当研究具有多个自变量的运动过程时，就常涉及偏微分方程的问题。偏微分方程是指含有某未知函数 u 的偏导数的关系式。例如，

$$\frac{\partial u}{\partial t}=a(t,x)\frac{\partial^2 u}{\partial x^2}+b(t,x)\frac{\partial u}{\partial x}+c(t,x)u+f(t,x)\tag{2.49}$$

$$\Delta u=\frac{\partial^2 u}{\partial x^2}+\frac{\partial^2 u}{\partial y^2}+\frac{\partial^2 u}{\partial z^2}=0\text{（拉普拉斯方程）}\tag{2.50}$$

$$\frac{\partial^2 u}{\partial t^2}=a^2\Delta u+f(t,\ x,\ y,\ z)\text{（波动方程）}\tag{2.51}$$

$$u_t+uu_x=0\text{（冲击波方程）}\tag{2.52}$$

$$u_t+\sigma uu_x+u_{xxx}=0\text{（Kdv 方程）}\tag{2.53}$$

式中，a、σ——均为常数；

$a(t,x)$、$b(t,x)$、$c(t,x)$、$f(t,x)$ 及 $f(t,x,y,z)$——已知函数；

u——未知函数。

分离变量法又称傅里叶方法，是求解偏微分方程定界问题的常用方法。此方法将方程中含有的各个变量的项分离出来，把偏微分方程转换为常微分方程，从而使问题变得容易处理。

分离变量法是由达朗贝尔（d'Alembert）于 1750 年研究两端固定的弦的自由振动的混合问题时提出的。接下来将以此定解问题为例，详细介绍分离变量法的四个主要步骤。

$$\frac{\partial^2 u}{\partial t^2}=a^2\frac{\partial^2 u}{\partial x^2}\quad (0<x<l,\ t>0) \tag{2.54}$$

$$u(t,\ 0)=u(t,\ l)=0 \tag{2.55}$$

$$u(0,\ x)=\varphi(x),\ \left.\frac{\partial u}{\partial t}\right|_{t=0} u_t(0,\ x)=\psi(x) \tag{2.56}$$

1）分离变量

通过分离变量将偏微分方程转换为常微分方程，即探求方程的一簇形如

$$u=X(x)T(t) \tag{2.57}$$

的非零特解，并且暂时先不顾及初始条件，而只要求它满足边界条件。由边界条件式（2.55），有

$$u(t,\ 0)=X(0)T(t)=0 \tag{2.58}$$

$$u(t,\ l)=X(l)T(t)=0 \tag{2.59}$$

将式（2.57）代入方程式（2.54），得

$$\frac{T''(t)}{a^2T(t)}=\frac{X''(x)}{X(x)} \tag{2.60}$$

式（2.60）左端仅是 t 的函数，右边只是 x 的函数，而 x、t 是两个相互独立的变量。因此，只有两边都是常数时，等式（2.60）才能成立。令这个常数为$-\lambda$，就得到两个常微分方程，即

$$T''+\lambda a^2T=0 \tag{2.61}$$

$$X''+\lambda X=0 \tag{2.62}$$

2）常微分方程的边值问题的求解

先求解函数 $X(x)$，由式（2.62）和边界条件式（2.58）、式（2.59）构成关于函数 $X(x)$的常微分方程边值问题，即

$$\begin{cases}X''+\lambda X=0\\ X(0)=X(l)=0\end{cases} \tag{2.63}$$

方程（2.63）只有当 $\lambda=(n\pi/l)^2(n=1,\ 2,\ 3,\ \cdots)$ 时，$X(x)$ 的边值问题才有非零解。将 $\lambda_n=(n\pi/l)^2$ 称为固有值，与此固有值相应的非零解为

$$X_n(x)=B_n\sin\frac{n\pi x}{l} \tag{2.64}$$

将固有值 $\lambda_n=(n\pi/l)^2$ 代入式（2.61）可得

$$T_n(t)=C_n\cos\frac{n\pi at}{l}+D_n\sin\frac{n\pi at}{l} \tag{2.65}$$

其中 C_n 和 D_n 均为待定常数。由此可得偏微分方程式(2.54)满足边界条件式(2.55)的一列解

$$\begin{aligned} u_n(t, x) &= X_n(x)T_n(t) \\ &= \left(C_n \cos\frac{n\pi at}{l} + D_n \sin\frac{n\pi at}{l}\right)\sin\frac{n\pi x}{l} \quad (n=1,\ 2,\ 3,\ \cdots) \end{aligned} \tag{2.66}$$

为简化书写，已将常数 B_n 并入待定常数 C_n 和 D_n。

3）$u_n(t, x)$ 的叠加

通常情形下，某一个解 $u_n(t, x)$ 并不能满足初始条件式（2.56），如

$$u_n(0, x) = C_n \sin\frac{n\pi x}{l} \tag{2.67}$$

$$\left.\frac{\partial u_n}{\partial t}\right|_{t=0} = D_n \frac{n\pi a}{l}\sin\frac{n\pi x}{l} \tag{2.68}$$

初始函数 $\varphi(x)$ 和 $\psi(x)$ 为任意函数。若仔细观察可知，式（2.54）和边界条件式（2.55）均为线性齐次，若将特解 $u_n(t, x)$ 叠加起来可得

$$u(t, x) = \sum_{n=1}^{\infty} u_n(t, x) = \sum_{n=1}^{\infty}\left(C_n \cos\frac{n\pi at}{l} + D_n \sin\frac{n\pi at}{l}\right)\sin\frac{n\pi x}{l} \tag{2.69}$$

可得

$$u(0, x) = \sum_{n=1}^{\infty} C_n \sin\frac{n\pi x}{l} \tag{2.70}$$

$$u_t(0, x) = \sum_{n=1}^{\infty} \frac{n\pi a}{l} D_n \sin\frac{n\pi x}{l} \tag{2.71}$$

式（2.70）和式（2.71）正是熟知的将给定在有限区间的函数展开成傅里叶级数。

4）确定待定系数 C_n 和 D_n

将式（2.70）和式（2.71）代入初始条件式（2.56），可得

$$\varphi(x) = \sum_{n=1}^{\infty} C_n \sin\frac{n\pi x}{l} \tag{2.72}$$

$$\psi(x) = \sum_{n=1}^{\infty} \frac{n\pi a}{l} D_n \sin\frac{n\pi x}{l} \tag{2.73}$$

由正弦展开系数公式得

$$C_n = \frac{2}{l}\int_0^l \varphi(x)\sin\frac{n\pi x}{l}\,\mathrm{d}x \tag{2.74}$$

$$D_n = \frac{2}{n\pi a}\int_0^l \psi(x)\sin\frac{n\pi x}{l}\,\mathrm{d}x \tag{2.75}$$

参考文献

[1] 曹国雄. 弹性矩形薄板振动[M]. 北京：中国建筑工业出版社，1983.
[2] 王勖成. 有限单元法[M]. 北京：清华大学出版社，2003.
[3] Nayfeh A H. 摄动方法导论[M]. 宋家骕，译. 上海：上海翻译出版公司，1990.
[4] 黄用宾，冯懿治，裘子秀. 摄动法简明教程[M]. 上海：上海交通大学，1986.
[5] 廖世俊. 超越摄动：同伦分析方法导论[M]. 陈晟，徐航，译. 北京：科学出版社，2006.
[6] Devin A, Fanning P J. Impact of nonstructural components on modal response and structural damping [M]// Topics on the Dynamics of Civil Structures, Volume 1, Proceedings of the 30th IMAC, A Conference and Exposition on Structural Dynamics, New York: Springer, 2012:415-421.
[7] Chopra A K. 结构动力学理论及其在地震工程中的应用[M]. 谢礼立，吕大刚，等译. 北京：高等教育出版社，2013.
[8] 严镇军. 数学物理方程[M]. 合肥：中国科学技术大学出版社，2010.

第3章　混凝土楼盖人致振动舒适度试验与有限元分析

混凝土楼盖作为建筑结构中最常见的结构形式之一，在大跨建筑结构中应用非常广泛。随着跨度的增大、结构阻尼的减小，在人致荷载作用下楼盖振动问题日渐突出，影响正常使用。开展混凝土楼盖人致振动研究，将有助于优化结构振动舒适度验算及设计方法，保证楼盖正常使用。为阐述混凝土楼盖人致振动舒适度评价步骤，本章将以3块楼盖为例，详细介绍楼盖振动现场试验、跳跃激励、步行和跑步激励试验结果和有限元分析结果。

3.1　楼盖振动现场试验

图3.1～图3.6分别为1#、2#和3#混凝土楼盖尺寸及测点布置和现场测试图。

1#混凝土楼盖位于大庆职工服务中心（职工之家），包括150mm板，7个间距4.5m、跨度27m的预应力混凝土梁，如图3.1所示。混凝土梁截面尺寸为600mm×1500mm。图3.1中虚线框范围为测试混凝土楼盖，“●”表示加速度计布置位置。测试过程中，1#混凝土楼盖尚未安装非结构构件，如天花板、通风管道、机械设备及其他隔离物等，如图3.2所示。

图3.3（a）虚线框范围为2#混凝土楼盖（位于重庆江北机场T3航站楼）。2#混凝土楼盖板厚为150mm，截面尺寸及测点布置分别如图3.3（b）和（c）所示。测试过程中，2#混凝土楼盖尚未安装非结构构件，如图3.4所示。

3#混凝土楼盖（位于重庆江北机场T3航站楼）为两跨楼盖，板厚为150mm，圆柱半径为600mm，尺寸及测点布置如图3.5所示。测试过程中，3#混凝土楼盖尚未安装非结构构件，如图3.6所示。

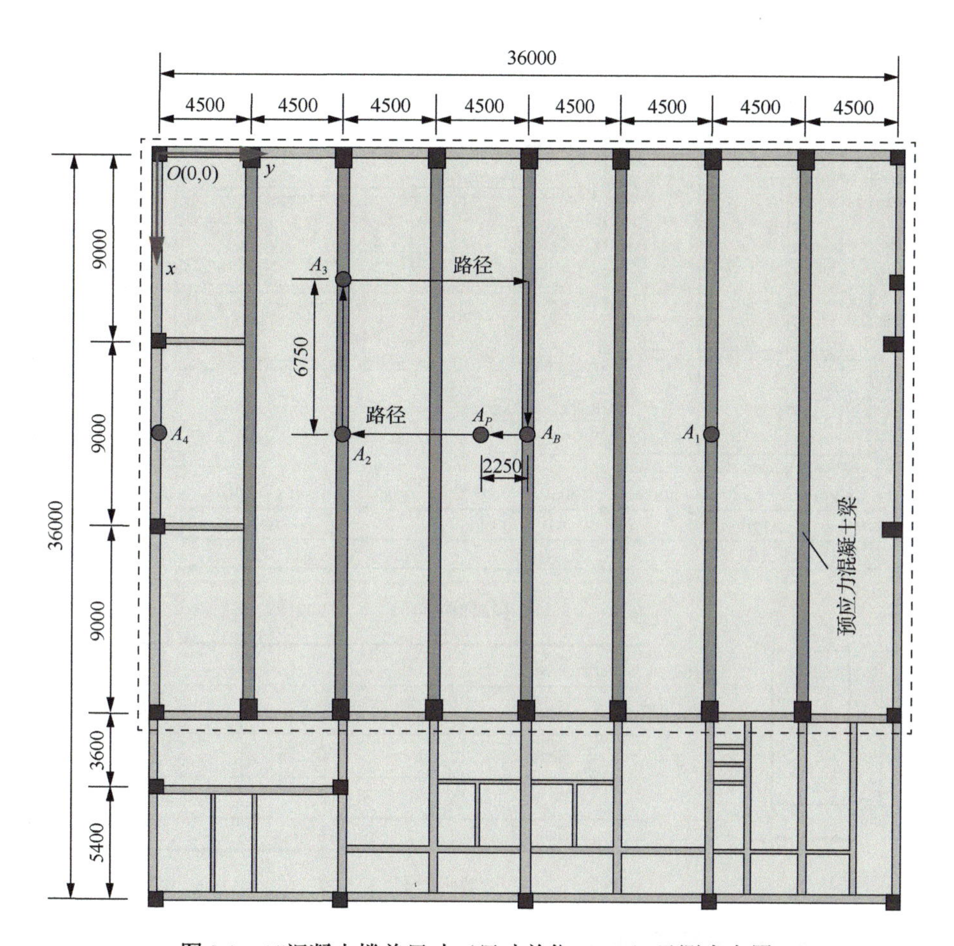

图 3.1　1#混凝土楼盖尺寸（尺寸单位：mm）及测点布置

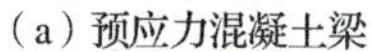
（a）预应力混凝土梁

（b）楼面

图 3.2　1#混凝土楼盖现场测试图

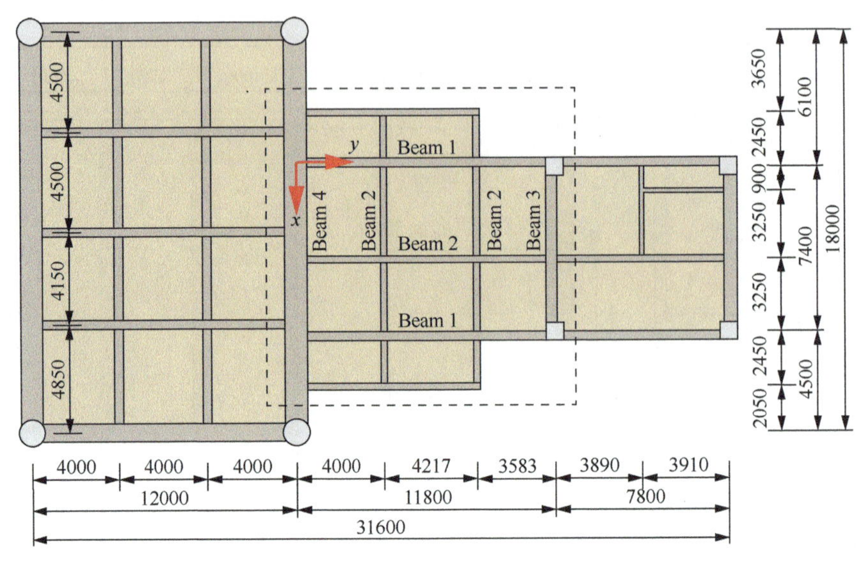

（a）楼面整体布局

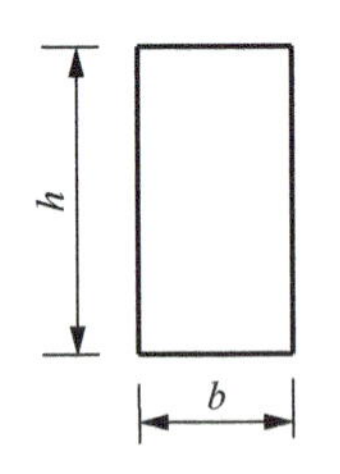

梁编号	b	h
Beam 1	400	800
Beam 2	300	750
Beam 3	500	800
Beam 4	1000	1200

（b）梁截面尺寸

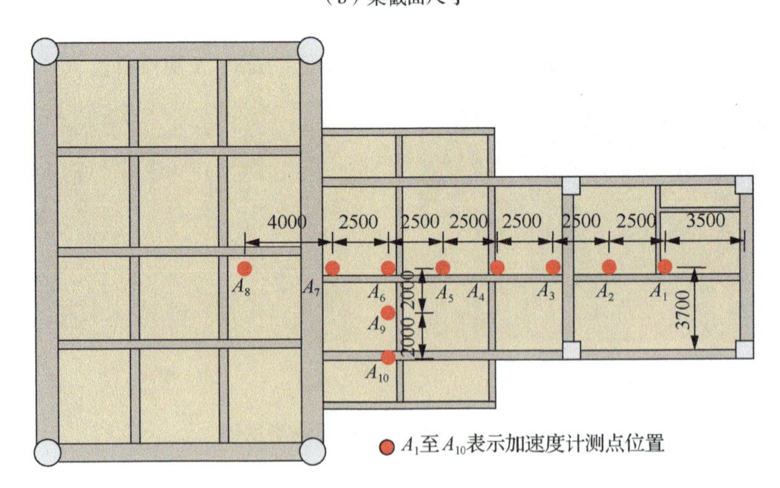

（c）测点布置

图 3.3　2#混凝土楼盖尺寸（尺寸单位：mm）及测点布置

Beam1～Beam4 为梁的编号。

图 3.4　2#混凝土楼盖现场测试图

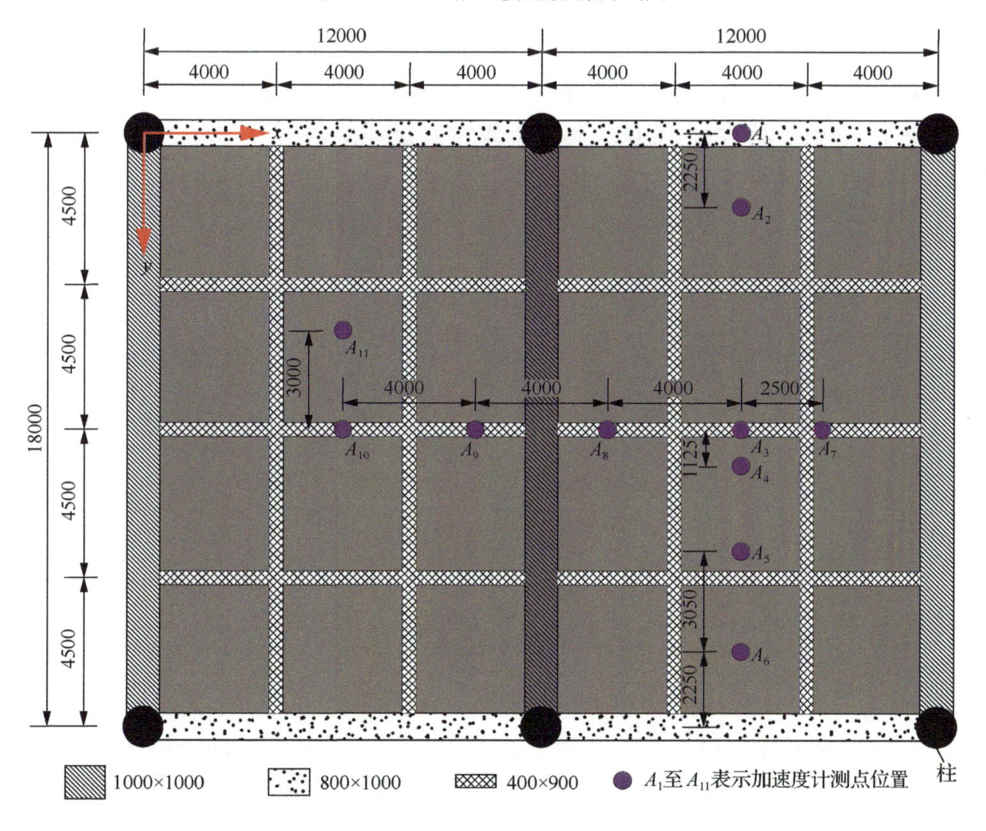

图 3.5　3#混凝土楼盖尺寸（尺寸单位：mm）及测点布置

图 3.6　3#混凝土楼盖现场测试图

1#、2#和 3#混凝土楼盖测试仪器包括量程±5*g* 的加速度计 DH610V 和数据采集装置 DH5922N（图 3.7）。为充分了解 1#、2#和 3#混凝土楼盖由人致荷载（瞬态和稳态激励）引起的振动舒适度，开展了跳跃、步行和跑步等激励作用下楼盖振动研究；测试过程中，数据采集频率均为 1000Hz。

（a）加速度计DH610V

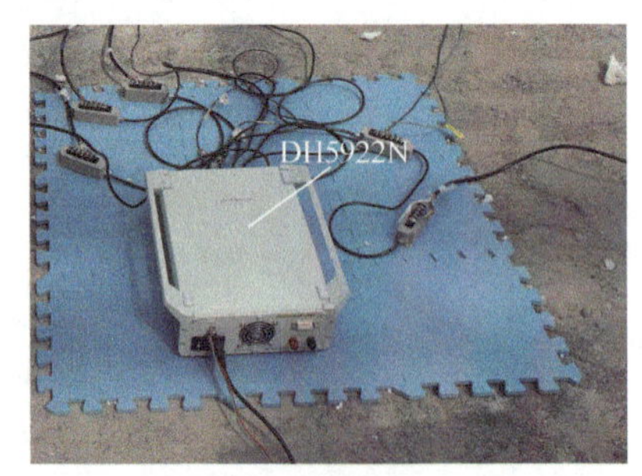

（b）数据采集装置DH5922N

图 3.7　加速度计及采集装置

3.2　模 态 测 试

评估混凝土楼盖振动舒适度的最主要参数包括基频[1]、阻尼和振型。模态测试中，多种方法可用于确定上述参数[2-4]，其中最常用的一个方法为落足（Heel-drop）试验（图 3.8），原因是 Heel-drop 试验无须昂贵的设备[5]，且操作方便快捷。本次试验采用 Heel-drop 试验确定 1#、2#和 3#混凝土楼盖基频和阻尼。Heel-drop 试验时，测试者需将两脚后跟同时抬起约 80mm，然后利用自身体重，使两脚后跟同时强有力地撞击混凝土楼盖。需要注意，撞击过程需防止多次撞击、身体摇摆和跳跃[6]等。

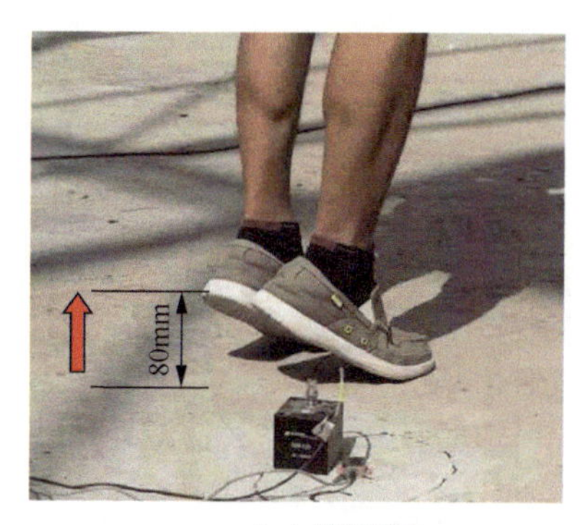

(a) 踮起脚尖

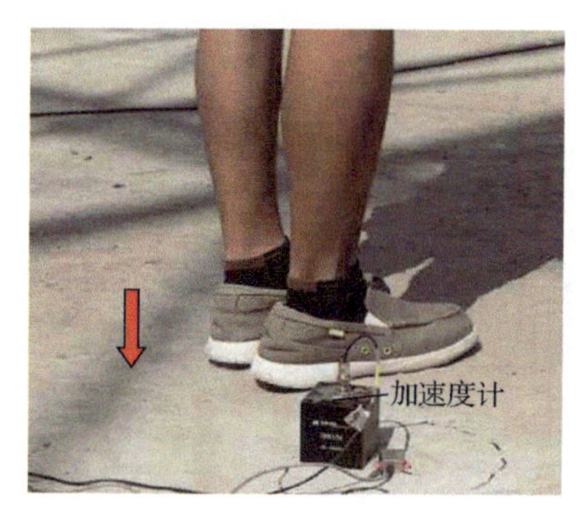

(b) 强有力撞击楼盖

图 3.8　Heel-drop 试验示意图

3.2.1　频率

1#混凝土楼盖的 Heel-drop 试验由体重分别为 70kg（N_{m1}）、60kg（N_{m2}）和 57kg（N_{m3}）的测试者进行。为减少随机性，每位测试者分别在激励点 A_B 处激励三次。图 3.9～图 3.11 分别为 N_{m1}、N_{m2} 和 N_{m3} 激励时，测点 A_B 的加速度响应和经快速傅里叶变换（fast Fourier transformation，FFT）处理后得到的频率谱曲线。

由图 3.9（b）、图 3.10（b）和图 3.11（b）可知，1#混凝土楼盖前五阶频率分别为 6.17Hz、7.16Hz、8.50Hz、9.67Hz 和 10.50Hz。

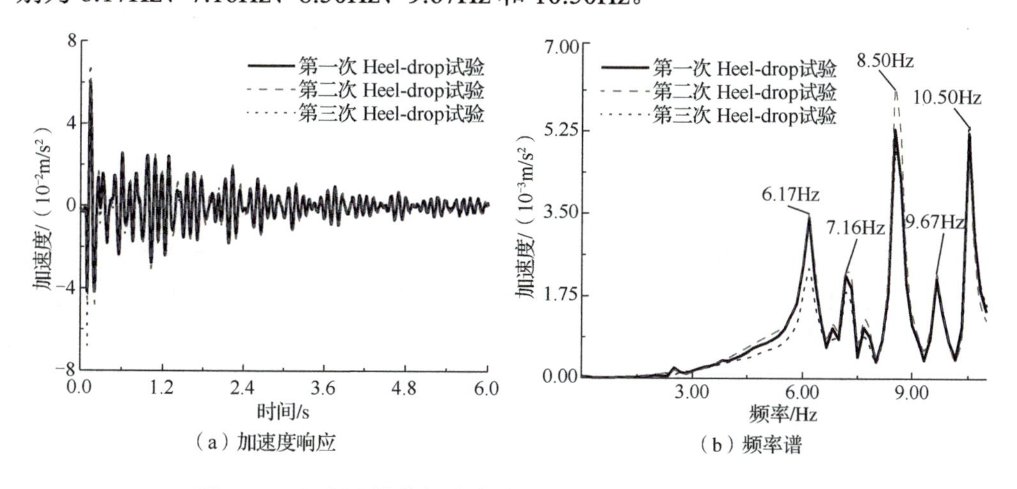

图 3.9　1#混凝土楼盖加速度响应及相应频率谱曲线（N_{m1}）

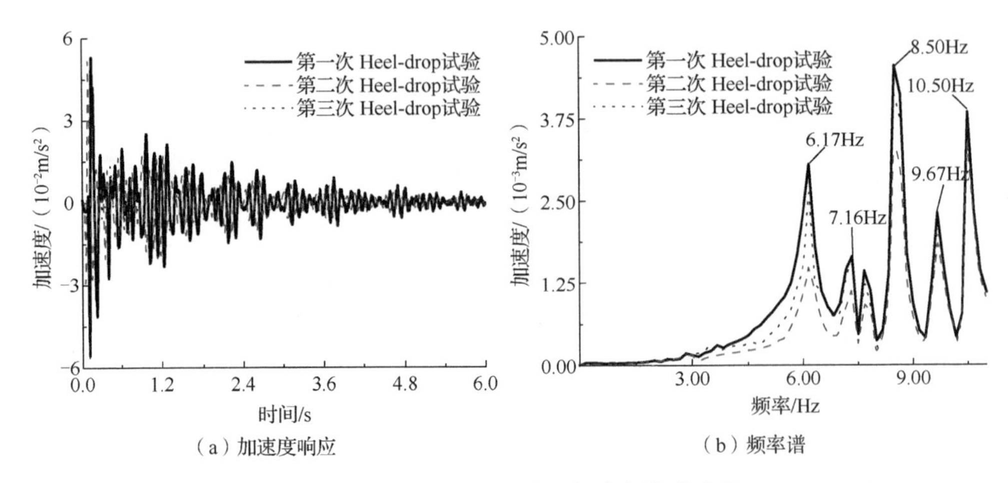

（a）加速度响应　　（b）频率谱

图 3.10　1#混凝土楼盖加速度响应及相应频率谱曲线（N_{m2}）

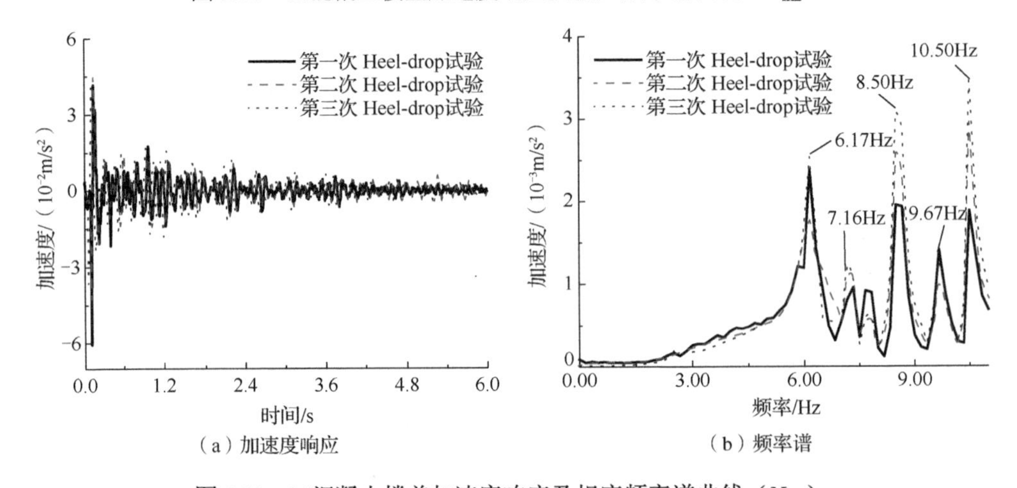

（a）加速度响应　　（b）频率谱

图 3.11　1#混凝土楼盖加速度响应及相应频率谱曲线（N_{m3}）

由于测试过程中加速度计布置较少，并不能给出较为合理的楼盖振型；而利用数值仿真技术可较为准确地确定楼盖振型。为此本节将采用大型有限元软件 ABAQUS 建立相应的有限元模型，对楼盖振型进行仿真。根据图 3.1 所示，1#混凝土楼盖轮廓建立了两种有限元模型：①模型 1 考虑邻近结构的影响[图 3.12(a)]；②模型 2 忽略邻近结构的影响［图 3.13（a)]。有限元分析过程中，两种模型均采用实体单元 C3D10I。由图 3.12（b）和图 3.13（b）的基频数据可知：邻近结构对混凝土楼盖有一定的约束作用，从而影响楼盖刚度。基于模型 1 图 3.14 给出了 1#混凝土楼盖模态振型。

采用 Heel-drop 法，分别测定 2#和 3#混凝土楼盖频率。图 3.15 和图 3.16 分别为 2#和 3#混凝土楼盖 Heel-drop 试验和典型加速度响应曲线。表 3.1 为 2#和 3#混凝土楼盖 Heel-drop 试验参数。

（a）有限元模型

（b）基频 f_1=5.95Hz

图 3.12　1#混凝土楼盖 3D 有限元模型（单元：C3D10I，模型 1）

（a）有限元模型

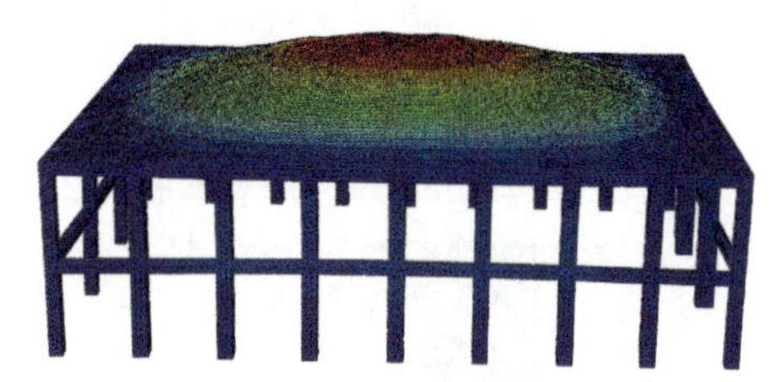

（b）基频 f_1=5.55Hz

图 3.13　1#混凝土楼盖 3D 有限元模型（单元：C3D10I，模型 2）

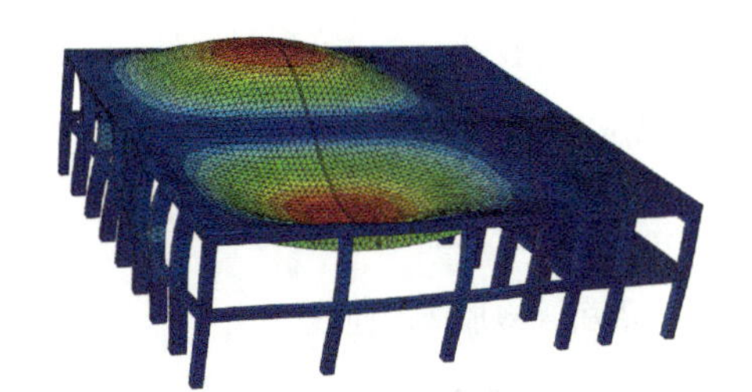

（a）二阶模态 f_2=6.52Hz

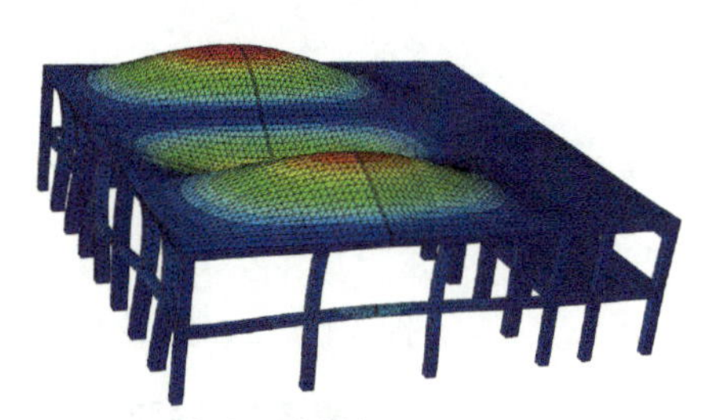

（b）三阶模态 f_3=7.21Hz

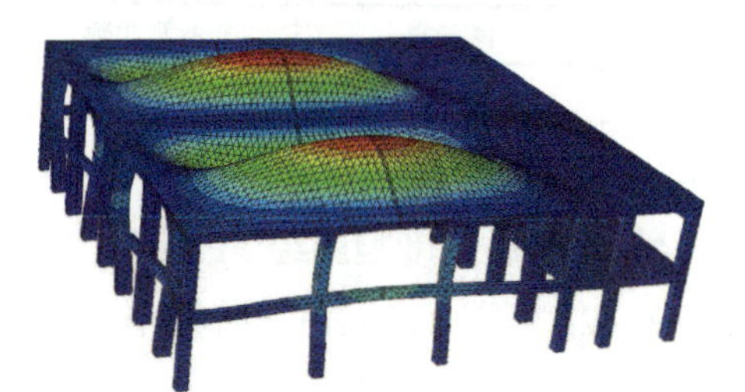

（c）四阶模态 f_4=8.05Hz

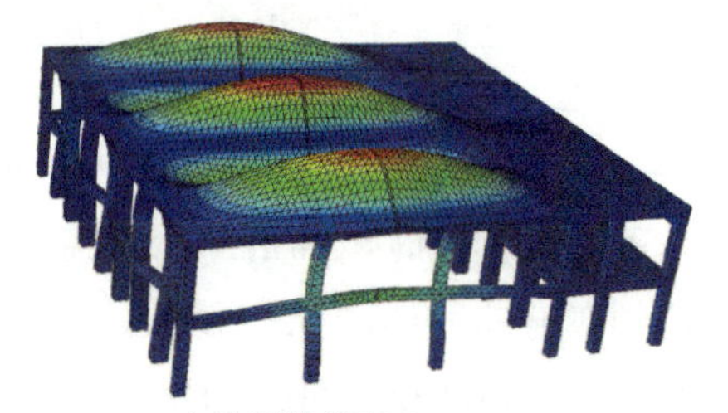

（d）五阶模态 f_5=9.21Hz

图 3.14　1#混凝土楼盖模态振型（单元：C3D10I，模型 1）

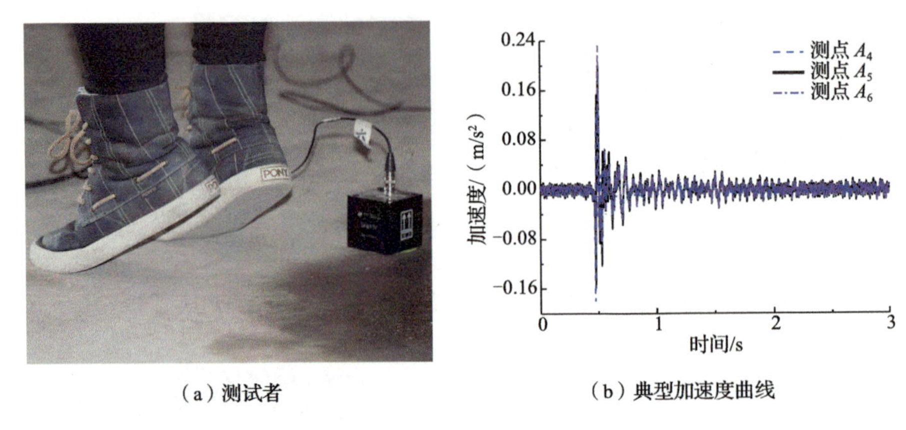

（a）测试者　　（b）典型加速度曲线

图 3.15　2#混凝土楼盖 Heel-drop 试验和典型加速度响应曲线

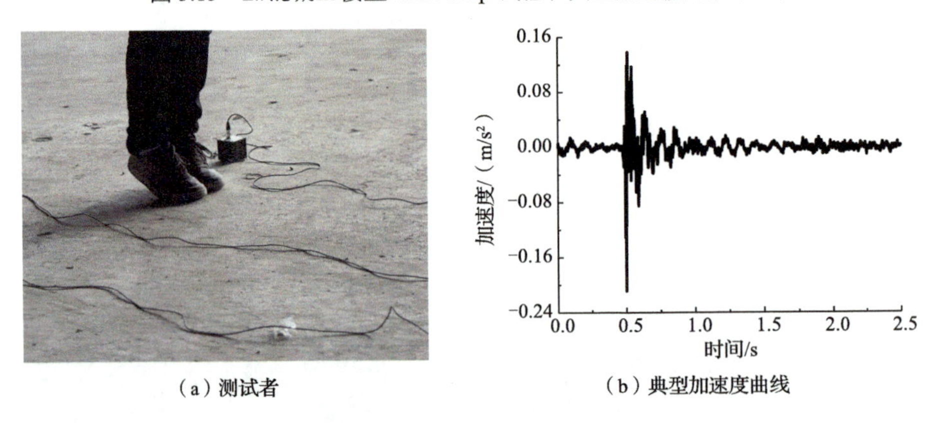

（a）测试者　　（b）典型加速度曲线

图 3.16　3#混凝土楼盖 Heel-drop 试验和典型加速度曲线

表 3.1　2#和 3#混凝土楼盖 Heel-drop 试验参数

楼盖编号	测试者	体重/kg	激励点	激励次数
2#	N_{m4}	63	A_4、A_5、A_6	3
3#	N_{m1}	70	A_1～A_{11}	3

不同激励点时，2#混凝土楼盖测点 A_4、A_5 和 A_6 加速度响应经 FFT 处理后得到的频率谱曲线如图 3.17 所示。由图 3.17 可知，2#混凝土楼盖前三阶频率分别为 11.67Hz、13.00Hz 和 16.00Hz。

图 3.18 为采用有限元软件 ABAQUS 分析时，2#混凝土楼盖的 3D 模型和基频。依据 1#混凝土楼盖有限元频率分析的结论，邻近结构会对测试楼盖起到约束作用，从而增加其刚度，因此建立有限元模型的时候，按照图 3.3（a）所示的截面形式整体建模。整个模型采用实体单元 C3D10I。有限元分析值与试验结果的误差

为 5.91%，能够满足工程的要求，因此可采用建立的有限元模型进行后续的详细参数分析。

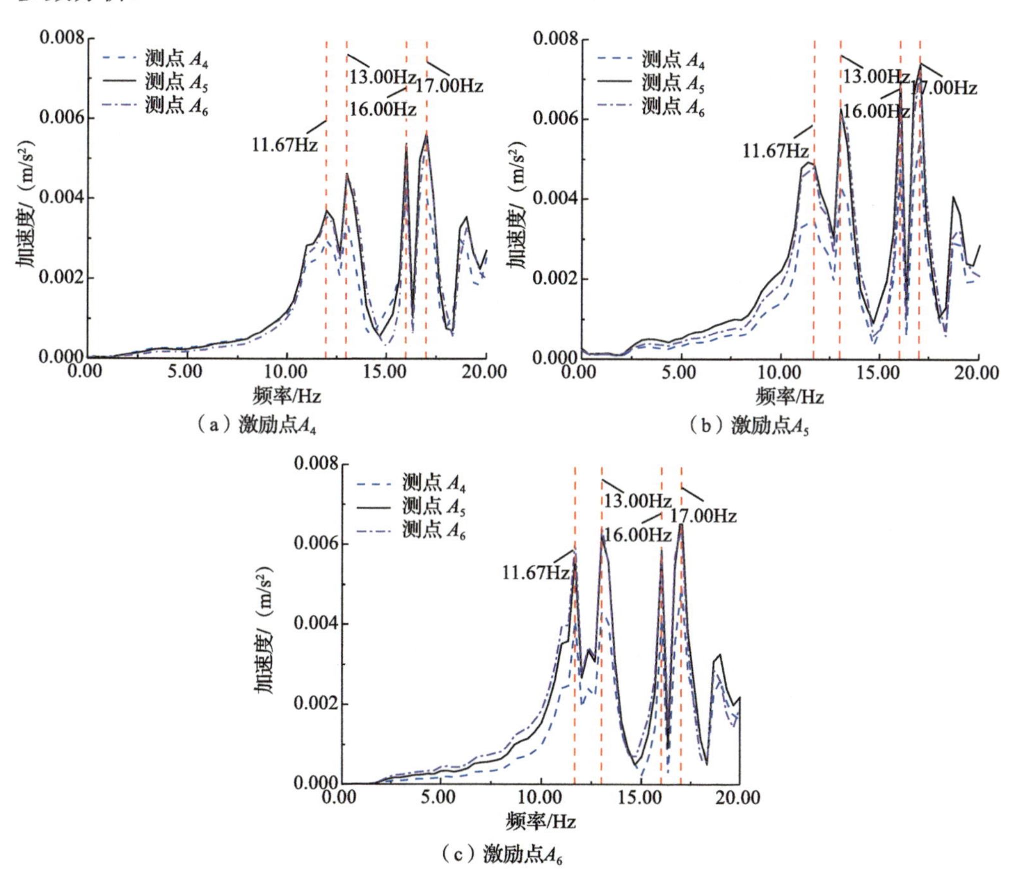

图 3.17　2#混凝土楼盖频率谱曲线

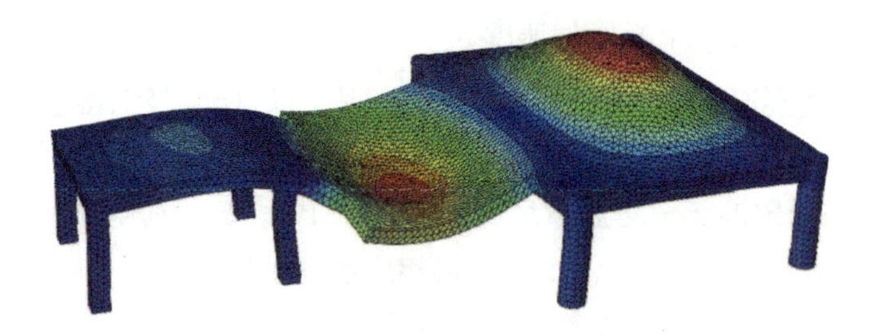

图 3.18　2#混凝土楼盖 3D 模型和基频（f_1=10.98Hz，单元：C3D10I）

图 3.19 为 3#混凝土楼盖典型加速度响应经 FFT 处理后得到的频率谱曲线。由图 3.19 可知，3#混凝土楼盖竖向第一阶频率为 8.86Hz。

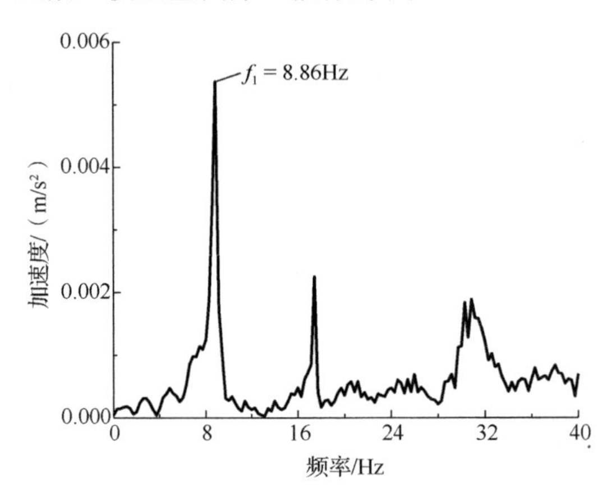

图 3.19　3#混凝土楼盖频率谱曲线

3.2.2　阻尼

阻尼是混凝土楼盖设计中另一个重要参数。结构阻尼是描述结构的机械损失程度的量，把结构的振动能量转换为热能或其他耗散能量，即阻尼能够减少结构的振动甚至最终将结构振动完全消除。基于 Heel-drop 试验采集的加速度响应，可计算混凝土楼盖的阻尼比。对于混凝土楼盖等弱阻尼体系，阻尼比 ξ 计算公式为[7]

$$\xi = \frac{1}{2\pi j} \ln \frac{a_{pi}}{a_{p(i+j)}} \tag{3.1}$$

式中，a_{pi}——第 i 个峰值加速度；

$a_{p(i+j)}$——第 $i+j$ 个峰值加速度。

为详细阐述混凝土楼盖阻尼比的确定过程，以 1#混凝土楼盖为例，采用如图 3.20 所示的 a_{p1} 和 a_{p10} 两个峰值加速度进行计算。采用 1#混凝土楼盖测点 A_B 和 A_P 加速度响应确定混凝土楼盖阻尼比。AISC#11[1]规定，利用加速度响应确定混凝土楼盖某阶振型对应的阻尼比时，需将相应的振动模态从整个响应中过滤出来。带通过滤技术能够通过某一频率范围内的频率分量，将其他范围的频率分量衰减到极低水平[8]。采用带通过滤技术将 1#混凝土楼盖一阶振动模态从整个加速度响应中过滤出来，如图 3.20 所示。

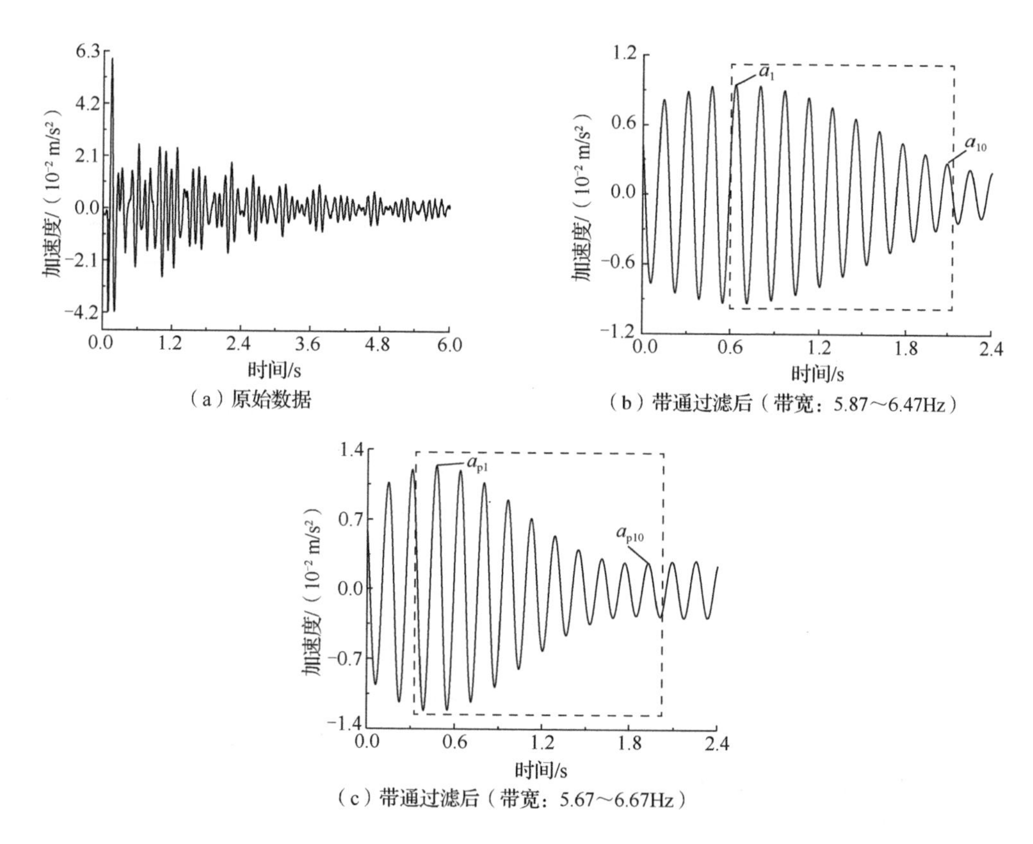

（a）原始数据

（b）带通过滤后（带宽：5.87～6.47Hz）

（c）带通过滤后（带宽：5.67～6.67Hz）

图 3.20　带通过滤技术处理结果

表 3.2 为在 5.87～6.47Hz 和 5.67～6.67Hz 带宽条件下，1#混凝土楼盖一阶阻尼比，其均值分别为 2.13%和 2.65%。由表 3.2 可知，阻尼比与带宽有关，带宽越大，阻尼比越大。未安装任何非结构构件的混凝土楼盖的阻尼比将小于安装了非结构构件的混凝土楼盖[9]。为方便理论分析，1#混凝土楼盖一阶阻尼比取 2.39%(2.13%和 2.65%的均值)。

表 3.2　1#混凝土楼盖一阶阻尼比 ξ_1

测点	带宽/Hz	ξ_1 /%								
		N_{m1}			N_{m2}			N_{m3}		
		1	2	3	1	2	3	1	2	3
A_{B}	5.87～6.47	2.18	2.38	2.33	2.40	2.37	1.91	2.11	2.02	2.21
	5.67～6.67	2.70	2.76	2.87	2.90	2.90	2.64	2.71	2.02	2.26
A_{P}	5.87～6.47	1.94	2.11	2.10	2.40	2.42	1.81	1.95	1.78	1.98
	5.67～6.67	2.67	2.91	2.84	2.85	2.84	2.63	3.13	1.88	2.16

通过类似方法可得到1#混凝土楼盖二阶和三阶阻尼比，如表3.3和表3.4所示。由表3.3和表3.4可知，1#混凝土楼盖二阶(ξ_2)和三阶(ξ_3)阻尼比均值分别为1.56%和0.76%。

表3.3 1#混凝土楼盖二阶阻尼比 ξ_2

测点	带宽/Hz	ξ_2 /%								
		N_{m1}			N_{m2}			N_{m3}		
		1	2	3	1	2	3	1	2	3
A_B	6.71～7.61	1.58	1.73	1.84	1.39	1.20	1.37	1.51	1.77	1.40
A_P		1.23	1.63	1.54	1.84	1.33	1.58	1.86	1.48	1.82

表3.4 1#混凝土楼盖三阶阻尼比 ξ_3

测点	带宽/Hz	ξ_3 /%								
		N_{m1}			N_{m2}			N_{m3}		
		1	2	3	1	2	3	1	2	3
A_B	8.15～8.85	0.79	0.63	0.72	0.63	0.60	0.70	0.52	0.72	0.73
A_P		0.70	0.85	0.52	1.08	1.14	1.01	0.71	0.64	1.06

表3.5分别列出了采用带通过滤技术得到的2#和3#混凝土楼盖一阶阻尼比。其中，2#混凝土楼盖采用激励点 A_5 时，测点 A_4、A_5 和 A_6 所采集的加速度响应；3#混凝土楼盖采用激励点 A_i（i=1～11）所采集的加速度响应。由表3.5可知，2#和3#混凝土楼盖一阶阻尼比 ξ_1 具有较大离散值，2#和3#混凝土楼盖一阶阻尼比 ξ_1 范围分别为1.97%～2.87%和1.64%～2.98%。为方便理论分析，2#和3#混凝土楼盖均值可分别取2.32%和2.17%。

表3.5 2#和3#混凝土楼盖一阶阻尼比 ξ_1

混凝土楼盖	测点	ξ_1 /%			
		激励次数1	激励次数2	激励次数3	均值
2#	A_4	2.27	2.41	1.97	2.32
	A_5	2.38	2.52	2.04	
	A_6	2.17	2.27	2.87	
3#	A_1	2.12	2.98	2.42	2.17
	A_2	2.66	2.64	2.59	
	A_3	1.71	1.74	2.10	
	A_4	2.20	1.99	2.06	
	A_5	2.07	2.02	2.53	

续表

混凝土楼盖	测点	ξ_1 /%			
		激励次数 1	激励次数 2	激励次数 3	均值
3#	A_6	2.03	2.17	2.61	2.17
	A_7	2.14	2.11	2.37	
	A_8	2.15	1.73	2.21	
	A_9	1.87	1.88	2.31	
	A_{10}	1.69	1.77	2.30	
	A_{11}	2.12	2.58	1.64	

综合分析表 3.2 和表 3.5 中 1#、2#和 3#混凝土楼盖一阶阻尼比均值可知，混凝土楼盖一阶模态阻尼比范围为 2.17%～2.39%。

3.2.3 边界条件

本书第 4 章将基于振型分解法推导混凝土楼盖加速度理论公式，并通过引入人致振动因子（跳跃系数 α_J、跑步系数 α_R 与步行系数 α_W），提出计算跳跃、跑步和步行引起的混凝土峰值加速度简化验算公式。而跳跃系数 α_J、跑步系数 α_R 与步行系数 α_W 均与混凝土楼盖振型相关，即与楼盖的边界条件有关。因此为了准确得到跳跃系数 α_J、跑步系数 α_R 与步行系数 α_W 的值，需要判断 1#、2#和 3#混凝土楼盖合理的边界条件。

为判别 1#、2#和 3#混凝土楼盖的边界条件，需先计算楼盖的常数 D_1、D_2、D_3 和 $\overline{q}_0$。根据图 3.1、图 3.3 和图 3.5 所示 1#、2#和 3#混凝土楼盖截面尺寸，可得三个混凝土楼盖的常数，见表 3.6。

表 3.6　1#、2#和 3#混凝土楼盖刚度及均布荷载

混凝土楼盖编号	刚度/(N·m)			$\overline{q}_0$ /(N/m^2)
	D_1	D_2	D_3	
1#	2.39×10^9	9.14×10^6	2.19×10^8	7761.60
2#	2.07×10^8	2.24×10^8	9.52×10^6	5331.20
3#	4.08×10^8	4.44×10^8	4.88×10^6	7165.13

根据原位试验条件及结构布置，初步假设 1#混凝土楼盖的边界条件为 CSCC（三边固支一边简支）、CCCC（四边固支）和 CSCS（两对边固支另两边简支）；2#混凝土楼盖的边界条件为 SFSF（两对边简支另两边自由）、SFCF（一边简支对边固支另两边自由）和 CFCF（两对边固支另两边自由）。1#和 2#混凝土楼盖频率如表 3.7 所示。与原位试验值比较可知，1#和 2#混凝土楼盖合理边界条件分别为 CSCC 和 SFCF。

表 3.7　不同边界条件下 1#和 2#混凝土楼盖频率

混凝土楼盖编号	边界条件	第 i 阶频率/Hz				
		一阶	二阶	三阶	四阶	五阶
1#	CSCC	6.04	6.54	7.32	8.37	9.79
	CCCC	8.78	9.55	10.68	12.14	14.12
	CSCS	3.99	4.63	5.57	6.79	8.27
2#	SFSF	8.22	—	—	—	—
	SFCF	11.66	—	—	—	—
	CFCF	16.98	—	—	—	—

类似可得 3#混凝土楼盖的边界条件为 SSSS-SSSS 两跨连续简支楼盖，见表 3.8。

表 3.8　3#混凝土楼盖基频和边界条件

边界条件	竖向基频/Hz	误差/%
SSSS-SSSS	9.02	1.81

3.3　跳 跃 激 励

跳跃是最剧烈的人体正常活动之一[10-11]，为评价瞬态激励下混凝土楼盖的人致振动舒适度，验证加速度理论公式（第 4 章）的有效性并明确跳跃系数 α_J 值，针对 1#、2#和 3#混凝土楼盖进行了瞬态跳跃激励试验，跳跃激励全过程如图 3.21 所示。

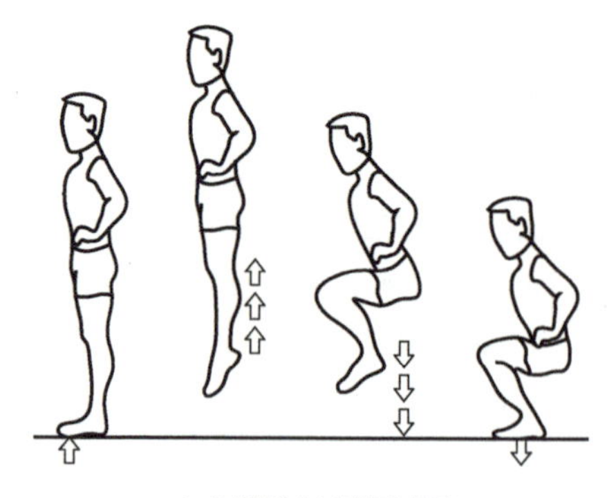

（a）跳跃全过程示意图

（b）跳跃现场测试图（快速起跳过程）

图 3.21　跳跃激励全过程

（c）跳跃现场测试图（自由下落过程）

（d）跳跃现场测试图（双脚落地过程）

图 3.21（续）

3.3.1　1#楼盖跳跃激励

为了减少随机性，跳跃激励时 N_{m1} 和 N_{m3} 分别在 1#混凝土楼盖测点 A_B 跳跃三次。

图 3.22 和表 3.9 分别为 1#混凝土楼盖测点加速度曲线和各测点峰值加速度。由表 3.9 可知，N_{m1} 和 N_{m3} 跳跃激励引起的峰值加速度均值比值的平均值为 1.21，大致等于 N_{m1} 和 N_{m3} 体重的比值 1.23（即 70kg/57kg），表明跳跃激励时，1#混凝土楼盖振动处于弹性阶段；N_{m1} 和 N_{m3} 跳跃激励引起的最大峰值加速度均发生在激励点 A_B，分别为 0.214m/s^2 和 0.183m/s^2。

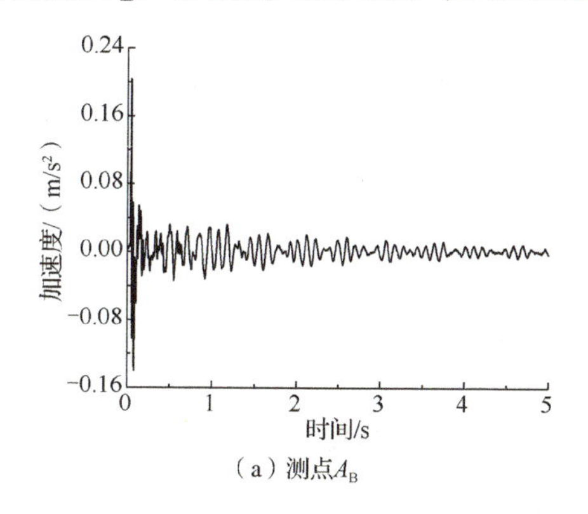

（a）测点 A_B

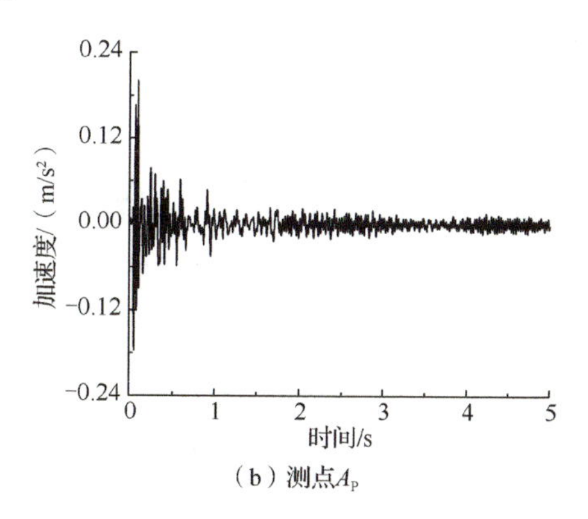

（b）测点 A_P

图 3.22　跳跃激励时 1#混凝土楼盖测点 A_B 和 A_P 加速度曲线

表 3.9　跳跃激励时 1#混凝土楼盖各测点试验峰值加速度

测点	峰值加速度/（m/s²）								N_{m1} 和 N_{m3} 均值的比值
	N_{m1}				N_{m3}				
	激励次数 1	激励次数 2	激励次数 3	均值	激励次数 1	激励次数 2	激励次数 3	均值	
A_B	0.257	0.189	0.196	0.214	0.266	0.094	0.190	0.183	1.17
A_P	0.199	0.201	0.164	0.188	0.190	0.108	0.147	0.148	1.27

续表

测点	峰值加速度/（m/s²）								N_{m1} 和 N_{m3} 均值的比值
	N_{m1}				N_{m3}				
	激励次数 1	激励次数 2	激励次数 3	均值	激励次数 1	激励次数 2	激励次数 3	均值	
A_1	0.061	0.057	0.066	0.061	0.061	0.055	0.059	0.058	1.05
A_2	0.066	0.063	0.059	0.063	0.058	0.039	0.053	0.050	1.26
A_3	0.039	0.047	0.034	0.040	0.038	0.025	0.030	0.031	1.29
A_4	0.029	0.029	0.025	0.028	0.030	0.015	0.023	0.023	1.22

为仿真模拟跳跃激励下对楼盖的加速度响应，国外学者提出了利用半正弦函数描述跳跃激励[11-12]，其具体表达式如式（1.5）所示。然而跳跃激励并不能直观和形象地描述跳跃激励瞬态特性。为弥补半正弦函数模型的不足，本书参考Heel-drop模型提出了三角形函数模型［图 1.6（a）］。基于有限元分析结果，图 3.23 绘出了两种荷载模型条件下，跨中 A_B 的峰值加速度。需要指出的是，在有限元分析过程中，接触时间 t_J 为 0.25s，由图 1.6（b）可知动力冲击系数为 3.4。

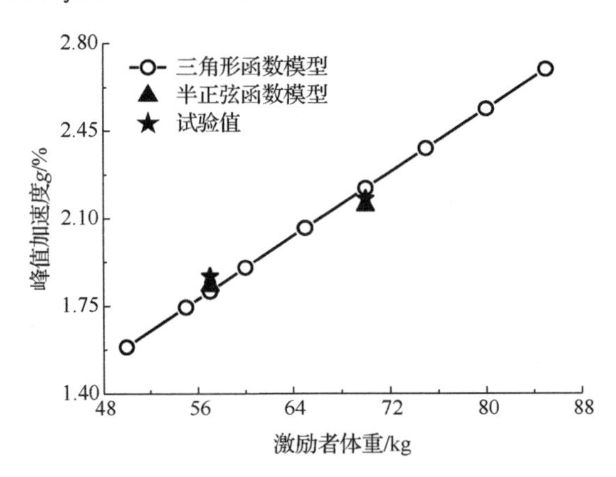

图 3.23　跳跃激励下测点 A_B 的峰值加速度

由图 3.23 可以看出，基于三角形函数模型得到的峰值加速度有限元值与试验值吻合较好。因此，后续分析中仍将采用此模型。图 3.23 同时绘出了峰值加速度与体重的关系，由图中可知两者呈线性关系，此结论与试验现象一致。表明在试验或者理论分析中，仅需要考虑某一体重（如标准体重），其他体重仅需乘以相应的体重比值系数即可。

3.3.2　2#和 3#楼盖跳跃激励

跳跃激励时，N_{m4} 在 2#混凝土楼盖测点 A_i（i=4～7）跳跃三次，以减少随机性。图 3.24 和表 3.10 分别为现场测试图及典型加速度曲线和各测点峰值加速度；

当激励点为 A_5 时，峰值加速度达到最大值为 0.494m/s^2。

（a）现场测试图

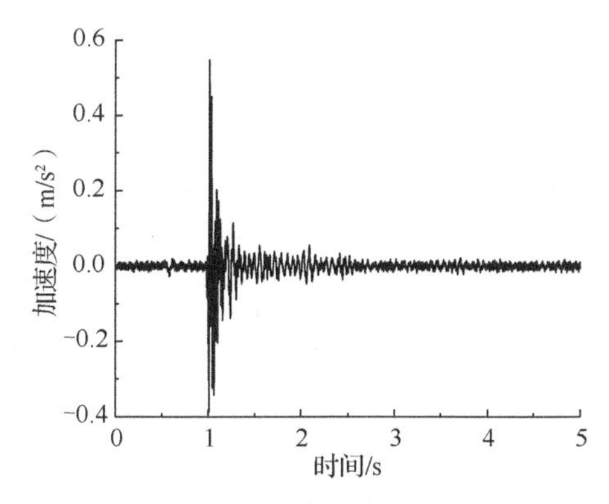

（b）典型加速度曲线

图 3.24　2#混凝土楼盖跳跃激励试验

表 3.10　跳跃激励时 2#混凝土楼盖各测点峰值加速度

激励点	测点	峰值加速度/（m/s^2）			
		激励次数 1	激励次数 2	激励次数 3	均值
A_4	A_1	0.054	0.029	0.048	0.044
	A_2	0.080	0.040	0.043	0.054
	A_3	0.157	0.085	0.129	0.124
	A_4	0.282	0.137	0.252	0.224
	A_5	0.280	0.141	0.220	0.214
	A_6	0.359	0.195	0.258	0.271
	A_7	0.243	0.132	0.14	0.172
	A_8	0.078	0.040	0.060	0.059
	A_9	0.305	0.138	0.192	0.212
	A_{10}	0.145	0.091	0.110	0.115
A_5	A_1	0.069	0.073	0.056	0.066
	A_2	0.078	0.068	0.059	0.068
	A_3	0.094	0.100	0.067	0.087
	A_4	0.285	0.306	0.232	0.274
	A_5	0.548	0.543	0.392	0.494
	A_6	0.380	0.389	0.289	0.353
	A_7	0.198	0.227	0.164	0.196
	A_8	0.060	0.048	0.044	0.051
	A_9	0.252	0.244	0.194	0.230
	A_{10}	0.265	0.287	0.206	0.253

续表

激励点	测点	峰值加速度/（m/s²）			
		激励次数 1	激励次数 2	激励次数 3	均值
A_6	A_1	0.090	0.047	0.051	0.063
	A_2	0.114	0.051	0.053	0.073
	A_3	0.187	0.095	0.135	0.139
	A_4	0.377	0.239	0.231	0.282
	A_5	0.640	0.408	0.316	0.455
	A_6	0.621	0.424	0.290	0.445
	A_7	0.289	0.163	0.160	0.204
	A_8	0.109	0.063	0.051	0.074
	A_9	0.293	0.238	0.185	0.239
	A_{10}	0.280	0.155	0.158	0.198
A_7	A_1	0.053	0.032	0.053	0.046
	A_2	0.043	0.036	0.064	0.048
	A_3	0.088	0.048	0.164	0.100
	A_4	0.197	0.099	0.305	0.200
	A_5	0.186	0.217	0.308	0.237
	A_6	0.219	0.158	0.352	0.243
	A_7	0.239	0.370	0.466	0.358
	A_8	0.063	0.054	0.108	0.075
	A_9	0.157	0.196	0.270	0.208
	A_{10}	0.089	0.084	0.122	0.098

跳跃激励时，N_{m1} 在 3#混凝土楼盖测点 A_i（i=1～11）也跳跃三次。图 3.25 为现场测试图及典型加速度曲线。

（a）现场测试图

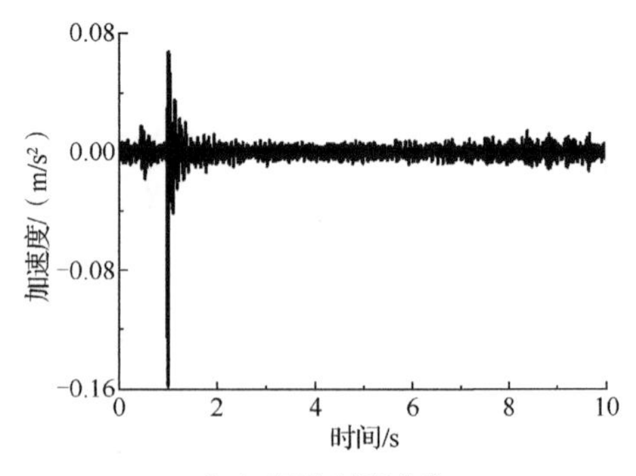

（b）典型加速度曲线

图 3.25　3#混凝土楼盖跳跃激励试验

表 3.11 为跳跃激励时 3#混凝土楼盖各激励点峰值加速度。图 3.26 为 3#混凝土楼盖各测点峰值加速度衰减趋势，图 3.26 中纵坐标为各测点峰值加速度与激励点峰值加速度的比值。由表 3.11 可知，跳跃引起的 3#混凝土楼盖各测点峰值加速度均值范围为 $11.15\times10^{-2}\,\mathrm{m/s^2}$ 至 $164.28\times10^{-2}\,\mathrm{m/s^2}$。图 3.26 表明各测点峰值加速度的衰减与激励强度和衰减方向有关。例如，沿 A_7 至 A_{10} 方向时，测点 A_3 与激励点 A_7 的比值为 0.82（A_7 峰值加速度为 $16.04\times10^{-2}\,\mathrm{m/s^2}$），而测点 A_7 与激励点 A_3 的比值为 0.71（A_3 峰值加速度为 $22.53\times10^{-2}\,\mathrm{m/s^2}$）；对于相同激励点 A_3 而言，沿 A_7 至 A_{10} 方向时较 A_1 至 A_6 方向衰减快，其主要原因在于混凝土梁对加速度的衰减起有利作用。

表 3.11　跳跃激励时 3#混凝土楼盖各激励点峰值加速度

激励点	峰值加速度/（10^{-2} m/s^2）			
	激励次数 1	激励次数 2	激励次数 3	均值
A_1	9.91	14.72	8.82	11.15
A_2	153.47	153.47	96.47	134.47
A_3	20.86	24.13	22.61	22.53
A_4	102.60	110.28	87.09	99.99
A_5	155.49	129.26	119.96	134.90
A_6	164.28	164.35	164.22	164.28
A_7	13.21	15.73	19.17	16.04
A_8	26.11	17.75	21.06	21.64
A_9	21.15	13.47	19.12	17.91
A_{10}	18.66	19.87	19.87	19.47
A_{11}	142.90	143.01	127.47	137.79

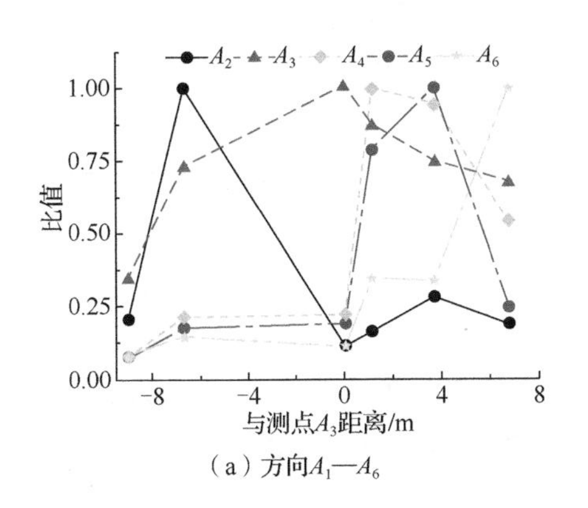

（a）方向A_1—A_6

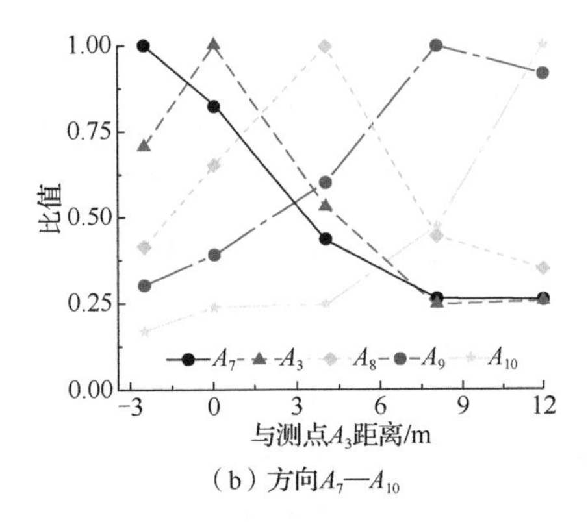

（b）方向A_7—A_{10}

图 3.26　跳跃激励时 3#混凝土楼盖各测点峰值加速度衰减趋势

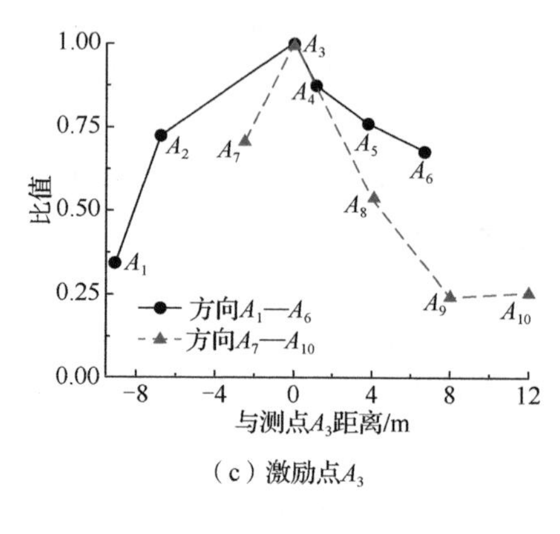

（c）激励点A_3

图 3.26（续）

3.4　步行和跑步激励

实际生活中，由人体连续活动（如步行或跑步）引起的楼盖振动响应可能小于瞬态激励作用下的响应，但是由于激励持续时间长，会对楼盖使用者造成严重困扰，即存在更值得关注的振动舒适度问题。为研究连续荷载引起的楼盖振动舒适度问题，针对 1#、2#和 3#混凝土楼盖，分别考虑不同形式的连续激励（表 3.12），开展了振动舒适度试验研究。

表 3.12　1#、2#和 3#混凝土楼盖激励荷载

激励荷载	混凝土楼盖		
	1#	2#	3#
步行	√		
跑步	√	√	√

3.4.1　1#楼盖步行和跑步激励

试验中，测试者步行和跑步时，并未严格控制 N_{m2} 和 N_{m3} 的步行或跑步频率，而是采用其日常频率。为方便分析和确定步行和跑步频率，利用摄像机全程记录试验过程（图 3.27）。试验后对所拍摄录像回放确定 N_{m2} 和 N_{m3} 的步行和跑步频率，分别为 2.00Hz 和 2.40Hz。

N_{m2} 和 N_{m3} 同时从 1#混凝土楼盖跨中点 A_B 出发，沿图 3.1 所示路径步行或跑步。步行和跑步激励时间分别为 85s 和 64s。

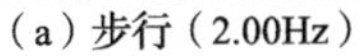
（a）步行（2.00Hz）

（b）跑步（2.40Hz）

图 3.27　1#混凝土楼盖步行和跑步激励现场测试图

3.4.2　2#和 3#楼盖跑步激励

2#和 3#混凝土楼盖进行稳态激励时，主要以单人跑步为主。单人跑步激励时，亦未严格控制 N_{m1} 或 N_{m4} 的跑步频率，而是采用其日常频率，按照规定的路径往复跑步 5min。2#混凝土楼盖跑步路径为图 3.3（c）所示的路径 $A_4 \rightarrow A_8 \rightarrow A_1 \rightarrow A_8 \rightarrow A_1$；3#混凝土楼盖跑步路径为图 3.5 所示的路径 $A_1 \rightarrow A_3 \rightarrow A_7 \rightarrow A_3 \rightarrow A_6 \rightarrow A_3 \rightarrow A_{10} \rightarrow A_{11} \rightarrow A_{10} \rightarrow A_3 \rightarrow A_6 \rightarrow A_3 \rightarrow A_7 \rightarrow A_3 \rightarrow A_1$。图 3.28 为 3#混凝土楼盖跑步现场测试图。

图 3.28　3#混凝土楼盖跑步激励现场测试

3.4.3 峰值和 RMS 加速度

采用峰值和均方根（root-mean-square，RMS）加速度作为混凝土楼盖振动舒适度的评价指标。峰值加速度尽管能揭示加速度最大值，但不能体现加速度与测试时间的关系。RMS 加速度却能弥补峰值加速度的上述缺点[13-14]。RMS 加速度表达式为

$$a_{\mathrm{rms}}(t)=\sqrt{\frac{1}{N}\sum_{i=1}^{N}a_i^2(t)} \tag{3.2}$$

式中，$a_{\mathrm{rms}}(t)$——RMS 加速度；

N——时间间隔内加速度点的个数；

$a_i(t)$——第 i 个点加速度值。

表 3.13 为步行和跑步激励时 1#混凝土楼盖各测点峰值和最大 RMS 加速度。RMS 加速度最大值计算时，考虑了时间间隔的影响，即表 3.13 中的 1s、2s 和 5s 的 RMS 加速度最大值。图 3.29 为 1#混凝土楼盖测点 A_{B} 和 A_{P} 加速度曲线和 1s、2s 和 5s RMS 加速度曲线。

表 3.13　步行和跑步激励时 1#混凝土楼盖各测点的峰值和最大 RMS 加速度

激励类型	测点	a_{P}	a_{rms}		
			1s	2s	5s
步行	A_{B}	0.0042g	0.0013g	0.0012g	0.0010g
	A_{P}	0.0300g	0.0069g	0.0054g	0.0038g
	A_1	0.0032g	0.0011g	0.0011g	0.0009g
	A_2	0.0052g	0.0027g	0.0026g	0.0025g
	A_3	0.0033g	0.0010g	0.0009g	0.0009g
	A_4	0.0021g	0.0005g	0.0004g	0.0004g
跑步	A_{B}	0.0061g	0.0023g	0.0022g	0.0018g
	A_{P}	0.0569g	0.0108g	0.0086g	0.0061g
	A_1	0.0042g	0.0017g	0.0016g	0.0014g
	A_2	0.0080g	0.0029g	0.0028g	0.0024g
	A_3	0.0051g	0.0016g	0.0016g	0.0013g
	A_4	0.0033g	0.0009g	0.0008g	0.0007g

由表 3.13 可知，步行和跑步激励时，最大 RMS 加速度值与时间间隔成反比。例如，步行和跑步时，1#混凝土楼盖最大 1s RMS 加速度值分别为 0.0069g 和 0.0108g，最大 2s RMS 加速度值分别为 0.0054g 和 0.0086g，最大 5s RMS 加速度

值分别为 0.0038g 和 0.0061g。偏于安全考虑，建议采用 1s RMS 加速度最大值作为评价指标。

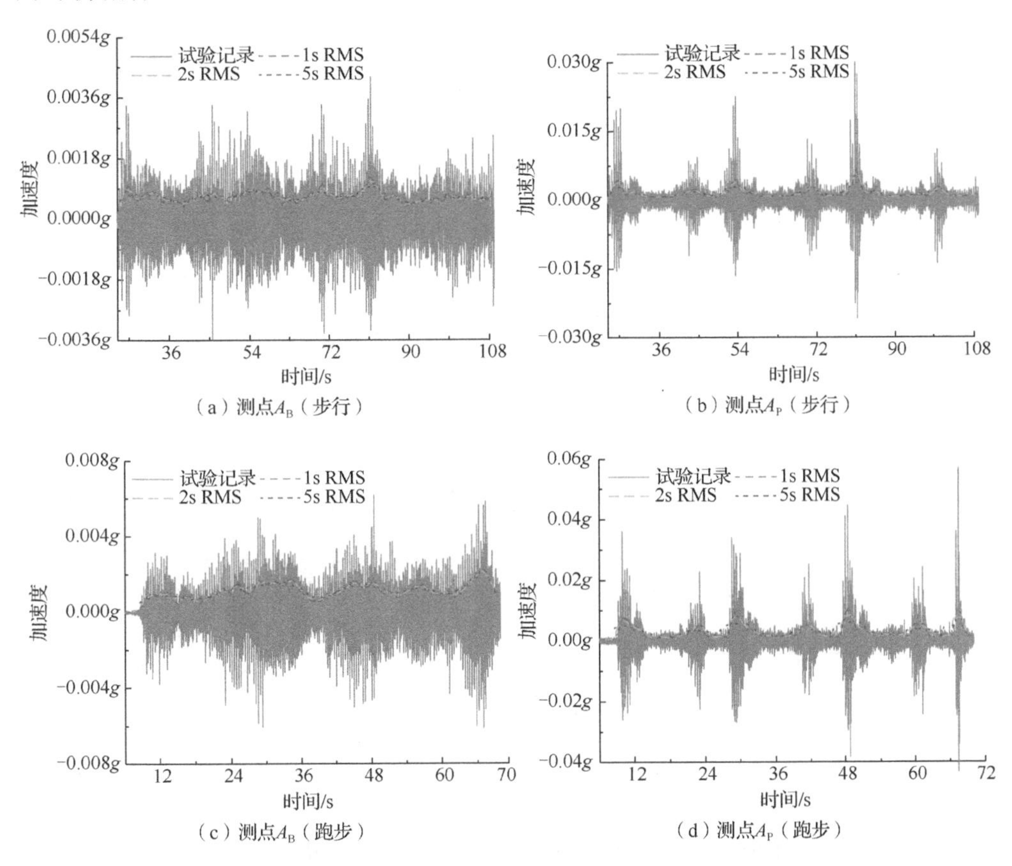

（a）测点A_B（步行）　（b）测点A_P（步行）

（c）测点A_B（跑步）　（d）测点A_P（跑步）

图 3.29　步行和跑步激励下 1#混凝土楼盖加速度和 RMS 加速度曲线

由表 3.13 可知步行和跑步时 1#混凝土楼盖最大 1s RMS 加速度值均发生在测点 A_P，且最大值分别为 0.0069g（步行）和 0.0108g（跑步）。

图 3.30 为 2#和 3#混凝土楼盖典型加速度曲线及 1s RMS 加速度曲线。图 3.31 为跑步激励时，2#混凝土楼盖各测点峰值加速度及 1s RMS 加速度。表 3.14 为跑步激励时，3#混凝土楼盖各测点峰值加速度及 1s RMS 加速度。由图 3.31 可知，跑步激励引起的 2#混凝土楼盖测点 A_8 峰值加速度最大；由表 3.14 可知，跑步激励引起的 3#混凝土楼盖峰值加速度和最大 1s RMS 加速度分别为 54.1×10^{-2} m/s^2 和 7.5×10^{-2} m/s^2。

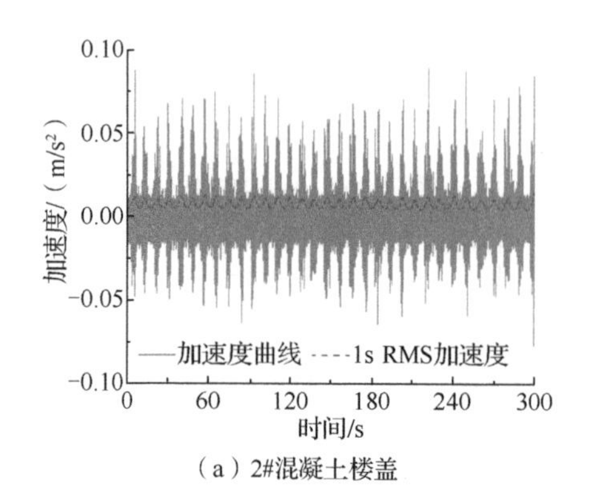

（a）2#混凝土楼盖

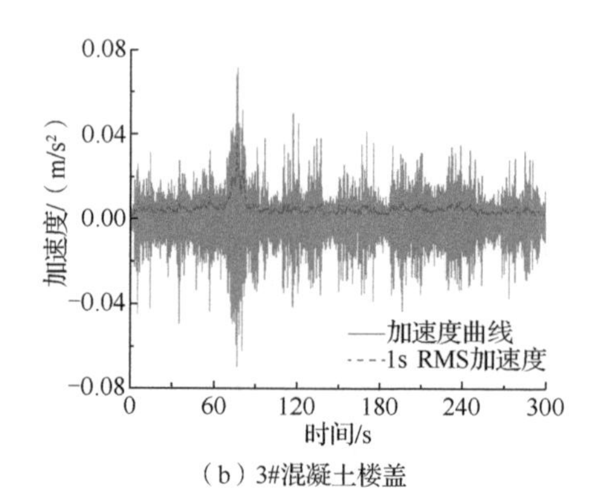

（b）3#混凝土楼盖

图 3.30　2#和 3#混凝土楼盖典型加速度曲线及 1s RMS 加速度曲线

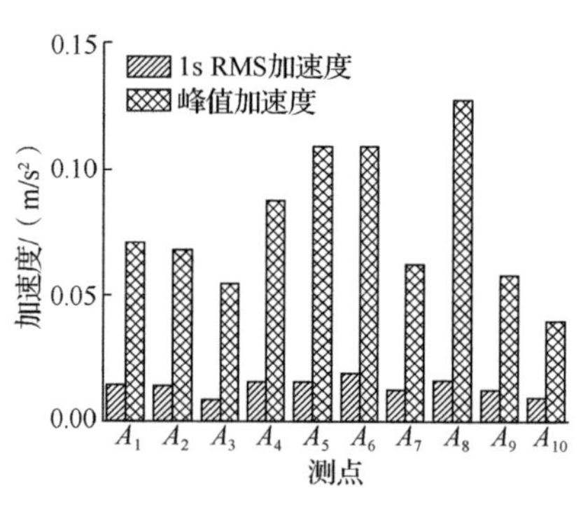

（a）激励者N_{m4}

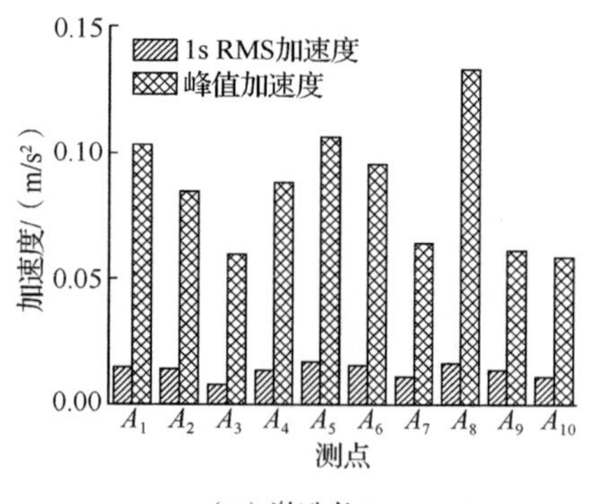

（b）激励者N_{m1}

图 3.31　跑步激励时 2#混凝土楼盖各测点峰值加速度及 1s RMS 加速度

表 3.14　跑步激励时 3#混凝土楼盖各测点峰值加速度及 1s RMS 加速度

激励者	测点	a_P /（10^{-2} m/s²）	a_{rms} /（10^{-2} m/s²）
N_{m4}	A_1	4.5	0.8
	A_2	35.6	5.0
	A_3	6.9	1.7
	A_4	26.2	3.3
	A_5	37.9	3.9
	A_6	27.9	4.1
	A_7	4.8	1.3
	A_8	4.3	1.0
	A_9	4.2	1.1
	A_{10}	6.3	2.0
	A_{11}	28.5	4.0

续表

激励者	测点	a_P /（10^{-2} m/s^2）	a_{rms} /（10^{-2} m/s^2）
N_{m1}	A_1	3.4	1.0
	A_2	30.0	5.2
	A_3	7.2	3.6
	A_4	23.4	3.9
	A_5	25.3	3.5
	A_6	54.1	7.5
	A_7	6.2	3.0
	A_8	7.4	3.8
	A_9	8.7	4.3
	A_{10}	13.2	6.0
	A_{11}	27.2	4.5

3.4.4　有限元分析

建筑结构中楼盖形式常为连续楼盖，但目前国内外对于楼盖舒适度问题研究，基本上集中于受载楼盖的振动，而对相邻楼盖振动问题的研究较少。针对某楼盖进行步行激励，是否会对其相邻楼盖产生影响及明确影响程度大小，是本节的研究重点。本节以 2#混凝土楼盖为研究对象，采用有限元法进行相应的分析。

2#混凝土楼盖的加载模式分为 PL1、PL2 和 PL3，已详细地列于表 3.15 中。从表 3.15 可以看出，加载时包含了单块板、两块板和三块板加载模式。图 3.32 为仿真模拟的测点布置图和加载路径。

表 3.15　2#混凝土楼盖有限元分析加载模式

加载模式		楼盖体系编号		
		Panel 1	Panel 2	Panel 3
PL1	$PL1_1$	√		
	$PL1_2$		√	
	$PL1_3$			√
PL2	$PL2_{1\text{-}2}$	√	√	
	$PL2_{1\text{-}3}$	√		√
	$PL2_{2\text{-}3}$		√	√
PL3	$PL3_{1\text{-}2\text{-}3}$	√	√	√

注：表中“√”表示步行激励作用于此楼盖。

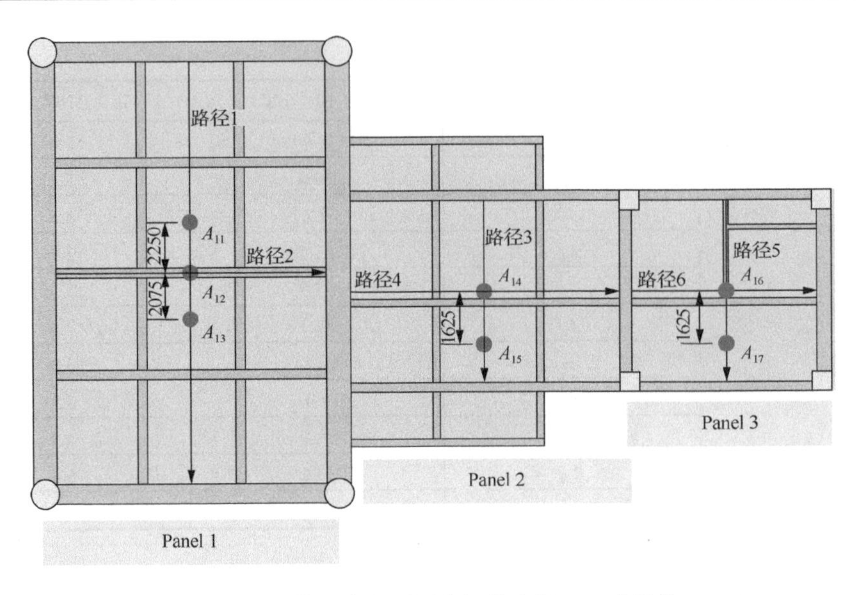

图 3.32　仿真模拟的测点布置图和加载路径（尺寸单位：mm）

有限元分析时，主要考虑了步频为 1.8Hz、2.0Hz 和 2.2Hz 时，测点 A_{11} 至 A_{17} 的加速度响应。图 3.33 为加载模式 PL1 时，不同步行路径对应的各测点的 RMS 加速度，由图 3.33 中可见，各测点的峰值加速度随着步行频率的增加而逐渐减小，且峰值加速度与步行方向有着密切的关系，即垂直于梁的方向加速度要小于平行于梁的方向。例如，沿路径 1 步行时，步频为 1.8Hz、2.0Hz 和 2.2Hz 对应的加速度值分别为 0.073m/s²、0.060m/s² 和 0.054m/s²；当步频为 1.8Hz 时，路径为路径 1 和路径 2 对应测点 A_{11} 的峰值加速度分别为 0.073m/s² 和 0.021m/s²。而对于邻近结构的影响，结论则恰好相反。例如，当步行路径分别为路径 2 和路径 1 时（步频 1.8Hz），测点 A_{14} 与测点 A_{13} 的峰值加速度的比值分别为 0.89 和 0.23。

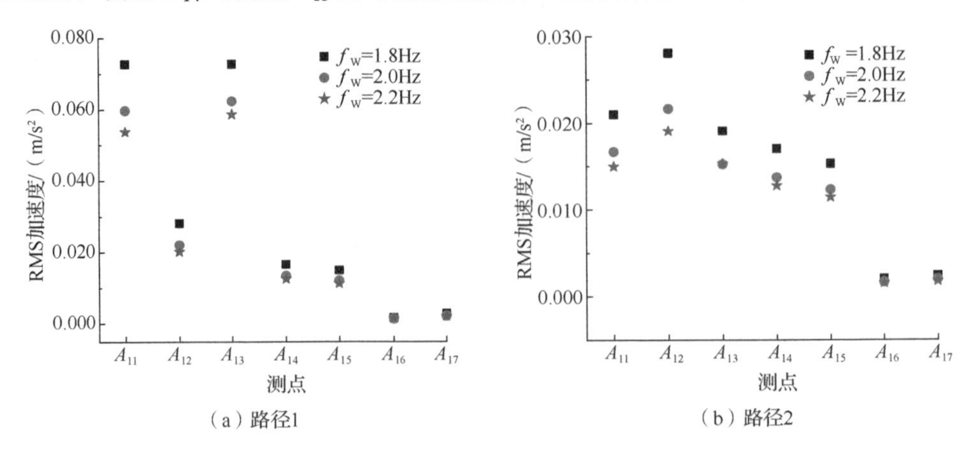

图 3.33　加载模式 PL1 时各测点的 RMS 加速度

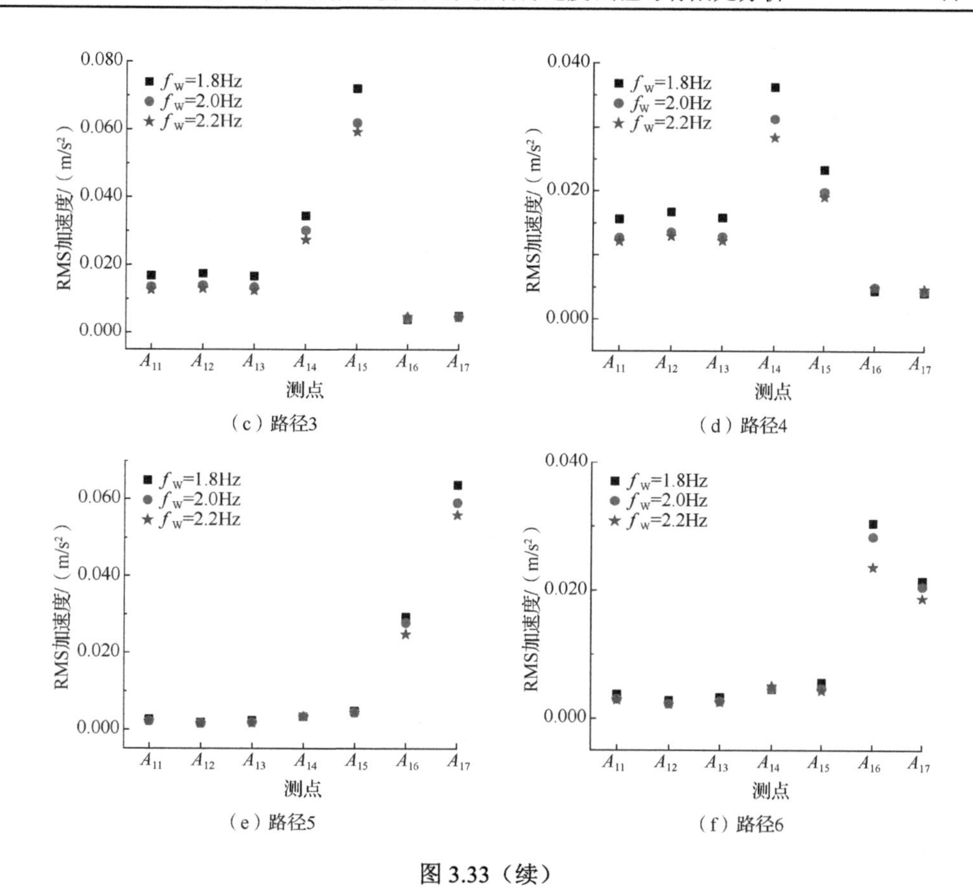

（c）路径3　（d）路径4

（e）路径5　（f）路径6

图 3.33（续）

图 3.34 和表 3.16 分别为加载模式为 PL2 和 PL3（步频 1.8Hz）时，各测点 RMS 加速度及两者之间的比值 $\beta_{PL}=A_{PL2}/A_{PL3}$，其中 A_{PL2} 和 A_{PL3} 分别表示加载模式 PL2 和 PL3 所对应的峰值加速度。表 3.16 表明对于复杂荷载作用时，可采用最简单的荷载模式进行设计。

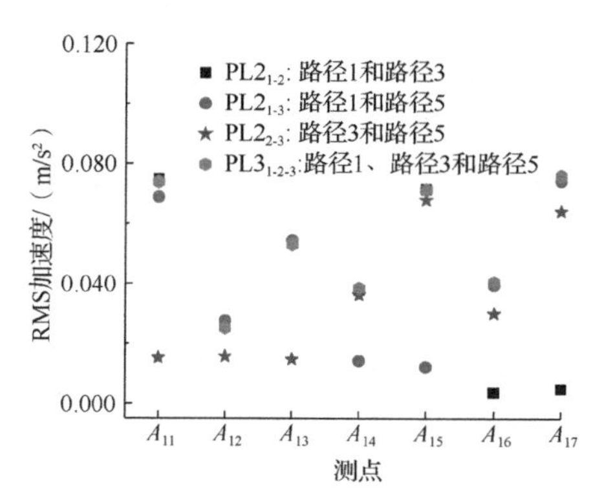

图 3.34　加载模式 PL2 和 PL3 时各测点的 RMS 加速度

表 3.16　加载模式 PL2 和 PL3 时各测点 RMS 加速度比值 β_{PL}

测点	β_{PL}
A_{11}	1.01
A_{12}	1.10
A_{13}	1.03
A_{14}	0.98
A_{15}	1.00
A_{16}	0.98
A_{17}	0.98

3.4.5　波峰因数 β_{rp}

若依据式（3.2）计算 RMS 加速度，需要经过烦冗的计算过程，实际工程设计中应用不方便。为此，本节拟计算波峰因数 β_{rp}（波峰与均方根峰值之比，又称波高率、峰值因数），以简化计算过程。波峰因数 β_{rp} 计算公式为

$$\beta_{rp}=\frac{a_{P}}{a_{P\cdot rms}} \tag{3.3}$$

式中，a_{P}——峰值加速度；

$a_{P\cdot rms}$——RMS 加速度峰值。

表 3.17 为步行和跑步激励时，由式（3.3）确定的 1#混凝土楼盖波峰因数 β_{rp} 值。根据格拉布斯（Grubbs）检验法[15]，在检出水平 α_{lev}=0.05 条件下，步行和跑步的波峰因数 β_{rp} 均值分别为 3.34 和 3.36。

表 3.17　步行和跑步激励时 1#混凝土楼盖波峰因数 β_{rp}

激励类型	β_{rp}						
	A_B	A_P	A_1	A_2	A_3	A_4	均值
步行	3.33	4.35	2.94	1.92	3.33	4.17	3.34
跑步	2.70	5.26	2.50	2.78	3.23	3.70	3.36

表 3.18 和表 3.19 为跑步激励时由式（3.3）确定的 2#和 3#混凝土楼盖波峰因数 β_{rp} 值。根据 Grubbs 检验法[15]，在检出水平 α_{lev}=0.05 条件下，2#和 3#混凝土楼盖跑步的波峰因数 β_{rp} 均值分别为 5.88 和 4.00（离散值已经剔除）。

表 3.18　跑步激励时 2#混凝土楼盖波峰因数 β_{rp}

激励者	β_{rp}									
	A_1	A_2	A_3	A_4	A_5	A_6	A_7	A_8	A_9	A_{10}
N_{m4}	5.00	4.76	6.25	5.56	7.14	5.56	5.00	8.33	4.76	4.00
N_{m1}	7.14	6.25	7.14	6.67	6.25	6.25	5.88	8.33	4.55	5.26

表 3.19　跑步激励时 3#混凝土楼盖波峰因数 β_{rp}

激励者	β_{rp}										
	A_1	A_2	A_3	A_4	A_5	A_6	A_7	A_8	A_9	A_{10}	A_{11}
N_{m4}	5.56	7.14	4.00	7.69	10.00	6.67	3.70	4.35	3.85	3.13	7.14
N_{m1}	3.45	5.88	2.00	5.88	7.14	7.14	2.08	1.96	2.04	2.22	5.88

根据上述 1#、2#和 3#混凝土楼盖基频与波峰因数 β_{rp} 的关系曲线（跑步），如图 3.35（a）所示，波峰因数 β_{rp} 计算表达式为

$$\beta_{rp} = 4.57 - 0.62f_1 + 0.06f_1^2 \tag{3.4}$$

对于步行时的混凝土楼盖波峰因数 β_{rp} 表达式，采用文献[4]、[16]和 1#混凝土楼盖试验数据，如图 3.35（b）所示，波峰因数 β_{rp} 计算表达式为

$$\beta_{rp} = 0.87 + 2.17f_1 - 0.28f_1^2 \tag{3.5}$$

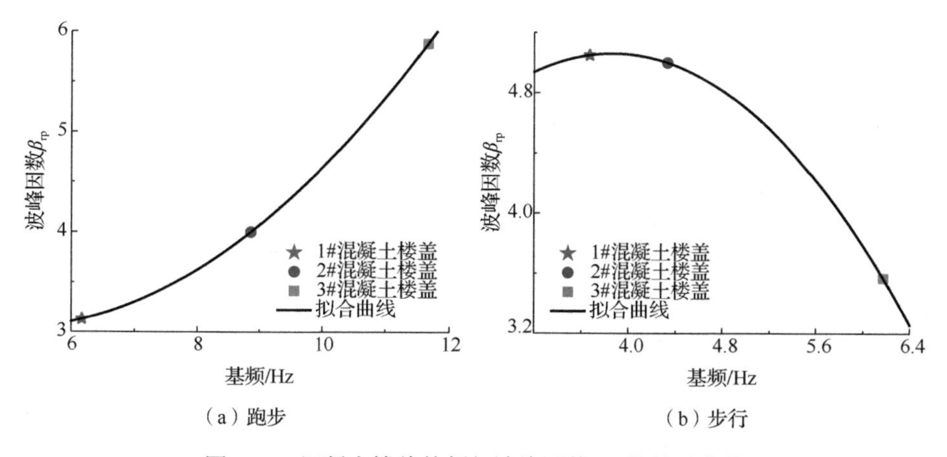

（a）跑步　（b）步行

图 3.35　混凝土楼盖基频与波峰因数 β_{rp} 的关系曲线

3.5　舒适度评价

结合《混凝土结构设计规范（2015 年版）》(GB 50010—2010)[17]、《高层建筑混凝土结构技术规程》（JGJ 3—2010）[18]、《建筑楼盖结构振动舒适度技术标准》（JGJ/T 441—2019）[19]和 AISC #11[1, 20]，可评价混凝土楼盖的舒适度。

1#、2#和 3#混凝土楼盖基频和一阶阻尼比如表 3.20 所示。由表 3.20 可知，1#、2#和 3#混凝土楼盖的基频和一阶阻尼比，均满足《混凝土结构设计规范（2015 年版）》（GB 50010—2010)、《建筑楼盖结构振动舒适度技术标准》（JGJ/T 441—2019）对大跨度公共建筑频率（≥3Hz）和 AISC#11 关于阻尼比（2%）的规定。

表 3.20　1#、2#和 3#混凝土楼盖基频和一阶阻尼比

混凝土楼盖	频率/Hz	阻尼比/%
1#	6.17	2.39
2#	11.67	2.32
3#	8.86	2.17

将跳跃、步行和跑步引起的 1#、2#和 3#混凝土楼盖加速度（试验值和理论值）与《高层建筑混凝土结构技术规程》（JGJ 3—2010）和 AISC#11 规定限值比较可知，除跳跃引起部分测点峰值加速度不满足规范要求外，其余均满足要求。

参 考 文 献

[1] Murray T M, Allen D E, Ungar E E. Design, guide 11: Floor Vibrations due to human activity[S]. Chicago: American Institute of Steel Construction, 1997.

[2] Setareh M. Vibration serviceability of a building floor structure. I: Dynamic testing and computer modeling [J]. Journal of Performance of Constructed Facilities, 2010, 24 (6): 497-507.

[3] Xu L, Tangorra F M. Experimental investigation of lightweight residential floors supported by cold-formed steel C-shape joists [J]. Journal of Constructional Steel Research, 2007, 63 (3): 422-435.

[4] Zhou X H, Cao L, Chen Y F, et al. Experimental and analytical studies on the vibration serviceability of pre-stressed cable RC truss floor systems [J]. Journal of Sound and Vibration, 2016, 361: 130-147.

[5] Blakeborough A, Williams M S. Measurement of floor vibrations usings a heel drop test [J]. Proceedings of the Institution of Civil Engineers: Structures and Buildings, 2003, 156 (4): 367-371.

[6] Davis B, Liu L, Murray T M. Simplified experimental evaluation of floors subject to walking induced vibration [J]. Journal of Performance of Constructed Facilities, 2014, 28 (5): 04014023.

[7] Chopra A K. 结构动力学理论及其在地震工程中的应用[M]. 谢礼立，吕大刚，等译. 北京：高等教育出版社，2013.

[8] 丁康，谢明，杨志坚. 离散频谱分析校正理论与技术[M]. 北京：科学出版社，2008.

[9] Devin A, Fanning P J. Impact of nonstructural components on modal response and structural damping[M]// Topics on the Dynamics of Civil Structures, Volume 1, Proceedings of the 30th IMAC, A Conference and Exposition on Structural Dynamics, New York: Springer, 2012: 415-421.

[10] Racic V, Pavic A. Mathematical model to generate asymmetric pulses due to human jumping [J]. Journal of Engineering Mechanics, 2009, 135 (10): 1206-1211.

[11] Racic V, Pavic A. Mathematical model to generate near-periodic human jumping force signals [J]. Mechanical Systems and Signal Processing, 2010, 24(1): 138-152.

[12] Bachmann H, Ammann W, Deischl F, et al. Vibration problems in structures: Practical guidelines [M]. Berlin: Birkhäuser, 1995.

[13] Rainer J H, Pernica G, Allen D E. Dynamic loading and response of footbridges [J]. Canadian Journal of Civil Engineering, 1988, 15 (1): 66-71.

[14] West M, Fisher J, Griffis L G. Serviceability design considerations for steel buildings [S]. 2nd ed. Chicago: American Institute of Steel Construction, Inc., 2003.

[15] 中华人民共和国国家质量监督检验检疫总局，中国国家标准化管理委员会．数据的统计处理和解释：正态样本离群值的判断和处理：GB/T 4883—2008 [S]．北京：中国标准出版社，2008．

[16] Zhou X H, Li J, Liu J P. Vibration of pre-stressed cable RC truss floor system due to human activities [J]. Journal of Structural Engineering, 2016, 142 (5): 04015170.

[17] 中华人民共和国住房和城乡建设部．混凝土结构设计规范（2015年版）：GB 50010—2010 [S]．北京：中国建筑工业出版社，2015．

[18] 中华人民共和国住房和城乡建设部．高层建筑混凝土结构技术规程：JGJ 3—2010 [S]．北京：中国建筑工业出版社，2010．

[19] 中华人民共和国住房和城乡建设部．建筑楼盖结构振动舒适度技术标准：JGJ/T 441—2019 [S]．北京：中国建筑工业出版社，2019．

[20] Murray T M, Allen D E, Ungar E E, et al. Design guide 11: Vibrations of steel-framed structural systems due to human activity [S]. 2nd ed. Chicago: American Institute of Steel Construction, 2016.

第 4 章　混凝土楼盖人致振动理论分析

理论分析有助于充分了解人致混凝土楼盖振动的影响因素，利于设计人员验算楼盖振动舒适度。本章将混凝土楼盖简化为正交各向异性薄板，采用振型分解法推导各种边界条件下楼盖的频率和加速度计算公式。鉴于烦冗的计算过程不利于结构设计人员验算人致楼盖振动舒适度，引入人致振动因子（跳跃系数 α_{J}、跑步系数 α_{R} 和步行系数 α_{W}）以简化峰值加速度的计算。

4.1　楼盖简化模型及振动控制方程

混凝土楼盖可简化为正交各向异性薄板（图 4.1）[1-2]。在人致荷载作用下，其振动控制方程为

$$D_1 \frac{\partial^4 W}{\partial x^4} + 2D_3 \frac{\partial^4 W}{\partial x^2 \partial y^2} + D_2 \frac{\partial^4 W}{\partial y^4} + c\frac{\partial W}{\partial t} + \frac{\overline{q}_0}{g}\frac{\partial^2 W}{\partial t^2} = P(x, y, t) \tag{4.1}$$

式中，$P(x, y, t)$——人致荷载函数。

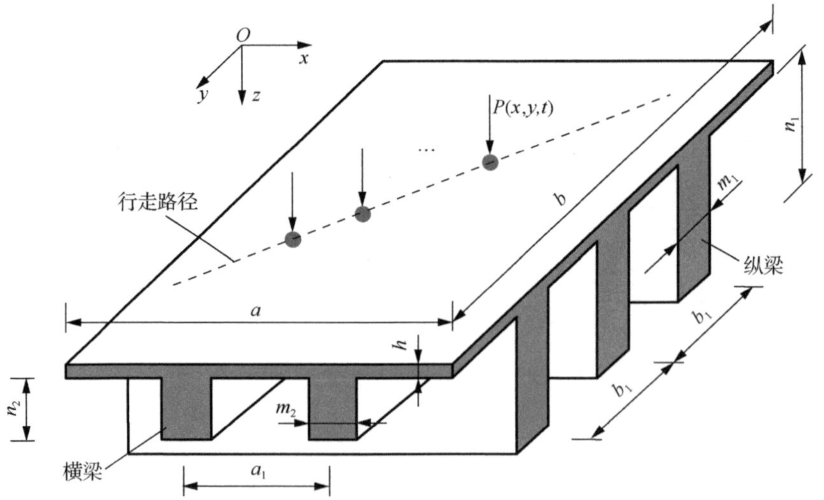

图 4.1　混凝土楼盖简化模型——正交各向异性薄板

4.2 楼 盖 频 率

计算楼盖的固有频率，除了四边简支情况、两对边简支另两对边为任意支撑的情况可采用精确法求解外，其他边界支撑条件下，直接求解四阶方程很困难，因此在工程中一般均采用近似法来计算固有频率。本节主要用能量法近似地计算正交各向异性矩形薄板在各种支撑条件下的基频。

设楼盖振动时竖向位移在任一时刻具有下列形式：

$$W(x,\ y,\ t)=q\phi_0(x,\ y)\sin(\omega t+\alpha) \tag{4.2}$$

式中，$\phi_0(x,\ y)$——楼盖振型函数。

楼盖的势能为

$$\begin{aligned}U&=\frac{1}{2}\iint\left[D_1\left(\frac{\partial^2 W}{\partial x^2}\right)^2+2D_1\mu\frac{\partial^2 W}{\partial x^2}\frac{\partial^2 W}{\partial y^2}+D_2\left(\frac{\partial^2 W}{\partial x^2}\right)^2+4D_{\mathrm{k}}\left(\frac{\partial^2 W}{\partial x\partial y}\right)^2\right]\mathrm{d}x\mathrm{d}y\\&=q^2\sin^2(\omega t+\alpha)U_{\max}\end{aligned} \tag{4.3}$$

其中

$$U_{\max}=\frac{1}{2}\iint\left[D_1\left(\frac{\partial^2\phi_0}{\partial x^2}\right)^2+2D_1\mu\frac{\partial^2\phi_0}{\partial x^2}\frac{\partial^2\phi_0}{\partial y^2}+D_2\left(\frac{\partial^2\phi_0}{\partial x^2}\right)^2+4D_{\mathrm{k}}\left(\frac{\partial^2\phi_0}{\partial x\partial y}\right)^2\right]\mathrm{d}x\mathrm{d}y \tag{4.4}$$

楼盖的动能为

$$T=\frac{1}{2}\iint\frac{\overline{q}_0}{g}\left(\frac{\partial W}{\partial t}\right)^2\mathrm{d}x\mathrm{d}y=q^2\cos^2(\omega t+\alpha)T_{\max} \tag{4.5}$$

其中

$$T_{\max}=\frac{\overline{q}_0\omega^2}{2g}\iint{\phi_0}^2\mathrm{d}x\mathrm{d}y \tag{4.6}$$

根据势能和动能的最大值关系可得

$$\omega^2=\frac{g}{\overline{q}_0}\frac{\iint\left[D_1\left(\frac{\partial^2\phi_0}{\partial x^2}\right)^2+2D_1\mu\frac{\partial^2\phi_0}{\partial x^2}\frac{\partial^2\phi_0}{\partial y^2}+D_2\left(\frac{\partial^2\phi_0}{\partial x^2}\right)^2+4D_{\mathrm{k}}\left(\frac{\partial^2\phi_0}{\partial x\partial y}\right)^2\right]\mathrm{d}x\mathrm{d}y}{\iint\phi_0^2\mathrm{d}x\mathrm{d}y} \tag{4.7}$$

按式（4.7）求得频率的准确度，在很大程度上依赖于$\phi_0(x,\ y)$的表达式是否合适。对于简单的边界，选择函数并无特别的困难，有时可以立即指出若干不同的选法。例如，作为函数$\phi_0(x,\ y)$的第一级近似表达式，可以选取同一薄板在均布法向荷载作用下的静挠度。这等于假定薄板以基频振动时挠曲面的形状与薄板在均布荷载作用下所产生的挠曲面形状相同。例如，对于四边固定支撑薄板（图 4.2），假设振型函数表达式为

$$\phi_0 = q\left(\cos\frac{2\pi x}{a} - 1\right)\left(\cos\frac{2\pi y}{b} - 1\right) \tag{4.8}$$

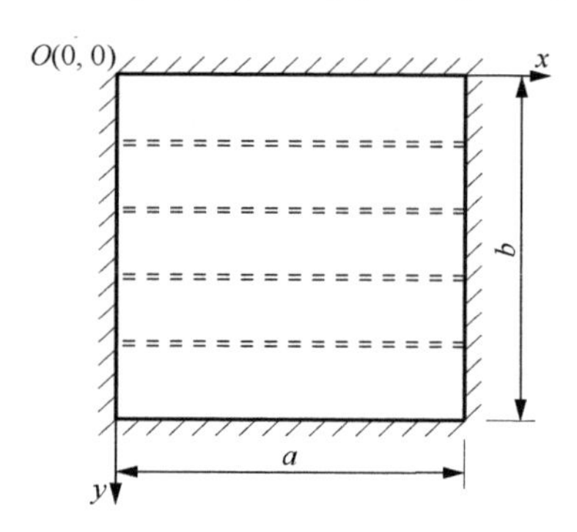

图 4.2　四边固定支撑薄板

将式（4.8）代入式（4.4）和式（4.6）可得

$$U_{\max} = \frac{q^2 ab\pi^4}{2}\left(\frac{12D_1}{a^4} + \frac{8D_1\mu}{a^2b^2} + \frac{12D_2}{b^4} + \frac{16D_k}{a^2b^2}\right) \tag{4.9}$$

$$T_{\max} = \frac{q^2\overline{q}_0\omega^2}{2g}\frac{9ab}{4} \tag{4.10}$$

根据能量法原理，利用式（4.7）最后得

$$\omega^2 = \frac{g}{\overline{q}_0}\frac{\pi^4}{2.25}\left(\frac{12D_1}{a^4} + \frac{8D_1\mu}{a^2b^2} + \frac{12D_2}{b^4} + \frac{16D_k}{a^2b^2}\right) \tag{4.11}$$

设 $D_k = (D_3 - D_1\mu)/2$、$C = a/b$ 代入式（4.11）得

$$\omega = \frac{22.79}{b^2}\sqrt{\frac{g}{\overline{q}_0}}\sqrt{\frac{D_1}{C^4} + 0.667\frac{D_3}{C^2} + D_2} \tag{4.12}$$

此外，计算其他边界条件薄板的基频时，只需将式（4.7）中的 $\phi_0(x, y)$ 改变，使其适合于边界条件即可。经计算可知，各种边界条件的薄板的基频表达式为

$$\omega = \frac{\alpha_1}{b^2}\sqrt{\frac{g}{\overline{q}_0}}\sqrt{\alpha_2\frac{D_1}{C^4} + \alpha_3\frac{D_3}{C^2} + \alpha_4 D_2} \tag{4.13}$$

式中，系数 $\alpha_1 \sim \alpha_4$ 见表 4.1。表 4.1 中边界条件命名规则具体如图 4.3 所示。

表 4.1　各种边界条件下系数 α_1、α_2、α_3 和 α_4

边界条件	系数			
	α_1	α_2	α_3	α_4
CCCC	22.79	1.0000	0.667	1.000
CCCS	15.81	1.0000	1.299	2.078
SCSC	11.39	4.0000	2.000	0.750
FCFC	8.05	8.0000	0.000	0.000
CCSS	π^2	2.5600	3.130	2.560
SCSS	13.96	1.2810	1.250	0.500
FCFS	1.00	2.5600	0.000	0.000
FCFF	20.70	0.0313	0.000	0.000
SSSS	19.72	0.2500	0.500	0.250
FSFS	13.98	0.5000	0.000	0.000

注：1. “S” 表示简支，“C” 表示固支，“F” 表示自由。

2. 例如，边界条件为 SCSC 的楼盖为①和③边界简支、②和④边界固支，如图 4.3 所示。

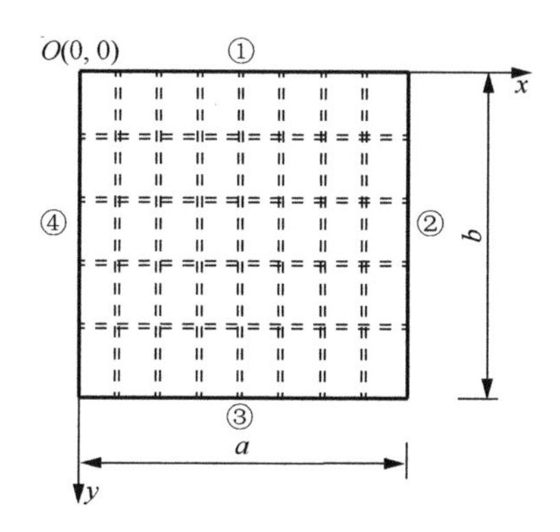

图 4.3　楼盖边界条件命名规则示意图

4.3　楼盖加速度

4.3.1　理论公式

本节将利用振型分解法求解受迫振动下混凝土楼盖振动加速度。假设楼盖竖向位移 $W(x, y, t)$ 的表达式为

$$W(x, y, t)=\sum_{m=1}^{\infty}\sum_{n=1}^{\infty}T_{mn}(t)\phi_{mn}(x, y) \tag{4.14}$$

式中，$\phi_{mn}(x, y)$——楼盖振型函数；

$T_{mn}(t)$——与时间有关的位移幅值函数。

假设初始位移及速度均为 0，则 $T_{mn}(t)$ 需满足

$$T_{mn}(0)=\left.\frac{\mathrm{d}T_{mn}(t)}{\mathrm{d}t}\right|_{t=0}=0 \quad (m=1,2,3,\cdots,\quad n=1,2,3,\cdots) \tag{4.15}$$

将式（4.14）代入控制方程式（4.1）得

$$\sum_{m=1}^{\infty}\sum_{n=1}^{\infty}T_{mn}\left(D_1\frac{\partial^4\phi_{mn}}{\partial x^4}+2D_3\frac{\partial^4\phi_{mn}}{\partial x^2\partial y^2}+D_2\frac{\partial^4\phi_{mn}}{\partial y^4}\right)+c\phi_{mn}\frac{\mathrm{d}T_{mn}}{\mathrm{d}t}+\frac{\bar{q}_0\phi_{mn}}{g}\frac{\mathrm{d}^2T_{mn}}{\mathrm{d}t^2}$$
$$=P(x,y,t) \tag{4.16}$$

确定控制方程式（4.16）完全满足 x 和 y 方向的解几乎不可能。将控制方程式（4.16）$\times\phi_{nm}(x,y)$ 后，沿楼盖的面积积分得

$$\frac{\bar{q}_0\Phi_{mn}}{g}\frac{\mathrm{d}^2T_{mn}(t)}{\mathrm{d}t^2}+c\Phi_{mn}\frac{\mathrm{d}T_{mn}(t)}{\mathrm{d}t}+C_{mn}T_{mn}(t)=Q_{mn}(t) \tag{4.17}$$

$$Q_{mn}(t)=\int_0^a\int_0^b P(x,\ y,\ t)\phi_{mn}\mathrm{d}x\mathrm{d}y,\quad \Phi_{mn}=\int_0^a\int_0^b\phi_{mn}^2\mathrm{d}x\mathrm{d}y \tag{4.18}$$

$$C_{mn}=D_1\int_0^a\int_0^b\frac{\partial^4\phi_{mn}}{\partial x^4}\phi_{mn}\mathrm{d}x\mathrm{d}y+2D_3\int_0^a\int_0^b\frac{\partial^4\phi_{mn}}{\partial x^2\partial y^2}\phi_{mn}\mathrm{d}x\mathrm{d}y+D_2\int_0^a\int_0^b\frac{\partial^4\phi_{mn}}{\partial y^4}\phi_{mn}\mathrm{d}x\mathrm{d}y \tag{4.19}$$

根据杜哈梅（Duhamel）积分，控制方程式（4.17）的解为

$$T_{mn}(t)=\frac{g}{\bar{q}_0\Phi_{mn}\omega_{\mathrm{D}mn}}\int_0^t Q_{mn}(\tau)\mathrm{e}^{-\xi_{mn}\omega_{mn}(t-\tau)}\sin[\omega_{\mathrm{D}mn}(t-\tau)]\mathrm{d}\tau \tag{4.20}$$

$$\omega_{\mathrm{D}mn}=\omega_{mn}\sqrt{1-\xi_{mn}^2},\quad \omega_{mn}=\sqrt{\frac{gC_{mn}}{\bar{q}_0\Phi_{mn}}},\quad \xi_{mn}=\frac{gc}{2\omega_{mn}\bar{q}_0} \tag{4.21}$$

则楼盖振动加速度 $\ddot{W}(x,\ y,\ t)$ 为

$$\ddot{W}(x,\ y,\ t)=\sum_{m=1}^{\infty}\sum_{n=1}^{\infty}\ddot{T}_{mn}(t)\phi_{mn}(x,\ y) \tag{4.22}$$

$$\ddot{T}_{mn}(t)=\frac{g}{\bar{q}_0\Phi_{mn}\omega_{\mathrm{D}mn}}[\omega_{\mathrm{D}mn}Q_{mn}(t)+H_{mn}(t)] \tag{4.23}$$

$$H_{mn}(t)=\int_0^t Q_{mn}(\tau)\mathrm{e}^{-\xi_{mn}\omega_{mn}(t-\tau)}\{(\xi^2\omega_{mn}^2-\omega_{\mathrm{D}mn}^2)\sin[\omega_{\mathrm{D}mn}(t-\tau)]$$
$$-2\xi\omega_{mn}\omega_{\mathrm{D}mn}\cos[\omega_{\mathrm{D}mn}(t-\tau)]\}\mathrm{d}\tau \tag{4.24}$$

4.3.2 跳跃激励理论公式验证

为验证跳跃引起的楼盖加速度理论公式的有效性，根据式（4.22）计算 N_{m1} 和 N_{m3} 跳跃引起的 1#混凝土楼盖各测点峰值加速度理论值，见表 4.2。图 4.4 和图 4.5 分别为 N_{m1} 和 N_{m3} 跳跃时，1#混凝土楼盖测点 A_{B} 和 A_{P} 理论和试验加速度响

应曲线。理论分析时，动力冲击系数 K_J 取 3.4，接触时间 t_J 取 0.25s。

表 4.2　跳跃激励时 1#混凝土楼盖各测点峰值加速度理论值及试验值

测点	N_{m1}/（m/s²）					N_{m3}/（m/s²）				
	试验值 1	试验值 2	试验值 3	平均值	理论值	试验值 1	试验值 2	试验值 3	平均值	理论值
A_B	0.257	0.190	0.196	0.214	0.212	0.266	0.094	0.191	0.184	0.173
A_P	0.200	0.201	0.164	0.188	0.160	0.191	0.108	0.147	0.149	0.130
A_1	0.061	0.058	0.066	0.062	0.043	0.060	0.055	0.058	0.058	0.035
A_2	0.066	0.063	0.059	0.063	0.043	0.058	0.040	0.053	0.050	0.035
A_3	0.039	0.047	0.035	0.040	0.020	0.039	0.025	0.030	0.031	0.016
A_4	0.029	0.029	0.025	0.028	0.000	0.031	0.015	0.022	0.023	0.000

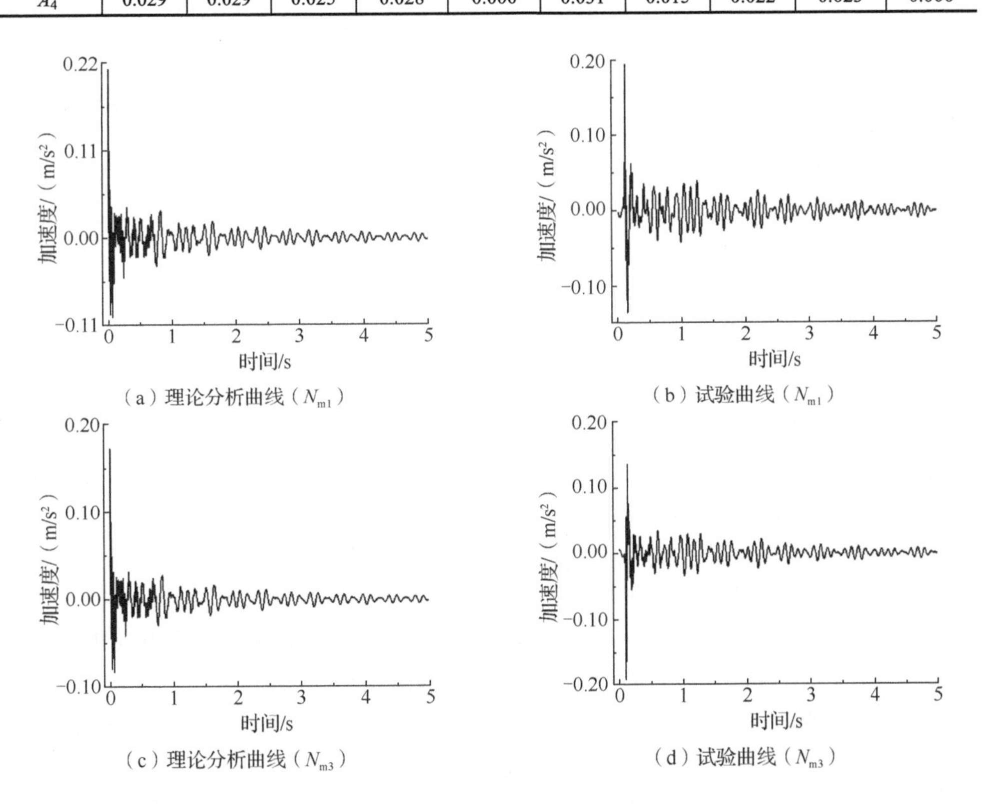

（a）理论分析曲线（N_{m1}）　（b）试验曲线（N_{m1}）

（c）理论分析曲线（N_{m3}）　（d）试验曲线（N_{m3}）

图 4.4　跳跃激励时 1#混凝土楼盖测点 A_B 理论和试验加速度响应曲线

由表 4.2 可知，理论值与试验均值吻合良好，尤其是测点 A_B 最大误差仅为 5.46%(N_{m3})，证明了加速度理论公式的有效性。理论值与单一试验值（N_{m1} 和 N_{m3} 单次试验值）存在一定误差的原因在于：跳跃时 N_{m1} 和 N_{m3} 并不能保证动力冲击系数 K_J 为定值。

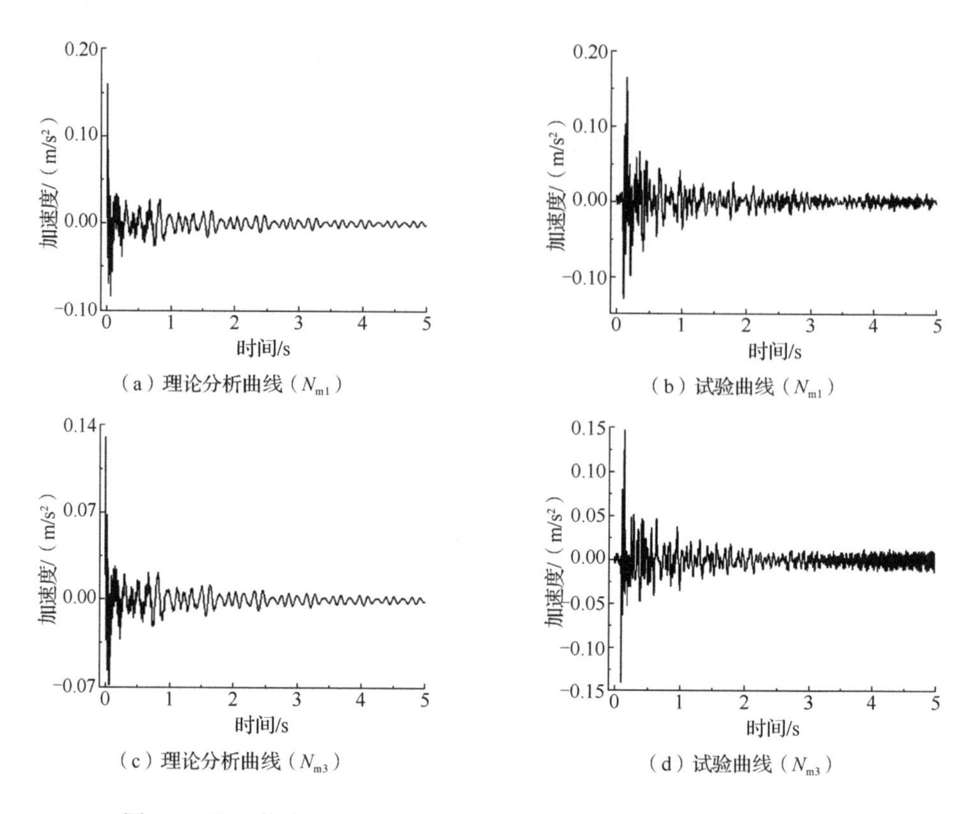

（a）理论分析曲线（N_{m1}）　（b）试验曲线（N_{m1}）

（c）理论分析曲线（N_{m3}）　（d）试验曲线（N_{m3}）

图 4.5　跳跃激励时 1#混凝土楼盖测点 A_P 理论和试验加速度响应曲线

由图 4.4 和图 4.5 对比可知，理论曲线和试验曲线基本一致，也表明理论公式的有效性。为此应用式（4.22）进行参数分析，以便全面了解 1#混凝土楼盖振动性能，并为评估跳跃引起的 1#混凝土楼盖舒适度提供依据。

1#混凝土楼盖舒适度参数分析时，并不局限于图 3.1 中的测点，而是以图 4.6 所示的测点为准，更详细探讨激励点位置、阻尼和均布荷载对 1#混凝土楼盖舒适度的影响，各测点坐标详见表 4.3。原位试验表明，跳跃引起的加速度与测试者体重成正比，因此参数分析时测试者体重取 70kg。

图 4.7 为激励点 A_B 时 1#混凝土楼盖各测点峰值加速度衰减趋势。图 4.7 中纵坐标为各测点峰值加速度与激励点峰值加速度的比值。图 4.7 表明，沿 L_1 和 L_2 方向的加速度衰减明显快于 L_3 方向，即混凝土梁对楼盖振动有较大影响。例如，距离激励点 A_B 6.75m 的测点 B_3(L_1 方向)、B_7(L_2 方向)和 B_{12}(L_3 方向)的比值分别为 0.22、0.19 和 0.53。建议以后的研究沿垂直于混凝土梁或楼盖斜向（对角线）方向布置振动敏感仪器或设备。

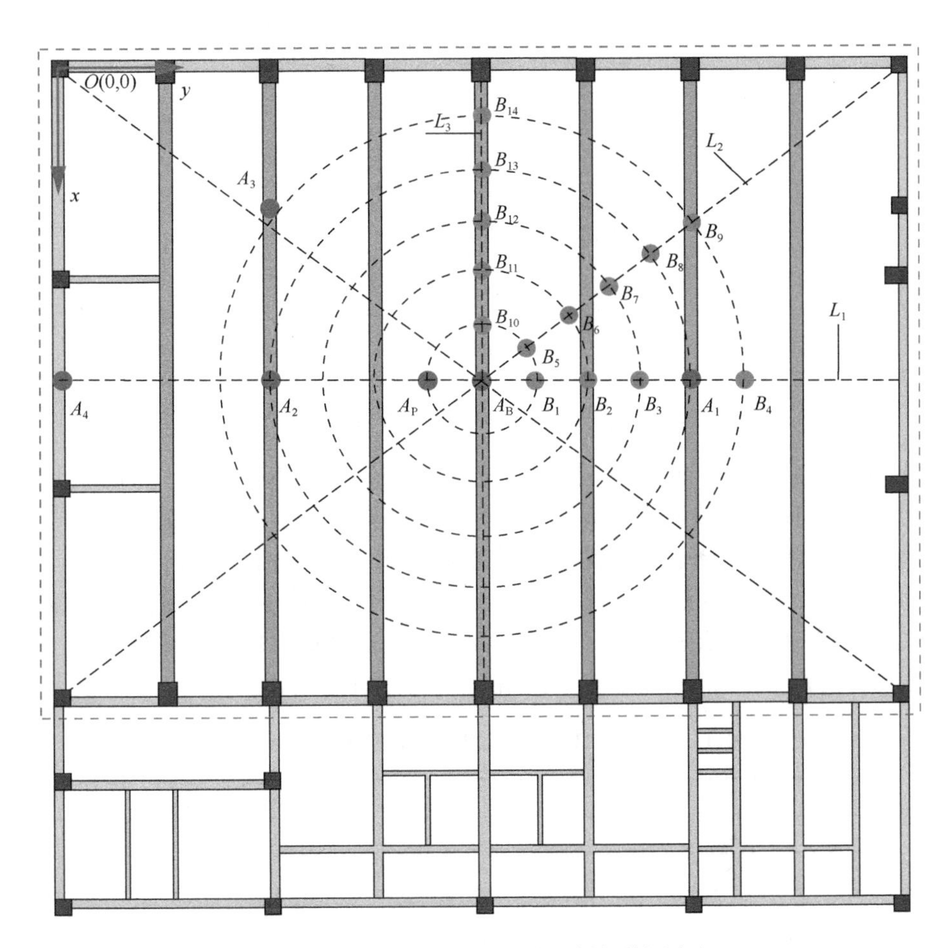

图 4.6　1#混凝土楼盖理论分析相关测点

表 4.3　参数理论分析时 1#混凝土楼盖各测点坐标

测点	坐标	测点	坐标
A_B	(13.50, 18.00)	B_7	(9.45, 23.41)
A_P	(13.50, 27.00)	B_8	(8.10, 25.21)
B_1	(13.50, 20.25)	B_9	(6.75, 27.00)
B_2	(13.50, 22.50)	B_{10}	(11.25, 18.00)
B_3	(13.50, 24.75)	B_{11}	(9.00, 18.00)
B_4	(13.50, 29.25)	B_{12}	(6.75, 18.00)
B_5	(12.15, 19.80)	B_{13}	(4.50, 18.00)
B_6	(10.80, 21.61)	B_{14}	(2.25, 18.00)

注：因后续分析中未用到测点 A_1～A_4 的坐标，此处省略；坐标轴单位为 m。

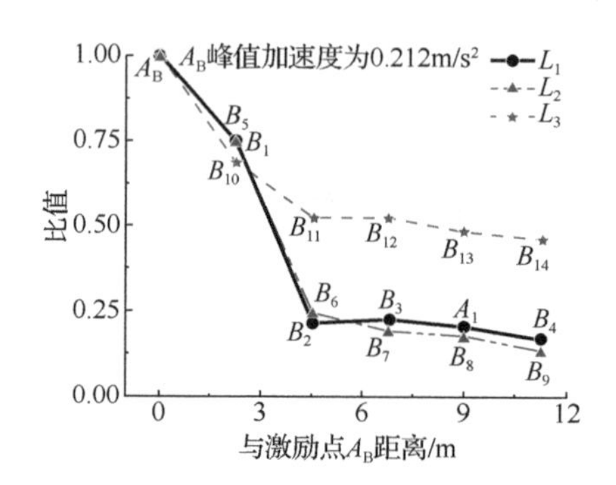

图 4.7　1#混凝土楼盖各测点峰值加速度衰减趋势（阻尼比为 2.39%）

图 4.8 为沿同一方向（L_1、L_2 和 L_3 方向）不同激励点跳跃时，1#混凝土楼盖各测点峰值加速度衰减趋势。其中纵坐标为各测点峰值加速度与激励点峰值加速度的比值。各激励点峰值加速度值详见表 4.4～表 4.6。由图 4.8、表 4.4～表 4.6 可知，1#混凝土楼盖加速度衰减与振动强弱成正比。例如，沿 L_3 方向不同激励点跳跃时，测点 B_{12} 与激励点 B_{10}（峰值加速度为 0.232m/s^2）的比值为 0.37；测点 B_{10} 与激励点 B_{12}（峰值加速度为 0.205m/s^2）的比值为 0.42。

表 4.4　1#混凝土楼盖各激励点峰值加速度（L_1 方向）

激励点	峰值加速度/（m/s^2）
A_B	0.212
B_1	0.244
B_2	0.215
B_3	0.237
A_1	0.228
B_4	0.218

表 4.5　1#混凝土楼盖各激励点峰值加速度（L_2 方向）

激励点	峰值加速度/（m/s^2）
A_B	0.212
B_5	0.254
B_6	0.243
B_7	0.214
B_8	0.269
B_9	0.220

表 4.6　1#混凝土楼盖各激励点峰值加速度（L_3 方向）

激励点	峰值加速度/（m/s²）
A_B	0.212
B_{10}	0.232
B_{11}	0.229
B_{12}	0.205
B_{13}	0.215
B_{14}	0.270

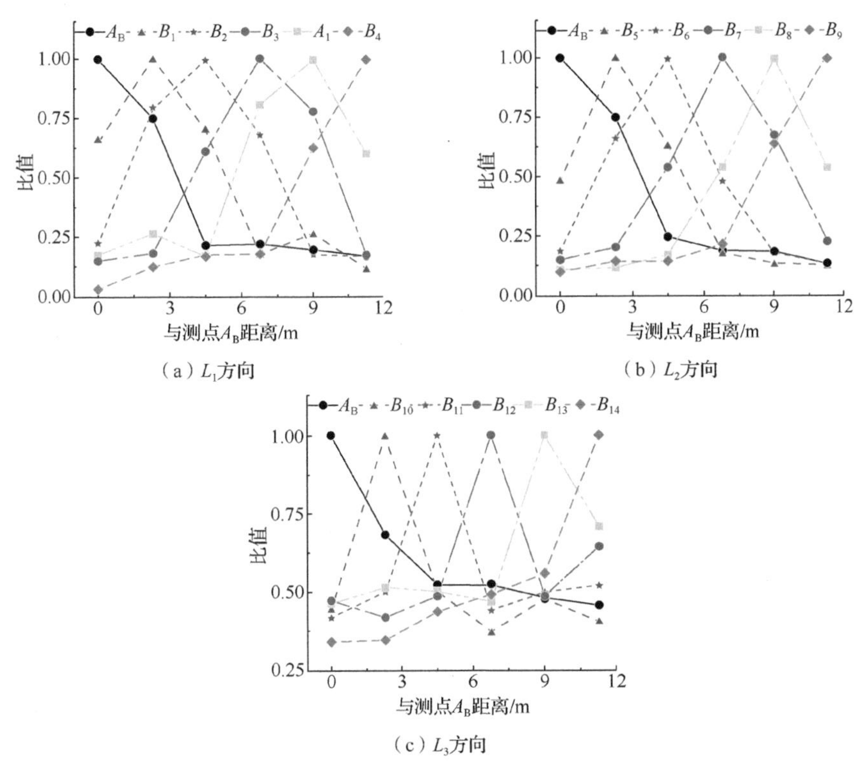

图 4.8　不同激励点时 1#混凝土楼盖各测点峰值加速度衰减趋势（阻尼比为 2.39%）

图 4.9 为激励点 A_B 时，1#混凝土楼盖各测点峰值加速度与阻尼比（1%、2%、3%、4%、5%和 6%）的关系曲线。由图 4.9 可知，距离激励点 A_B 2.25m 之内，峰值加速度几乎未改变；当距离大于 2.5m 时，峰值加速度随阻尼比的增加而减小。考虑到各评价标准均以峰值加速度（或 RMS 加速度）作为楼盖舒适度的评价指标，可认为峰值加速度与阻尼比无关。

实际工程中，混凝土楼盖需要布置通风管道和办公设备等非结构构件，为探讨非结构构件对混凝土楼盖峰值加速度和频率的影响，以活荷载形式模拟非结构构件。图 4.10 为频率、峰值加速度（激励点 A_B）与活荷载的关系曲线。由图 4.10 可知，随活荷载增加，1#混凝土楼盖频率和峰值加速度均下降，因此布置非结构构件有利于减少混凝土楼盖振动加速度，而对频率起不利作用。

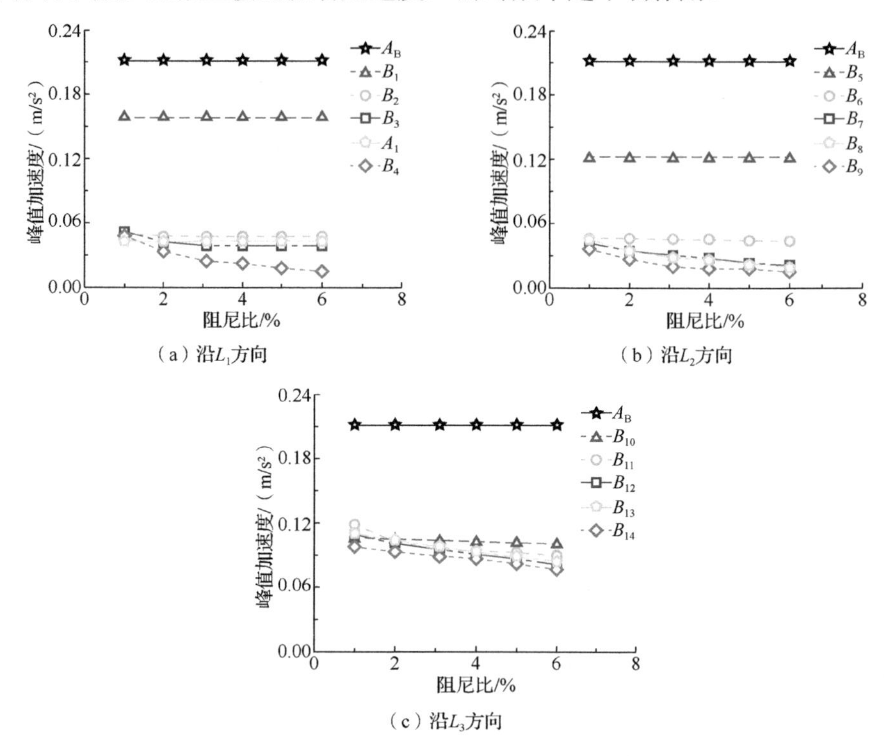

（a）沿 L_1 方向　（b）沿 L_2 方向　（c）沿 L_3 方向

图 4.9　1#混凝土楼盖各测点峰值加速度与阻尼比的关系曲线

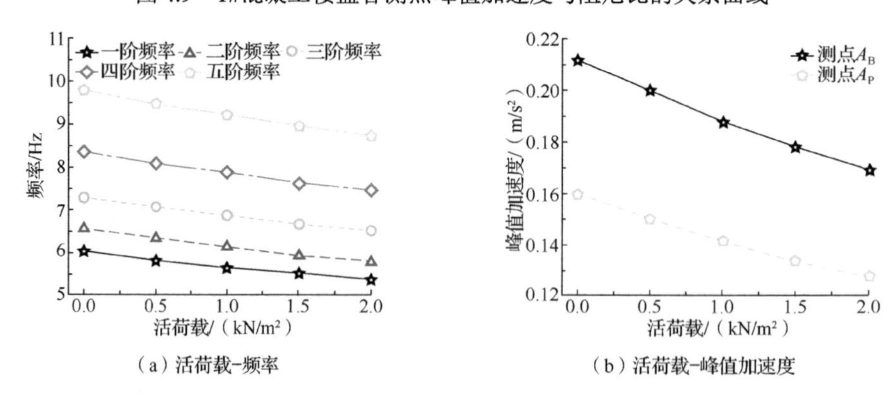

（a）活荷载-频率　（b）活荷载-峰值加速度

图 4.10　1#混凝土楼盖频率、峰值加速度与活荷载的关系曲线

表 4.7 和表 4.8 分别为 2#和 3#混凝土楼盖各激励点峰值加速度试验值和理论值对比情形。由表 4.7 可知，尽管 2#混凝土楼盖各激励点误差较大，然而最大峰

值加速度的误差仅为 4.08%。由表 4.8 可知，3#混凝土楼盖各测点的理论值较试验值偏大，偏于保守，可用于结构设计。综合上述分析可见，2#和 3#混凝土楼盖试验值也证明了加速度理论公式的有效性。

表 4.7　跳跃激励时 2#混凝土楼盖各激励点峰值加速度试验值和理论值

激励点	峰值加速度/（m/s^2）				
	试验值 1	试验值 2	试验值 3	均值	理论值
A_4	0.28	0.14	0.25	0.22	0.38
A_5	0.55	0.54	0.39	0.49	0.47
A_6	0.62	0.42	0.29	0.44	0.38
A_7	0.24	0.37	0.47	0.36	0.18

表 4.8　跳跃激励时 3#混凝土楼盖各激励点峰值加速度试验值和理论值

激励点	峰值加速度/（$10^{-2}m/s^2$）				
	试验值 1	试验值 2	试验值 3	均值	理论值
A_3	20.86	24.13	22.61	22.53	26.63
A_7	13.21	15.73	19.17	16.04	18.77
A_8	26.11	17.75	21.06	21.64	30.55

4.3.3　步行激励理论公式验证

本节将根据 1#混凝土楼盖现场试验结果验证加速度理论公式的有效性。

图 4.11 为步行激励时，1#混凝土楼盖测点 A_B 和 A_3 的试验与理论加速度曲线。理论分析时，采用 Ebrahimpour 模型[3]，模拟了步行引起的楼盖前 36s 加速度响应。表 4.9 为理论和试验 1s RMS 加速度最大值。

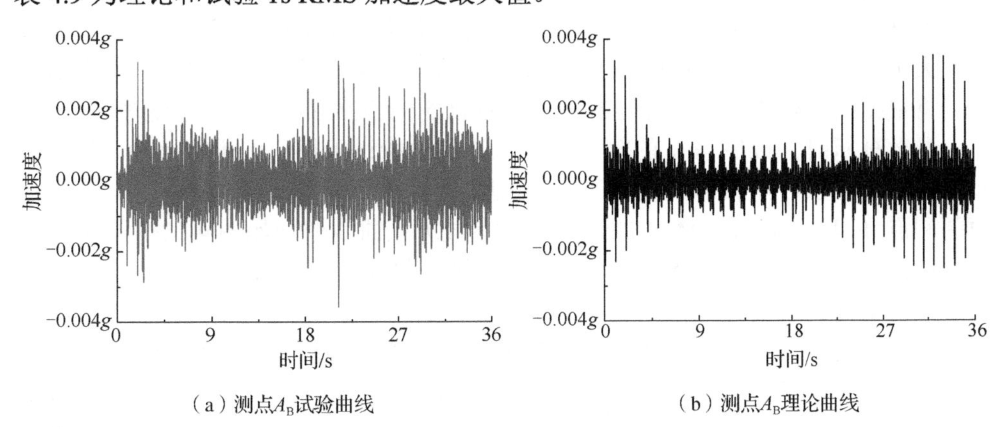

（a）测点A_B试验曲线　（b）测点A_B理论曲线

图 4.11　步行激励时 1#混凝土楼盖测点 A_B 和 A_3 试验与理论加速度曲线

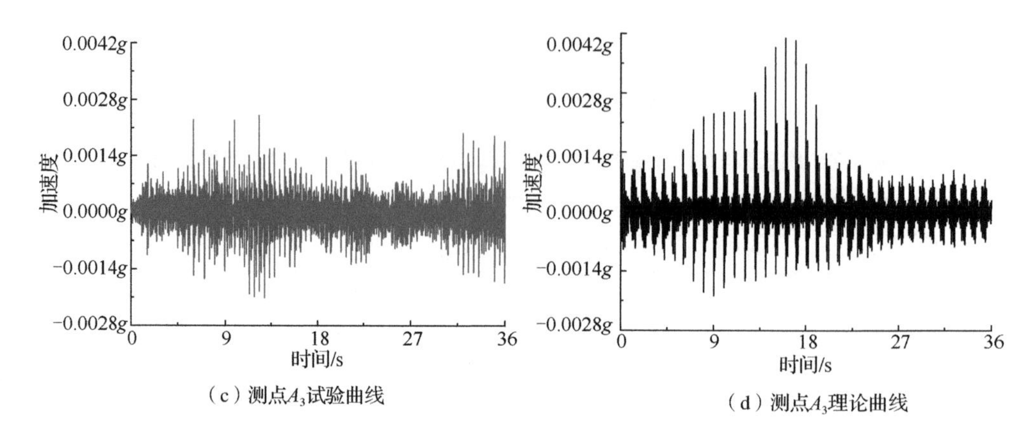

（c）测点A_3试验曲线　　（d）测点A_3理论曲线

图 4.11（续）

表 4.9　步行激励时 1#混凝土楼盖各测点试验和理论 1s RMS 加速度最大值

测点	1s RMS 加速度最大值	
	试验值	理论值
A_B	0.00103*g*	0.00094*g*
A_P	0.00480*g*	0.00086*g*
A_1	0.00081*g*	0.00075*g*
A_2	0.00095*g*	0.00087*g*
A_3	0.00091*g*	0.00077*g*
A_4	0.00047*g*	0.00000*g*

由图 4.11 和表 4.9 可知，加速度理论曲线及 RMS 加速度最大值均与试验曲线（值）吻合良好（测点 A_P 除外），证明了加速度理论公式的有效性。测点 A_P 加速度理论值与试验值相差较大的原因在于：混凝土楼盖理想化为正交各向异性薄板时增大了此点的刚度[4]。测点 A_P 加速度试验值和理论值的比值为 5.58；参数分析时，将依据式（4.22）计算得到的理论值乘以 5.58 作为测点 A_P 加速度理论值。

参数分析时，以图 4.6 的测点为准，详细地探讨阻尼比、步行路径、步频和非结构构件（以活荷载形式模拟）对 1#混凝土楼盖振动舒适度的影响。1#混凝土楼盖测点 A_B 和 A_P 的 1s RMS 加速度与各参数关系曲线分别如图 4.12～图 4.15 所示。理论分析时，仍考虑 N_{m2} 和 N_{m3} 同时激励。图 4.12～图 4.15 分析时，均未考虑非结构构件的影响。

图 4.12 表明，1s RMS 加速度峰值随阻尼比的增大而减小。例如，阻尼比为 1%、3%和 5%时，测点 A_B1s RMS 加速度峰值分别为 10.5×10^{-3} m/s^2、8.47×10^{-3} m/s^{2}和 7.33×10^{-3} m/s^2；测点 A_P1s RMS 加速度峰值分别为 5.13×10^{-2} m/s^2、3.90×10^{-2} m/s^{2}和 3.37×10^{-2} m/s^2。其主要原因是混凝土楼盖结构阻尼比越大，振动衰减越快，1s RMS 加速度也越小。

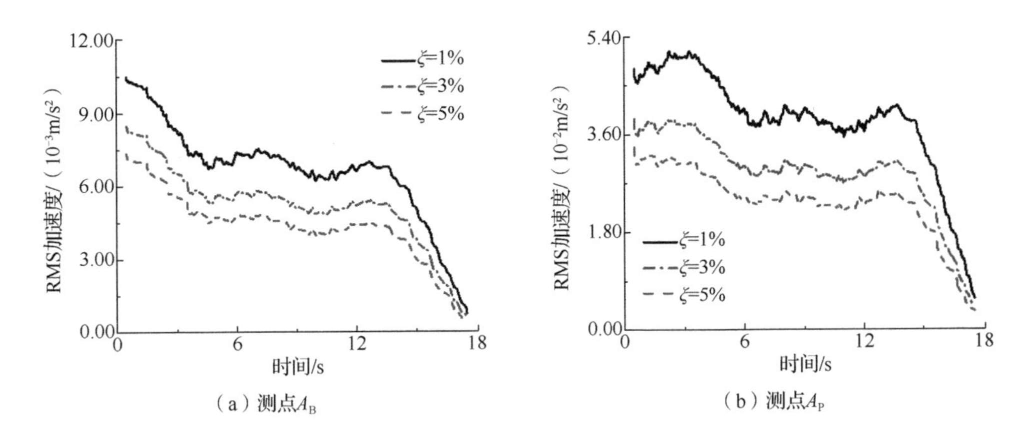

图 4.12　1s RMS 加速度与阻尼比的关系曲线（L_1 方向，步行频率为 2Hz）

图 4.13 表明，沿不同路径步行时，尽管 1s RMS 加速度曲线有所不同，但 1s RMS 加速度峰值接近。例如，沿路径 L_1、L_2 和 L_3 方向步行时，测点 A_B1s RMS 加速度峰值分别为 8.47×10^{-3} m/s²、8.47×10^{-3} m/s² 和 8.48×10^{-3} m/s²；测点 A_P1s RMS 加速度峰值分别为 3.89×10^{-2} m/s²、3.89×10^{-2} m/s² 和 3.91×10^{-2} m/s²。基于舒适度评价标准均以 RMS 加速度峰值作为评价指标的考虑，可认为评价楼盖舒适度时，可选择较为方便的路径步行。

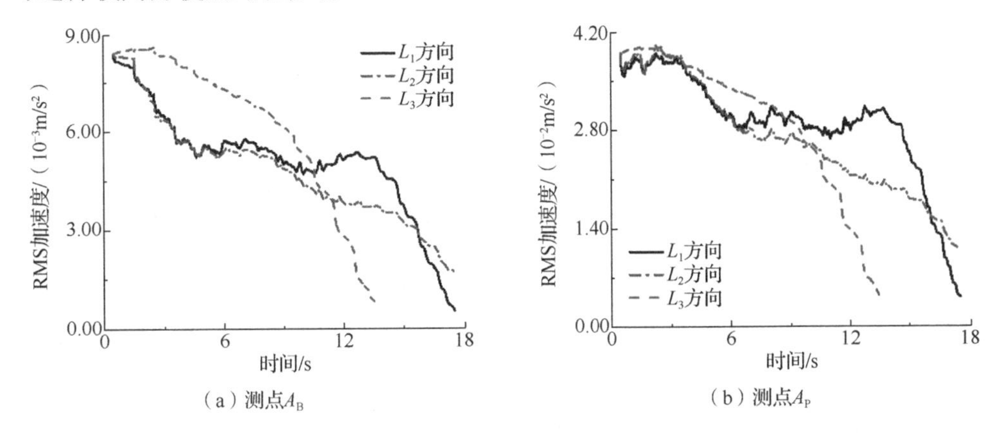

图 4.13　1s RMS 加速度与步行路径的关系曲线（阻尼比为 3%，步行频率为 2Hz）

图 4.14 表明，1s RMS 加速度峰值随步行频率的增大而增大。例如，以 1.50Hz、1.75Hz、2.00Hz 和 2.50Hz 频率沿 L_1 方向步行时，测点 A_B1s RMS 加速度峰值分别为 8.33×10^{-3}m/s²、8.35×10^{-3} m/s²、8.47×10^{-3} m/s² 和 9.90×10^{-3} m/s²；测点 A_P1s RMS 加速度峰值分别为 3.85×10^{-2} m/s²、3.85×10^{-2} m/s²、3.89×10^{-2} m/s² 和 4.44×10^{-2} m/s²。

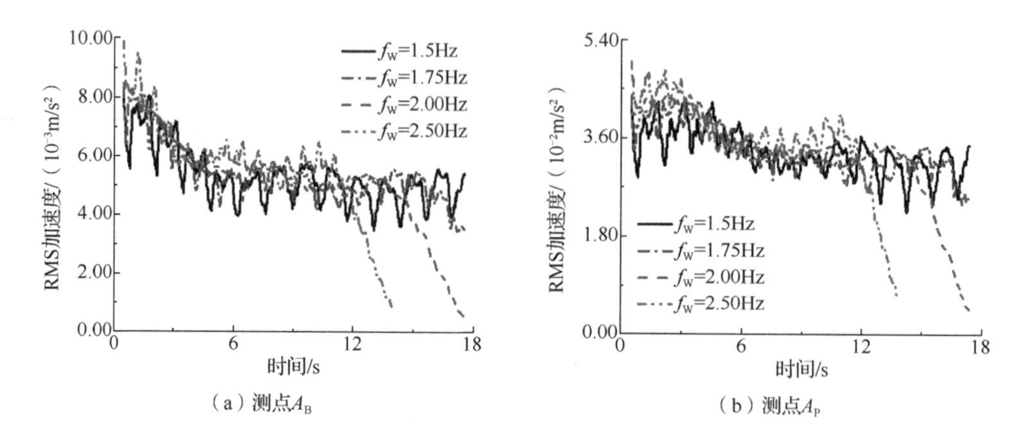

图 4.14　1s RMS 加速度与步行频率的关系曲线（L_1方向，阻尼比为 3%）

图 4.15 表明，1s RMS 加速度随活荷载的增大而逐渐减小，即布置非结构构件有利于降低振动强度，但并不会改变 RMS 加速度变化趋势。例如，活荷载为 0kN/m^2、0.5kN/m^2、1.0kN/m^2 和 1.5kN/m^2 时，测点 A_B1s RMS 加速度峰值分别为 8.47×10^{-3} m/s^2、8.06×10^{-3} m/s^2、7.71×10^{-3} m/s^2 和 7.39×10^{-3} m/s^2；测点 A_P1s RMS 加速度峰值分别为 3.90×10^{-2} m/s^2、3.67×10^{-2} m/s^2、3.53×10^{-2} m/s^2 和 3.38×10^{-2} m/s^2。

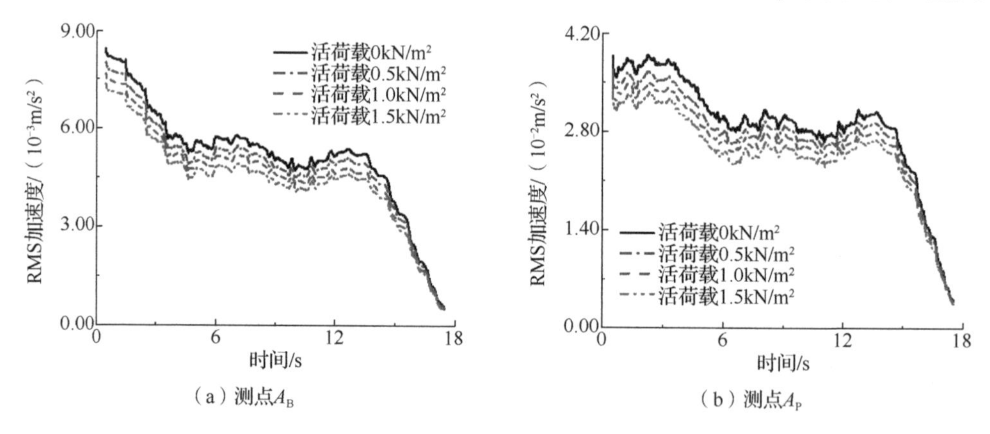

图 4.15　1s RMS 加速度与活荷载的关系曲线（L_1方向，阻尼比为 3%）

4.3.4　跑步激励理论公式验证

本节将根据 1#混凝土楼盖现场试验结果，对加速度理论公式的有效性予以验证。

图 4.16 为 1#混凝土楼盖测点 A_B 和 A_3 试验与理论加速度曲线。理论分析时，动力冲击系数 K_R 取 3.12，模拟了跑步引起的 1#混凝土楼盖前 15s 加速度响应。表 4.10 为各测点加速度试验值和理论值。

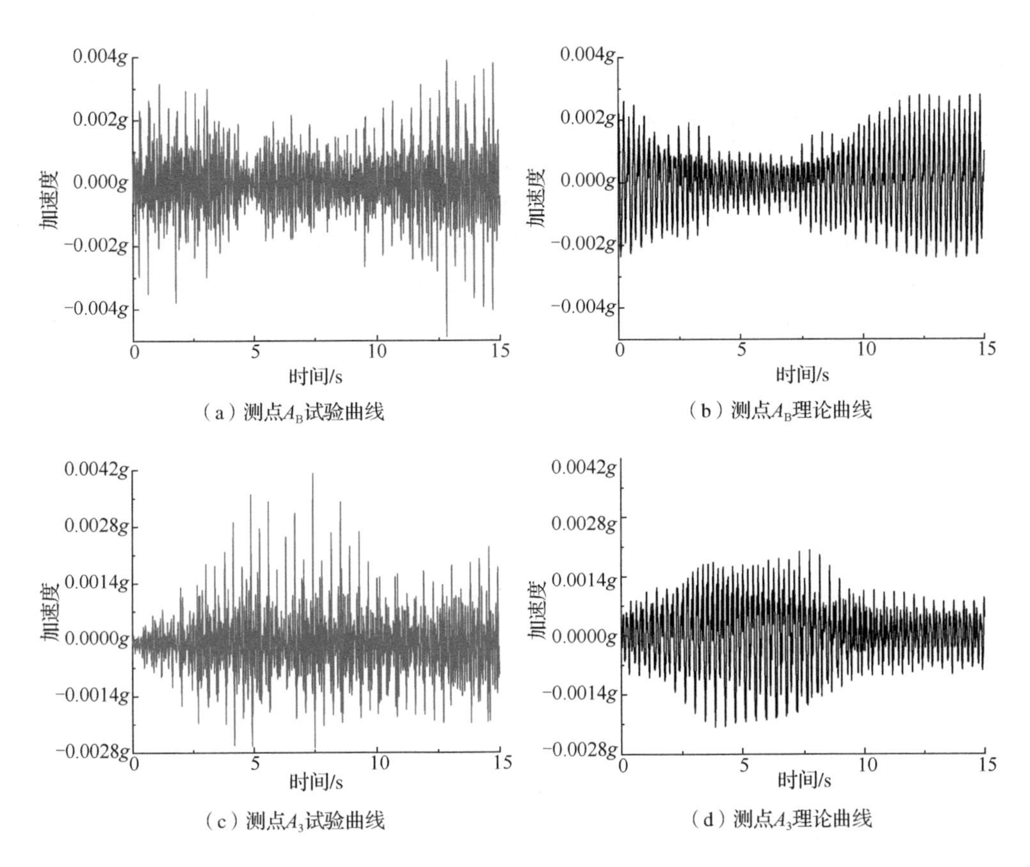

（a）测点A_B试验曲线

（b）测点A_B理论曲线

（c）测点A_3试验曲线

（d）测点A_3理论曲线

图 4.16　跑步激励时 1#混凝土楼盖测点 A_B 和 A_3 试验与理论加速度曲线

表 4.10　跑步激励时 1#混凝土楼盖各测点试验和理论 1s RMS 加速度最大值

测点	1s RMS 加速度最大值	
	试验值	理论值
A_B	0.0012g	0.0014g
A_P	0.0080g	0.0014g
A_1	0.0006g	0.0005g
A_2	0.0015g	0.0013g
A_3	0.0010g	0.0011g
A_4	0.0002g	0.0000g

由图 4.16 和表 4.10 可知，理论加速度曲线及 RMS 加速度最大值均与试验曲线（值）吻合良好（测点 A_P 除外），证明了加速度理论计算公式的有效性。测点 A_P 加速度理论值与试验值相差较大的原因在于：混凝土楼盖理想化为正交各向异性薄板时增大了此点的刚度[4]。测点 A_P 加速度试验值和理论值的比值为 5.71，参数分析时，将依据式（4.22）计算得到的理论值乘以 5.71 作为测点 A_P 加速度理论值。

参数分析时，以图 4.6 的测点为准，详细地探讨阻尼比、跑步路径和跑步频率对 1#混凝土楼盖振动舒适度的影响。测点 A_B 和 A_P1s RMS 加速度与各参数关系曲线分别如图 4.17～图 4.19 所示。理论分析时，仍考虑 N_{m2} 和 N_{m3} 同时激励。

图 4.17 表明，1s RMS 加速度峰值随阻尼比的增大而减小。例如，阻尼比为 1%、3%和 5%时，测点 A_B1s RMS 加速度峰值分别为 1.33×10^{-2} m/s^2、1.25×10^{-2} m/s^2 和 1.19×10^{-2} m/s^2；测点 A_P1s RMS 加速度峰值分别为 6.11×10^{-2} m/s^2、5.70×10^{-2} m/s^2 和 5.36×10^{-2} m/s^2。其主要原因在于：楼盖结构阻尼比越大，振动衰减越快，1s RMS 加速度也越小。

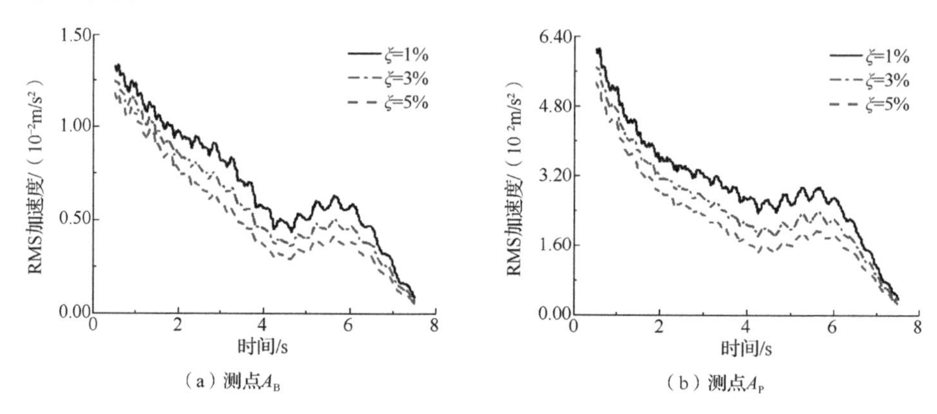

图 4.17　1s RMS 加速度与阻尼比的关系曲线（L_1 方向，跑步频率为 2.4Hz）

图 4.18 表明，沿不同路径跑步时，不仅 1s RMS 加速度曲线有所不同，而且 1s RMS 加速度峰值亦有较大差异。例如，沿路径 L_1、L_2 和 L_3 方向跑步时，测点 A_B1s RMS 加速度峰值分别为 1.25×10^{-2} m/s^2、1.26×10^{-2} m/s^2 和 1.32×10^{-2} m/s^2；测点 A_P1s RMS 加速度峰值分别为 5.70×10^{-2} m/s^2、5.79×10^{-2} m/s^2 和 6.53×10^{-2} m/s^2。因此，舒适度评价时，需要选择合理的路径，建议选择沿预应力混凝土梁垂直方向跑步。

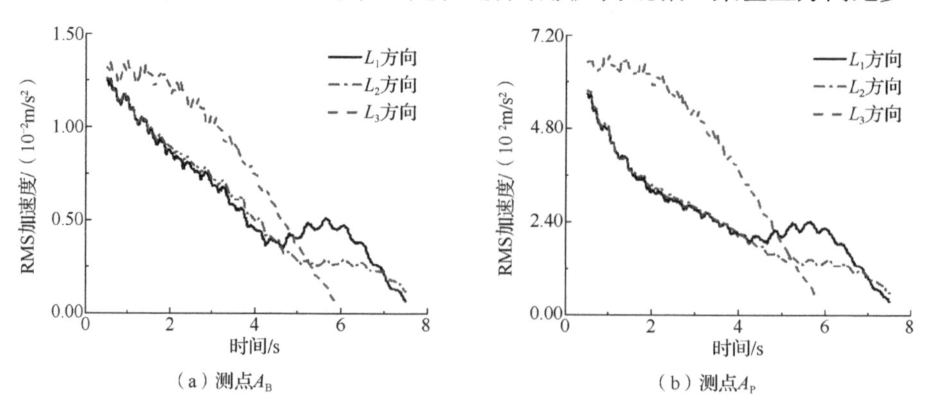

图 4.18　1s RMS 加速度与跑步路径的关系曲线（阻尼比为 3%，跑步频率为 2.4Hz）

图 4.19 表明，1s RMS 加速度值随跑步频率的增大而增大。例如，以 2.2Hz、2.4Hz、2.6Hz 和 2.8Hz 频率沿 L_1 方向跑步时，测点 A_B1s RMS 加速度峰值分别为 0.97×10^{-2} m/s^2、1.25×10^{-2} m/s^2、1.59×10^{-2} m/s^2 和 1.92×10^{-2} m/s^2；测点 A_P1s RMS 加速度峰值分别为 4.42×10^{-2} m/s^2、5.70×10^{-2} m/s^2、7.26×10^{-2} m/s^2 和 8.87×10^{-2} m/s^2。

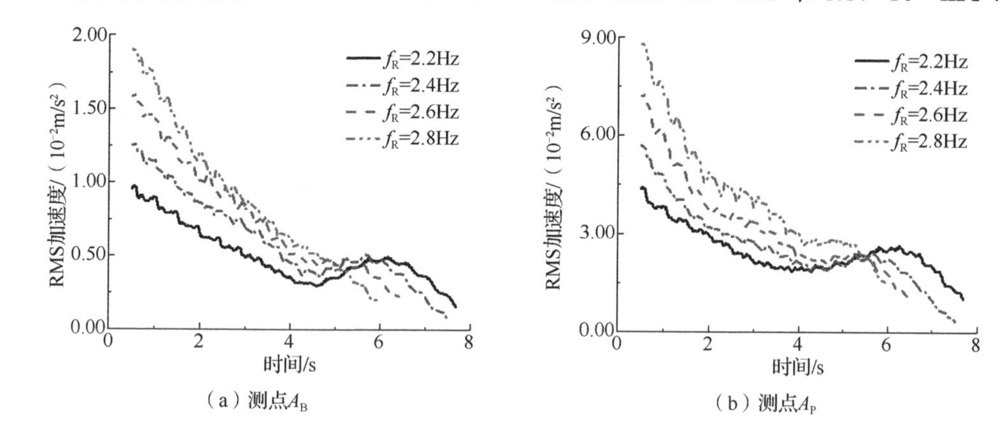

（a）测点A_B　　（b）测点A_P

图 4.19　1s RMS 加速度与跑步频率关系曲线（L_1 方向，阻尼比为 3%）

4.4　峰值加速度简化计算公式

4.3 节详细介绍了混凝土楼盖振动加速度求解过程，并与 3 个混凝土楼盖原位试验结果对比验证了其有效性，然而此公式过于烦冗，不便于工程设计人员应用。基于大部分舒适度评价标准以峰值加速度（或 RMS 加速度）为评价指标的考虑，本节拟简化加速度理论公式，以便工程设计。

4.4.1　跳跃荷载

本节跳跃荷载 $F_J(t)$ 采用图 4.20 所示的三角形函数模型，其具体表达式为

$$F_J(t)=\begin{cases}\dfrac{4K_JG_P}{\pi}\left(1-\dfrac{t}{t_J}\right) & t\leqslant t_J\\ 0 & t_J<t\leqslant T_J\end{cases}\tag{4.25}$$

由唯象理论可知，跳跃作用下，楼盖的加速度最大值应发生在 $0\leqslant t\leqslant t_J$ 区间。因此，分析时仅讨论此区间加速度响应。将式（4.25）代入式（4.20），并对时间 t 求两次导，可得

$$\ddot{T}_{mn}(t)=\frac{4gK_{\mathrm{J}}G_{\mathrm{P}}\phi_{mn}(x_{\mathrm{J}},\,y_{\mathrm{J}})}{\pi t_{\mathrm{J}}}\frac{\mathrm{e}^{-t\xi_{mn}\omega_{mn}}[t_{\mathrm{J}}\omega_{\mathrm{D}mn}\cos(\omega_{\mathrm{D}mn}t)-(1+t_{\mathrm{J}}\xi_{mn}\omega_{mn})\sin(\omega_{\mathrm{D}mn}t)]}{\bar{q}_0\Phi_{mn}\omega_{\mathrm{D}mn}} \tag{4.26}$$

式中，$(x_{\mathrm{J}}, y_{\mathrm{J}})$——跳跃激励点坐标。

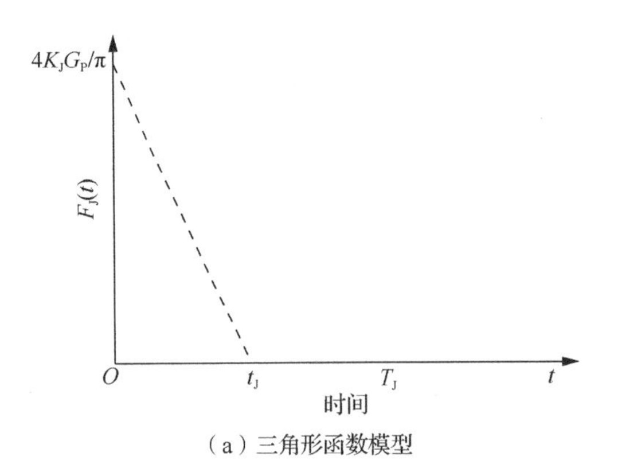

（a）三角形函数模型

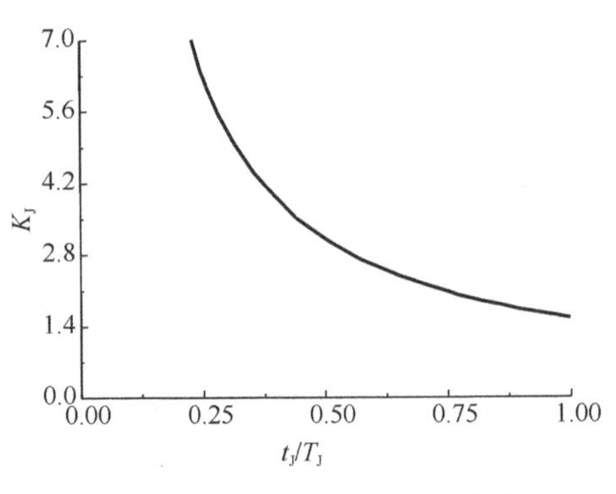

（b）动力冲击系数K_{J}与$t_{\mathrm{J}}/T_{\mathrm{J}}$关系曲线

图 4.20　跳跃荷载模型

式（4.26）最大值为

$$\ddot{T}_{mn\max}=\frac{4gK_{\mathrm{J}}G_{\mathrm{P}}\phi_{mn}(x_{\mathrm{J}},\,y_{\mathrm{J}})}{\bar{q}_0\Phi_{mn}\pi} \tag{4.27}$$

混凝土楼盖振动加速度最大值为

$$a_{\mathrm{P}}=\frac{4gK_{\mathrm{J}}G_{\mathrm{P}}}{\bar{q}_0\pi}\sum_{m=1}^{\infty}\sum_{n=1}^{\infty}\frac{\phi_{mn}(x_{\mathrm{J}},\,y_{\mathrm{J}})\phi_{mn}(\bar{x}_{\mathrm{J}},\,\bar{y}_{\mathrm{J}})}{\Phi_{mn}} \tag{4.28}$$

式中，$(\bar{x}_{\mathrm{J}}, \bar{y}_{\mathrm{J}})$——加速度最大值点坐标。

由式（4.28）可知，若已知跳跃激励点及加速度点最大值坐标，则$\phi_{mn}(x_{\mathrm{J}}, y_{\mathrm{J}})\phi_{mn}(\bar{x}_{\mathrm{J}}, \bar{y}_{\mathrm{J}})/\Phi_{mn}$为常数，令

$$\alpha_{\mathrm{J}}=\sum_{m=1}^{\infty}\sum_{n=1}^{\infty}\frac{\phi_{mn}(x_{\mathrm{J}},\,y_{\mathrm{J}})\phi_{mn}(\bar{x}_{\mathrm{J}},\,\bar{y}_{\mathrm{J}})}{\Phi_{mn}} \tag{4.29}$$

峰值加速度a_{P}为

$$a_{\mathrm{P}}=\frac{4\alpha_{\mathrm{J}}gK_{\mathrm{J}}G_{\mathrm{P}}}{\bar{q}_0\pi} \tag{4.30}$$

对于各种边界条件的振型函数$\phi_{mn}(x, y)$，其可采用分离变量法写成如下形式：

$$\phi_{mn}(x,\,y)=X_m(x)Y_n(y) \tag{4.31}$$

式中，$X_m(x)$——x方向振型，参考表 4.11；

$Y_n(y)$——y方向振型，参考表 4.11。

表 4.11　梁的振型函数

支撑条件	振型函数	k_j			系数 γ_j
		j=1	j=2	j>2	
L	$\psi_j(z)=\sin k_j z$	$\frac{\pi}{L}$	$\frac{2\pi}{L}$	$\frac{j\pi}{L}$	—
L	$\psi_j(z)=\sin k_j z-\sinh k_j z -\gamma_j(\cos k_j z-\cosh k_j z)$	$\frac{4.7300}{L}$	$\frac{7.8532}{L}$	$\frac{(2j+1)\pi}{2L}$	$\frac{\sin k_j L-\sinh k_j L}{\cos k_j L-\cosh k_j L}$
L	$\psi_j(z)=\sin k_j z-\gamma_j \sinh k_j z$	$\frac{3.9266}{L}$	$\frac{7.0685}{L}$	$\frac{(4j+1)\pi}{4L}$	$\frac{\sin k_j L}{\sinh k_j L}$
L	$\psi_j(z)=\sin k_j z+\sinh k_j z -\gamma_j(\cos k_j z+\cosh k_j z)$	$\frac{4.7300}{L}$	$\frac{7.8532}{L}$	$\frac{(2j+1)\pi}{2L}$	$\frac{\sin k_j L-\sinh k_j L}{\cos k_j L-\cosh k_j L}$

考虑式（4.18）和式（4.31）可知，可计算得到各种边界条件下（命名规则详见图 4.3）系数 $\varPhi_{mn}$ 等于 $C_s ab$，其中常数 C_s 如表 4.12 所示。

表 4.12　各种边界条件下常数 C_s

边界条件	C_s	边界条件	C_s
SSSS	1/4	CSCC	1/2
SCSC	1/2	CFCF	1
SSSC	1/4	SSCC	1/4
SFSF	1/2	SFCF	1/2
CCCC	1		

将系数 $\varPhi_{mn}$ 代入式（4.29）和式（4.30）可得

$$a_P=\frac{4\bar{\alpha}_J g K_J G_P}{C_s \bar{q}_0 ab\pi} \tag{4.32}$$

$$\bar{\alpha}_J=\sum_{m=1}^{\infty}\sum_{n=1}^{\infty}\phi_{mn}(x_J, y_J)\phi_{mn}(\bar{x}_J, \bar{y}_J) \tag{4.33}$$

由于需要经过烦冗的计算才能得到系数 $\bar{\alpha}_J$，并且动力放大系数 K_J 具有较大离散性[5]，因此若将 α_J 改写成为

$$\alpha_J=\frac{\bar{\alpha}_J K_J}{C_s} \tag{4.34}$$

则峰值加速度可简化为

$$a_P=\frac{4\alpha_J g G_P}{\bar{q}_0 ab\pi} \tag{4.35}$$

文献[6]基于第 3 章的 3 个混凝土楼盖及预应力混凝土刚架索梁楼盖试验数据，给出了跳跃荷载作用于梁和板时系数 α_J 的具体表达式为

$$\alpha_J=\begin{cases}4341.04\mathrm{e}^{-0.48 f_1} & (梁)\\ 17548.53\mathrm{e}^{-0.48 f_1} & (板)\end{cases} \tag{4.36}$$

4.4.2　跑步荷载

跑步作用时，激励位置随时间不断地变化。分析某点振动加速度时，激励点靠近分析点或者分析点便是激励点时，加速度响应将最大。不失一般性，考虑激励点为$(x_{\mathrm{R}}, y_{\mathrm{R}})$时，分析$0 \leqslant t \leqslant t_{\mathrm{R}}$区间内加速度最大值。将半正弦函数

$$F_{\mathrm{R}}(t)=\begin{cases} K_{\mathrm{R}} G_{\mathrm{P}} \sin\left(\dfrac{\pi t}{t_{\mathrm{R}}}\right) & t \leqslant t_{\mathrm{R}} \\ 0 & t_{\mathrm{R}} < t \leqslant T_{\mathrm{R}} \end{cases} \tag{4.37}$$

代入式（4.20）后，对时间t求两次导，可得

$$\begin{aligned} \ddot{T}_{mn}(t) = & \frac{g\phi_{mn}(x_{\mathrm{R}}, y_{\mathrm{R}})}{\bar{q}_0 \Phi_{mn} \omega_{\mathrm{D}mn}} \frac{\mathrm{e}^{-t\xi_{mn}\omega_{mn}}(A_{\mathrm{R}mn}\sin\omega_{\mathrm{D}mn}t - B_{\mathrm{R}mn}\cos\omega_{\mathrm{D}mn}t)}{\pi^4 + 2\pi^2 t_{\mathrm{R}}^2 \omega_{mn}^2 (2\xi_{mn}^2 - 1) + t_{\mathrm{R}}^4 \omega_{mn}^4} \\ & + \frac{g\phi_{mn}(x_{\mathrm{R}}, y_{\mathrm{R}})}{\bar{q}_0 \Phi_{mn} \omega_{\mathrm{D}mn}} \frac{B_{\mathrm{R}mn}\cos\left(\dfrac{\pi t}{t_{\mathrm{R}}}\right) + C_{\mathrm{R}mn}\sin\left(\dfrac{\pi t}{t_{\mathrm{R}}}\right)}{\pi^4 + 2\pi^2 t_{\mathrm{R}}^2 \omega_{mn}^2 (2\xi_{mn}^2 - 1) + t_{\mathrm{R}}^4 \omega_{mn}^4} \end{aligned} \tag{4.38}$$

$$A_{\mathrm{R}mn} = \pi G_{\mathrm{P}} K_{\mathrm{R}} t_{\mathrm{R}} [\pi^2 \omega_{mn}^2 (2\xi_{mn}^2 - 1) + t_{\mathrm{R}}^2 \omega_{mn}^4] \tag{4.39}$$

$$B_{\mathrm{R}mn} = 2\pi^3 G_{\mathrm{P}} K_{\mathrm{R}} t_{\mathrm{R}} \xi_{mn} \omega_{mn} \omega_{\mathrm{D}mn} \tag{4.40}$$

$$C_{\mathrm{R}mn} = \pi^2 G_{\mathrm{P}} K_{\mathrm{R}} \omega_{\mathrm{D}mn} (\pi^2 - t_{\mathrm{R}}^2 \omega_{mn}^2) \tag{4.41}$$

式（4.38）中右端的第一项振幅取决于初始条件和系统的固有特性，由于阻尼的作用，该振动将随着$\mathrm{e}^{-t\xi_{nm}\omega_{nm}}$很快衰减而消失[7]；而第二项是稳态受迫振动的响应，可简化为

$$\ddot{T}_{mn}(t) = \frac{g\phi_{mn}(x_{\mathrm{R}}, y_{\mathrm{R}})}{\bar{q}_0 \Phi_{mn} \omega_{\mathrm{D}mn}} \frac{B_{\mathrm{R}mn}\cos\left(\dfrac{\pi t}{t_{\mathrm{R}}}\right) + C_{\mathrm{R}mn}\sin\left(\dfrac{\pi t}{t_{\mathrm{R}}}\right)}{\pi^4 + 2\pi^2 t_{\mathrm{R}}^2 \omega_{mn}^2 (2\xi_{mn}^2 - 1) + t_{\mathrm{R}}^4 \omega_{mn}^4} \tag{4.42}$$

对于混凝土楼盖而言，其阻尼比约为2%，则$(2\xi_{mn}^2 - 1) \approx -1$。因此，式（4.42）可简化为

$$\ddot{T}_{mn}(t) = \frac{g\phi_{mn}(x_{\mathrm{R}}, y_{\mathrm{R}})}{\bar{q}_0 \Phi_{mn}} \frac{G_{\mathrm{P}} K_{\mathrm{R}} \pi^2 \left[2\pi t_{\mathrm{R}} \xi_{mn} \omega_{mn} \cos\left(\dfrac{\pi t}{t_{\mathrm{R}}}\right) + (\pi^2 - t_{\mathrm{R}}^2 \omega_{mn}^2)\sin\left(\dfrac{\pi t}{t_{\mathrm{R}}}\right)\right]}{(\pi^2 - t_{\mathrm{R}}^2 \omega_{mn}^2)^2} \tag{4.43}$$

式（4.43）的幅值为

$$\ddot{T}_{mn\max} = \frac{g G_{\mathrm{P}} K_{\mathrm{R}} \pi^2 \phi_{mn}(x_{\mathrm{R}}, y_{\mathrm{R}})}{\bar{q}_0 \Phi_{mn} \left|\pi^2 - t_{\mathrm{R}}^2 \omega_{mn}^2\right|} \tag{4.44}$$

因此，混凝土楼盖峰值加速度为

$$a_{\mathrm{P}} = \frac{g G_{\mathrm{P}} K_{\mathrm{R}} \pi^2}{\bar{q}_0} \sum_{m=1}^{\infty} \sum_{n=1}^{\infty} \frac{\phi_{mn}^2(x_{\mathrm{R}}, y_{\mathrm{R}})}{\Phi_{mn}} \frac{1}{\left|\pi^2 - t_{\mathrm{R}}^2 \omega_{mn}^2\right|} \tag{4.45}$$

令

$$\alpha_{\mathrm{R}}=\sum_{m=1}^{\infty}\sum_{n=1}^{\infty}\frac{\phi_{mn}^{2}(x_{\mathrm{R}},y_{\mathrm{R}})}{\left|\pi^{2}-t_{\mathrm{R}}^{2}\omega_{mn}^{2}\right|}\tag{4.46}$$

将式（4.45）改为

$$a_{\mathrm{P}}=\frac{\alpha_{\mathrm{R}}gG_{\mathrm{P}}K_{\mathrm{R}}\pi^{2}}{C_{\mathrm{s}}\overline{q}_{0}ab}\tag{4.47}$$

式中，跑步系数 α_{R} 与振型和竖向自振频率有关。

由于需要经过烦冗的计算才能得到系数 α_{R} 。为方便计算，若将系数 α_{R} 改写成 $\alpha_{\mathrm{R}}K_{\mathrm{R}}/C_{\mathrm{s}}$ ，则式（4.47）可改写成

$$a_{\mathrm{P}}=\frac{\alpha_{\mathrm{R}}gG_{\mathrm{P}}\pi^{2}}{\overline{q}_{0}ab}\tag{4.48}$$

为能合理确定系数 α_{R} ，将结合 5 个混凝土楼盖的试验结果给出拟合结果。除前述 3 个混凝土楼盖，剩余 2 个楼盖结构布置图，如图 4.21 和图 4.22 所示。

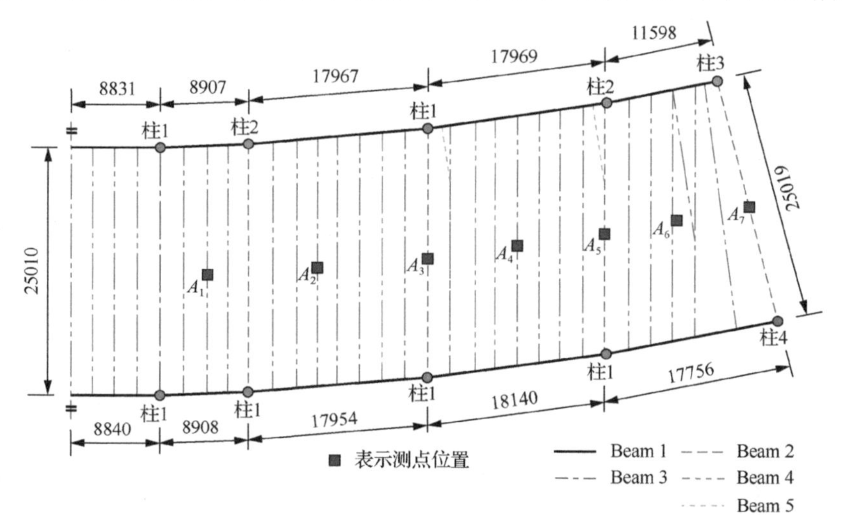

（a）结构布置及测点布置图

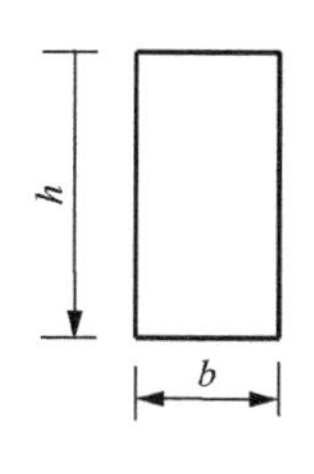

梁编号	b	h
Beam 1	1200	1800
Beam 2	800	1300
Beam 3	1000	1300
Beam 4	400	1300
Beam 5	300	1300

（b）梁截面形式

图 4.21　4#混凝土楼盖结构布置图（尺寸单位：mm）

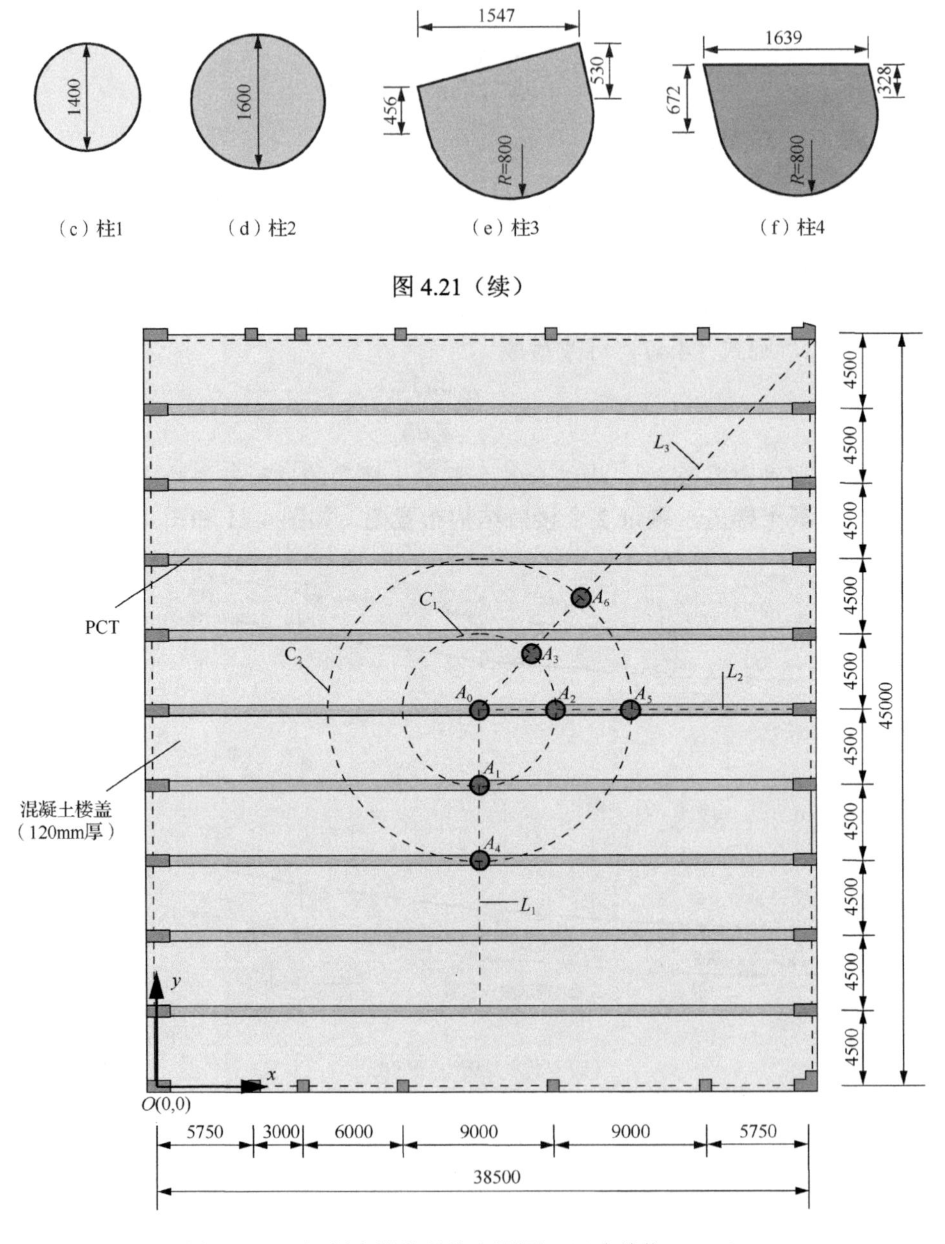

图 4.21（续）

图 4.22　5#混凝土楼盖结构布置图（尺寸单位：mm）

根据各个混凝土楼盖的试验数据：

$$\alpha_{\mathrm{R}}=\frac{a_{\mathrm{P}}\overline{q}_0ab}{gG_{\mathrm{P}}\pi^2} \tag{4.49}$$

可计算得到各个楼盖对应的系数 α_R 。前述分析可知系数 α_R 与振型和竖向自振频率有关，故将各个楼盖的基频与跑步系数 α_R 关系绘制如图 4.23 所示。依据图 4.23 中数据，系数 α_R 与楼盖基频 f_1 拟合函数表达式为

$$\alpha_R = 257.69 - 83.65 f_1 + 9.58 f_1^2 - 0.37 f_1^3 \tag{4.50}$$

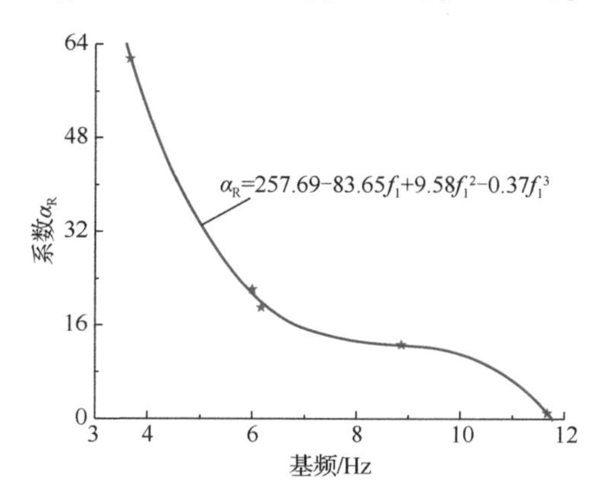

图 4.23　楼盖基频与跑步系数 α_R 的关系曲线

4.4.3　步行荷载

简谐波步行荷载模型表达式为

$$F_W(t) = G_P\left[1 + \sum_{i=1}^{n_W} \alpha_{Wi} \sin(2\pi i f_W t - \theta_{Wi})\right] \tag{4.51}$$

整个步行过程中，体重项 G_P 保持不变，类似于静荷载，产生的振动加速度可忽略。基于上述考虑，忽略体重项 G_P 引起的峰值加速度。

正弦三角函数引起的加速度最大值，将是本节求解重点。不失一般性，考虑如下函数：

$$f(t) = f_0 \sin(\overline{\omega} t) \tag{4.52}$$

将式（4.52）代入式（4.20）后，对时间 t 求两次导，可得

$$\begin{aligned}\ddot{T}_{mn}(t) = & \frac{g\phi_{mn}(x_W, y_W)}{\overline{q}_0 \Phi_{mn} \omega_{Dmn}} \frac{e^{-t\xi_{mn}\omega_{mn}}(A_{Wmn}\sin\omega_{Dmn}t - B_{Wmn}\cos\omega_{Dmn}t)}{\xi_{mn}^4\omega_{mn}^4 + (\overline{\omega}^2 - \omega_{Dmn}^2)^2 + 2\xi_{mn}^2\omega_{mn}^2(\overline{\omega}^2 + \omega_{Dmn}^2)} \\ & + \frac{g\phi_{mn}(x_W, y_W)}{\overline{q}_0 \Phi_{mn} \omega_{Dmn}} \frac{B_{Wmn}\cos\overline{\omega}t - C_{Wmn}\sin\overline{\omega}t}{\xi_{mn}^4\omega_{mn}^4 + (\overline{\omega}^2 - \omega_{Dmn}^2)^2 + 2\xi_{mn}^2\omega_{mn}^2(\overline{\omega}^2 + \omega_{Dmn}^2)}\end{aligned} \tag{4.53}$$

$$A_{Wmn} = f_0\omega[\xi_{mn}^4\omega_{mn}^4 - \overline{\omega}^2\omega_{Dmn}^4 + \omega_{Dmn}^4 + \xi_{mn}^2\omega_{mn}^2(\overline{\omega}^2 + 2\omega_{Dmn}^2)] \tag{4.54}$$

$$B_{\mathrm{W}mn}=2f_0\xi_{mn}\omega_{mn}\omega_{\mathrm{D}mn}\overline{\omega}^3 \tag{5.55}$$

$$C_{\mathrm{W}mn}=f_0\overline{\omega}^2\omega_{\mathrm{D}mn}(\xi_{mn}^2\omega_{mn}^2-\overline{\omega}^2+\omega_{\mathrm{D}mn}^2) \tag{5.56}$$

式中，$(x_{\mathrm{W}},y_{\mathrm{W}})$——步行激励点坐标。

式（4.53）中右端的第一项振幅取决于初始条件和系统的固有特性，由于阻尼的作用，该振动将随着 $\mathrm{e}^{-t\xi_{nm}\omega_{nm}}$ 很快衰减而消失[7]；而第二项是稳态受迫振动的响应。因此式（4.53）可简化为

$$\ddot{T}_{mn}(t)=\frac{g\phi_{mn}(x_{\mathrm{W}},y_{\mathrm{W}})}{\overline{q}_0\Phi_{mn}\omega_{\mathrm{D}mn}}\frac{B_{\mathrm{W}mn}\cos\overline{\omega}t-C_{\mathrm{W}mn}\sin\overline{\omega}t}{\xi_{mn}^4\omega_{mn}^4+(\overline{\omega}^2-\omega_{\mathrm{D}mn}^2)^2+2\xi_{mn}^2\omega_{mn}^2(\overline{\omega}^2+\omega_{\mathrm{D}mn}^2)} \tag{4.57}$$

其幅值为

$$\ddot{T}_{mn\max}=\frac{f_0\overline{\omega}^2g\phi_{mn}(x_{\mathrm{W}},y_{\mathrm{W}})}{\overline{q}_0\Phi_{mn}}\frac{\sqrt{(2\xi_{mn}\omega_{mn}\overline{\omega})^2+(\omega_{mn}^2-\overline{\omega}^2)^2}}{(\omega_{mn}^2+\overline{\omega}^2-2\omega\omega_{\mathrm{D}mn})(\omega_{mn}^2+\overline{\omega}^2+2\omega\omega_{\mathrm{D}mn})} \tag{4.58}$$

若 $\omega_{mn}=\overline{\omega}$（共振）时，式（4.58）可简化为

$$\ddot{T}_{mn\max}=\frac{f_0g\phi_{mn}(x_{\mathrm{W}},y_{\mathrm{W}})}{2\xi_{mn}\overline{q}_0\Phi_{mn}} \tag{4.59}$$

结构共振时，共振频率引起的加速度幅值将远大于其他频率引起的峰值，则

$$a_{\mathrm{P}}=\frac{\alpha_{\mathrm{W}}f_0g}{2C_{\mathrm{s}}\xi\overline{q}_0ab} \tag{4.60}$$

$$\alpha_{\mathrm{W}}=\sum_{m=1}^{\infty}\sum_{n=1}^{\infty}[\phi_{mn}(x_{\mathrm{W}},y_{\mathrm{W}})]^2 \tag{4.61}$$

式中，以 ξ 代替 ξ_{mn}，步行系数 α_{W} 为各振型参与系数总和。

若步行系数 $\alpha_{\mathrm{W}}=2C_{\mathrm{s}}\mathrm{e}^{-0.35f_1}$ 时，则峰值加速度计算公式便与 AISC#11[8]推荐公式一致。

若 $\omega_{mn}\neq\overline{\omega}$（非共振）时，式（4.58）可简化为

$$\ddot{T}_{mn\max}=\frac{f_0g\overline{\omega}^2\phi_{mn}(x_{\mathrm{W}},y_{\mathrm{W}})}{\overline{q}_0\Phi_{mn}}\frac{1}{\left|\overline{\omega}^2-\omega_{mn}^2\right|} \tag{4.62}$$

因此

$$a_{\mathrm{P}}=\frac{f_0g\overline{\omega}^2}{\overline{q}_0}\sum_{m=1}^{\infty}\sum_{n=1}^{\infty}\frac{[\phi_{mn}(x_{\mathrm{W}},y_{\mathrm{W}})]^2}{\Phi_{mn}}\frac{1}{\left|\overline{\omega}^2-\omega_{mn}^2\right|} \tag{4.63}$$

与分析跑步荷载引起的楼盖振动类似，引入步行系数 α_{W}，则式（4.63）可简化为

$$a_{\mathrm{P}} = \frac{\alpha_{\mathrm{W}} f_0 g \overline{\omega}^2}{C_{\mathrm{s}} \overline{q}_0 ab} \tag{4.64}$$

$$\alpha_{\mathrm{W}} = \sum_{m=1}^{\infty}\sum_{n=1}^{\infty} \frac{[\phi_{mn}(x_{\mathrm{W}}, y_{\mathrm{W}})]^2}{\left|\overline{\omega}^2 - \omega_{mn}^2\right|} \tag{4.65}$$

对于步行荷载而言，仅需将 f_0 和 $\overline{\omega}$ 分别替换式（4.64）中对应的 $\alpha_{\mathrm{W}i}G$ 和 $2\pi i f_{\mathrm{W}}$ 即可。

由于需要经过烦冗的计算才能得到步行系数 α_{W}。为方便计算，若将系数 α_{W} 改写成 $\alpha_{\mathrm{W}} / C_{\mathrm{s}}$，则式（4.64）可改写成

$$a_{\mathrm{P}} = \frac{\alpha_{\mathrm{W}} \alpha_{\mathrm{W}i} G_{\mathrm{P}} g (2\pi i f_{\mathrm{W}})^2}{\overline{q}_0 ab} \tag{4.66}$$

当考虑多阶频率荷载时，混凝土楼盖加速度最大值可取[7]

$$a_{\mathrm{P}} = \left\{ \sum_{i=1}^{n_{\mathrm{W}}} \left[\frac{\overline{\alpha}_{\mathrm{W}i} \alpha_{\mathrm{W}i} G_{\mathrm{P}} g (2\pi i f_{\mathrm{W}})^2}{\overline{q}_0 ab} \right]^{1.5} \right\}^{\frac{1}{1.5}} = \frac{4\pi^2 G_{\mathrm{P}} g f_{\mathrm{W}}^2}{\overline{q}_0 ab} \left[\sum_{i=1}^{n_{\mathrm{W}}} (i^2 \overline{\alpha}_{\mathrm{W}i} \alpha_{\mathrm{W}i})^{1.5} \right]^{\frac{1}{1.5}} \tag{4.67}$$

式中，$\overline{\alpha}_{\mathrm{W}i}$ 为第 i 阶频率对应的步行系数，其计算方式仍按照式（4.65）计算。令

$$\alpha_{\mathrm{W}} = \left[\sum_{i=1}^{n_{\mathrm{W}}} (i^2 \overline{\alpha}_{\mathrm{W}i} \alpha_{\mathrm{W}i})^{1.5} \right]^{\frac{1}{1.5}} \tag{4.68}$$

则式（4.67）可改写成

$$a_{\mathrm{P}} = \frac{4\alpha_{\mathrm{W}} \pi^2 g G_{\mathrm{P}} f_{\mathrm{W}}^2}{\overline{q}_0 ab} \tag{4.69}$$

为能合理确定步行系数 α_{W}，将结合 3 个混凝土楼盖的试验结果给出拟合结果，分别为 1#、5#和 6#混凝土楼盖，6#混凝土楼盖的结构布置如图 4.24 所示。

根据各个楼盖的试验数据：

$$\alpha_{\mathrm{W}} = \frac{a_{\mathrm{P}} \overline{q}_0 ab}{4\pi^2 g G_{\mathrm{P}} f_{\mathrm{W}}^2} \tag{4.70}$$

可计算得到各个楼盖对应的步行系数 α_{W}。前述分析可知步行系数 α_{W} 与振型、竖向自振频率和步行频率等有关。故将各个楼盖基频与步行系数 α_{W} 关系曲线如图 4.25 所示。依据图 4.25 中数据，系数 α_{W} 与楼盖基频拟合函数表达式为

$$\alpha_{\mathrm{W}} = (0.976 + 0.912 f_1 + 0.263 f_1^2) \mathrm{e}^{0.206 - 0.096 f_1 - 0.058 f_1^2} \tag{4.71}$$

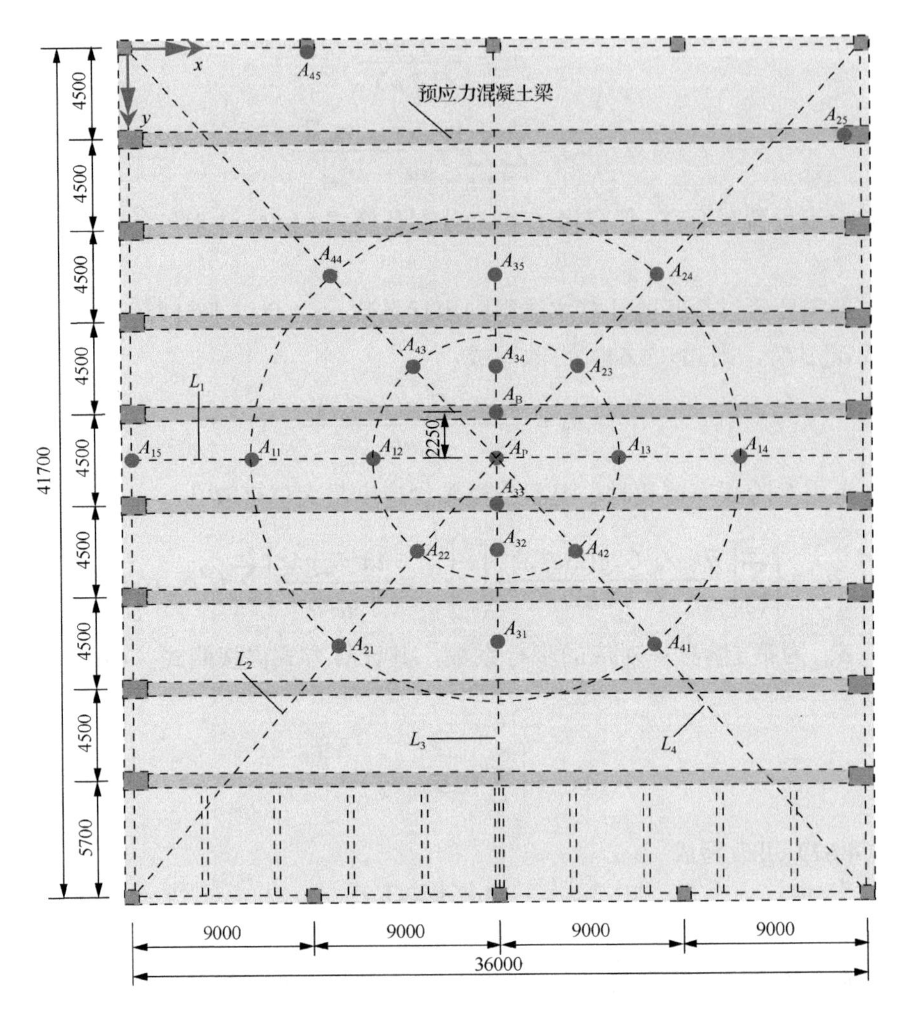

图 4.24　6#混凝土楼盖结构布置图（尺寸单位：mm）

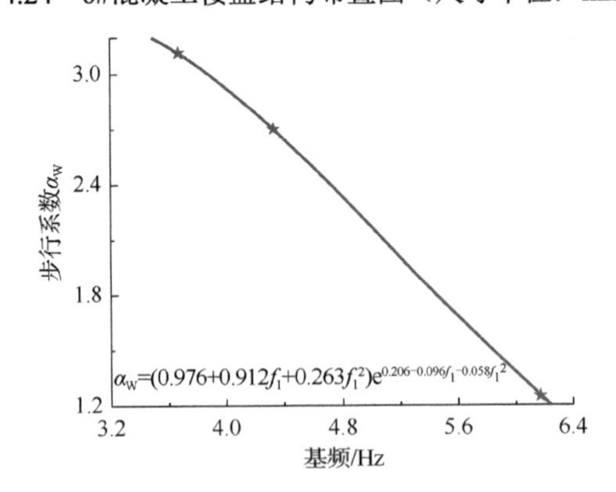

图 4.25　楼盖基频与步行系数 α_W 关系曲线

参 考 文 献

[1] Timoshenko S, Woinowsky-Krieger S. Theory of plates and shells [M]. New York: McGraw-Hill, 1959.
[2] 曹国雄．弹性矩形薄板振动[M]．北京：中国建筑工业出版社，1983.
[3] Ebrahimpour A, Hamam A, Sack R L, et al. Measuring and modeling dynamic loads imposed by moving crowds [J]. Journal of Structural Engineering, 1996, 122 (12): 1468-1474.
[4] Zhou X H, Cao L, Chen Y F, et al. Experimental and analytical studies on the vibration serviceability of pre-stressed cable RC truss floor systems [J]. Journal of Sound and Vibration, 2016, 361: 130-147.
[5] Zhou X H, Li J, Liu J P, et al. Dynamic performance characteristics of pre-stressed cable RC truss floor system under human-induced loads [J]. International Journal of Structural Stability and Dynamics, 2017, 17 (4): 1750049.
[6] Liu J P, Cao L, Zhou Z K. A simplified method for determining acceleration amplitude of prestressed concrete floor under individual jumping load [J]. The Structural Design of Tall and Special Buildings, 2018, 27 (2): e1475.
[7] 娄宇，黄健，吕佐超．楼板体系振动舒适度设计[M]．北京：科学出版社，2012.
[8] Murray T M, Allen D E, Ungar E E. Design guide 11: Floor vibrations due to human activity [S]. Chicago: American Institute of Steel Construction, 1997.

第 5 章　钢–混凝土组合楼盖人致振动试验与有限元研究

钢–混凝土组合楼盖作为建筑结构中常用的结构形式之一，在大跨建筑中具有广泛应用，如体育场、办公楼、教学楼。随着跨度的增大、结构质量和阻尼的减小，在人致荷载作用下楼盖振动问题日渐突出，影响建筑的正常使用。开展组合楼盖人致振动研究有助于优化此类结构的振动舒适度验算及设计方法，保证楼盖正常使用。为探讨组合楼盖人致振动舒适度和人–结构耦合问题，本章详细介绍楼盖振动现场模态试验、步行激励的试验结果和有限元分析结果。

5.1　组合楼盖尺寸

本章所研究的组合楼盖由 H 型钢–混凝土板组成[1-4]，试件梁柱布置如图 5.1 所示，采用 Slab120 自承式楼板–钢筋桁架楼承板。图 5.1 中 B0i(i=1～6)和 KZ0i(i=1～5)分别表示不同型号的钢梁和框架柱。

自承式楼板详细参数见表 5.1。钢梁型号和截面尺寸见表 5.2。楼盖采用 C30 混凝土。测试过程中，组合楼盖尚未安装天花板、通风管道及机械设备等非结构构件，如图 5.2 所示。

表 5.1　Slab120 自承式楼板详细参数

厚度/mm	上弦钢筋	下弦钢筋	腹杆钢筋
120	⌀10	⌀8	Φ4.5

表 5.2　钢梁型号和截面尺寸

编号	截面尺寸*	材质
B01	HN175×90×5×8	Q345B
B02	H650×220×10×16	
B03	H500×120×8×10	
B04	H500×150×8×12	
B05	H900×200×10×16	
B06	H650/900/650×240×10×20	

* 此列数值单位均为 mm。

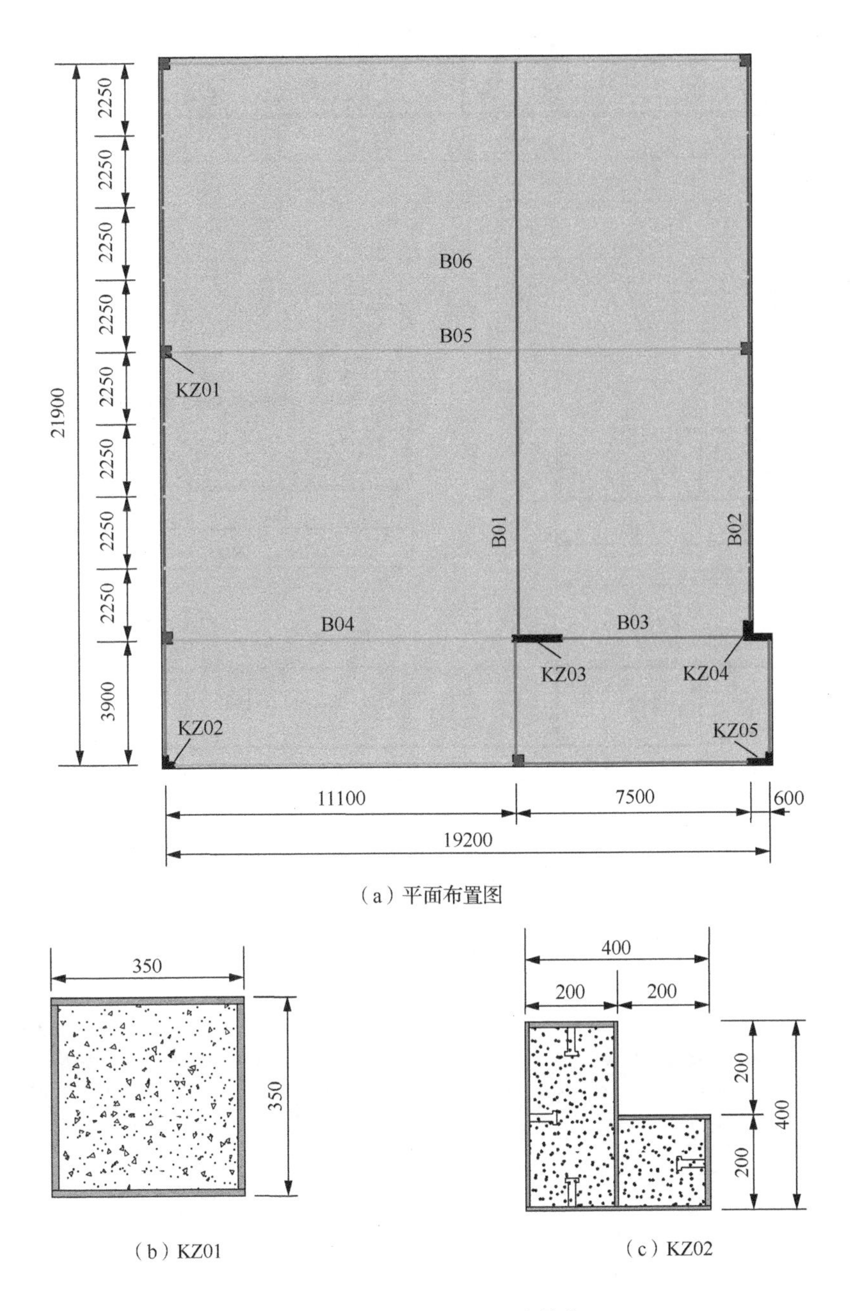

（a）平面布置图

（b）KZ01

（c）KZ02

图 5.1　组合楼盖梁柱布置（尺寸单位：mm）

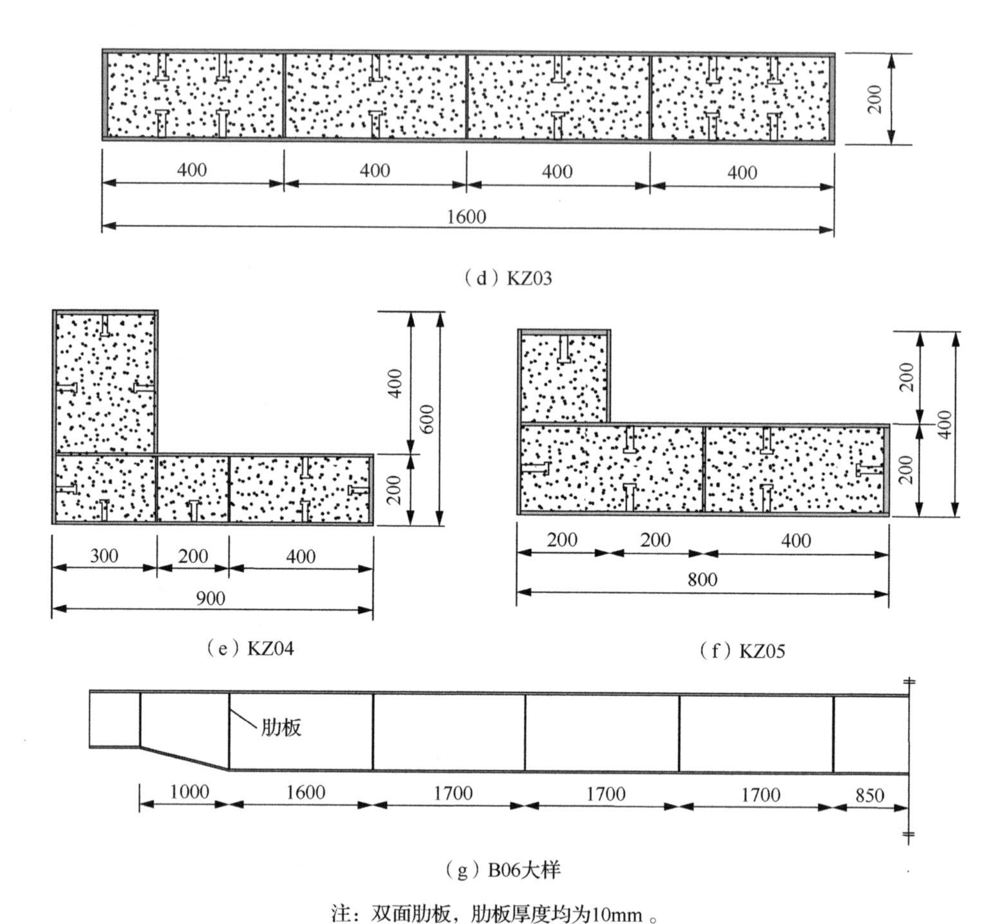

（d）KZ03

（e）KZ04　　（f）KZ05

（g）B06大样

注：双面肋板，肋板厚度均为10mm 。

图 5.1（续）

（a）楼面

（b）型钢梁和Slab120自承式楼板

图 5.2　组合楼盖现场测试图

5.2　模 态 分 析

组合楼盖模态测试采用环境激励。加速度计 DH610V 布置方案如图 5.3 所示。试验过程仅有 10 个加速度计，因此某列布置方案测试完成后，将加速度计移至下一列布置位置。例如，测试完成 $A_{2i}(i=1\sim9)$列布置方案后，将加速度计移至 $A_{3i}(i=1\sim9)$列。整个测试过程中，加速度计 A_{45} 固定不动。

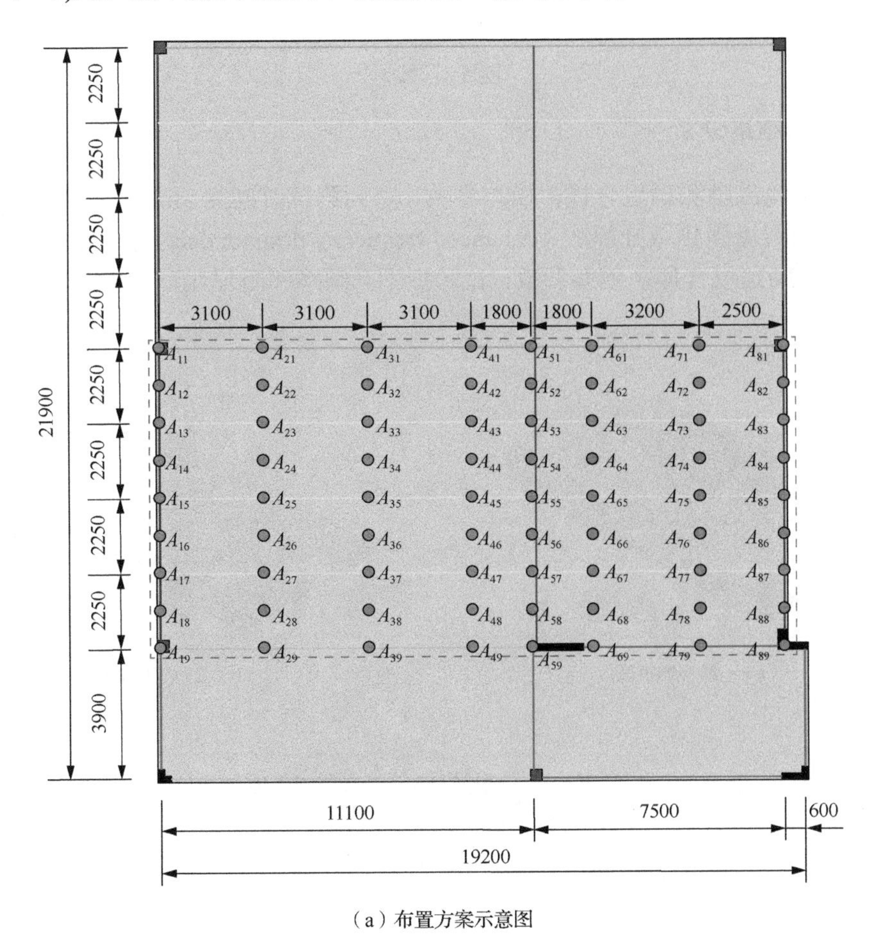

（a）布置方案示意图

图 5.3　加速度计 DH610V 布置方案（尺寸单位：mm）

（b）现场布置图

图 5.3（续）

5.2.1　试验结果分析

采用环境激励测试组合楼盖模态参数，每列测试时间为 5min，数据采集频率 1000Hz。采用增强频域分解法（enhanced frequency domain decomposition method，EFDD）[5-6]确定组合楼盖模态参数。试验振型、频率和阻尼比试验值分别如图 5.4 和表 5.3 所示。

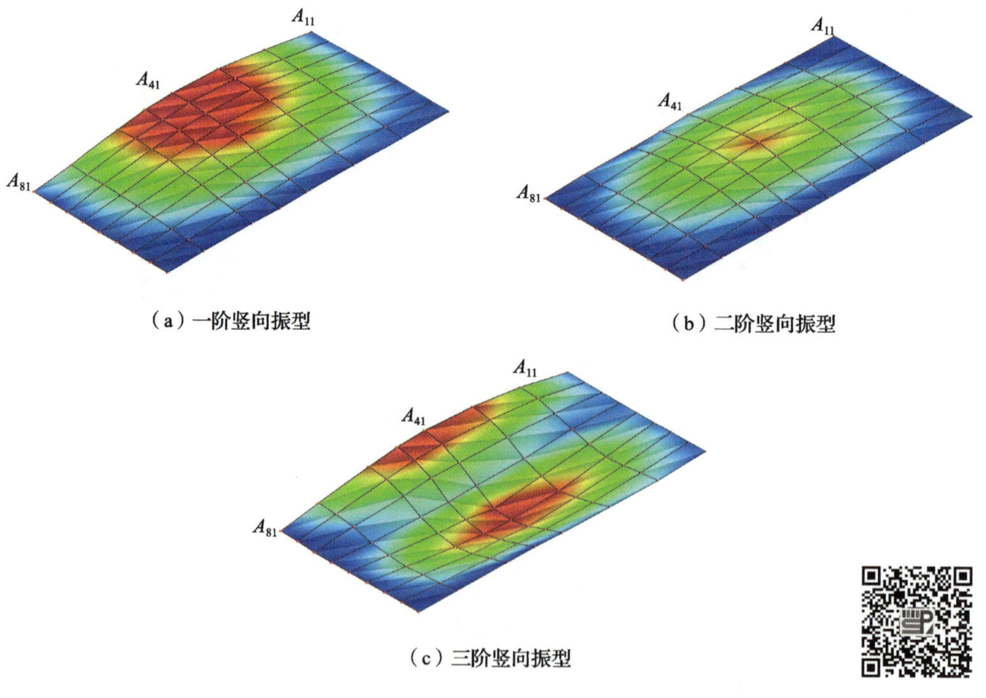

（a）一阶竖向振型　（b）二阶竖向振型

（c）三阶竖向振型

图 5.4　组合楼盖试验振型

表 5.3　组合楼盖频率和阻尼比试验值

第 i 阶模态	频率/Hz	阻尼比/%
1	5.31	2.00
2	6.59	0.50
3	9.46	0.60

5.2.2　边界条件

为合理判断组合楼盖的边界条件，采用大型有限元软件 ABAQUS 建立如图 5.5 所示的组合楼盖 3D 有限元模型。有限元分析时，采用实体单元 C3D20。

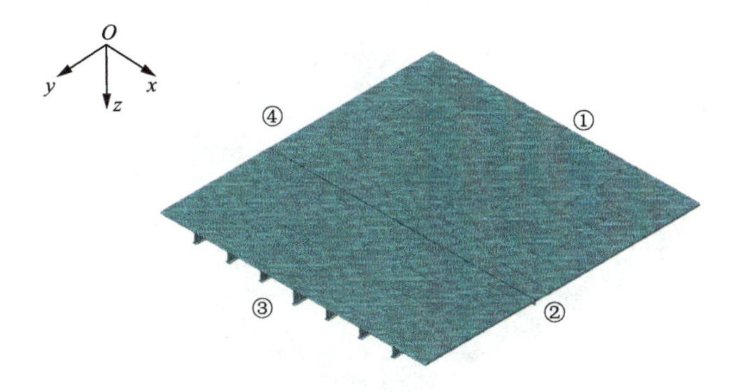

图 5.5　组合楼盖 3D 有限元模型

第 2 章研究表明，相邻结构对楼盖有一定的约束作用，进而影响其刚度。因此假设边②和④为固支，边①和③的支撑条件一致，则其边界条件应一致。为此，初步假设组合楼盖的边界条件为四边固支（CCCC）或者两对边简支另两边固支（SCSC）。表 5.4 为不同边界条件时组合楼盖频率有限元分析值。由表可知，边界条件两对边简支另两边固支（SCSC）较四边固支（CCCC）更合理。图 5.6 为两对边简支另两边固支（SCSC）时组合楼盖前三阶有限元振型。

表 5.4　不同边界条件时组合楼盖频率有限元分析值

边界条件	频率/Hz			误差/%		
	一阶	二阶	三阶	一阶	二阶	三阶
CCCC	9.96	10.58	12.70	87.57	60.55	34.25
SCSC	5.53	6.89	9.53	4.14	4.55	0.74

注：误差 $=\dfrac{|有限元值-试验值|}{|试验值|}\times 100\%$。

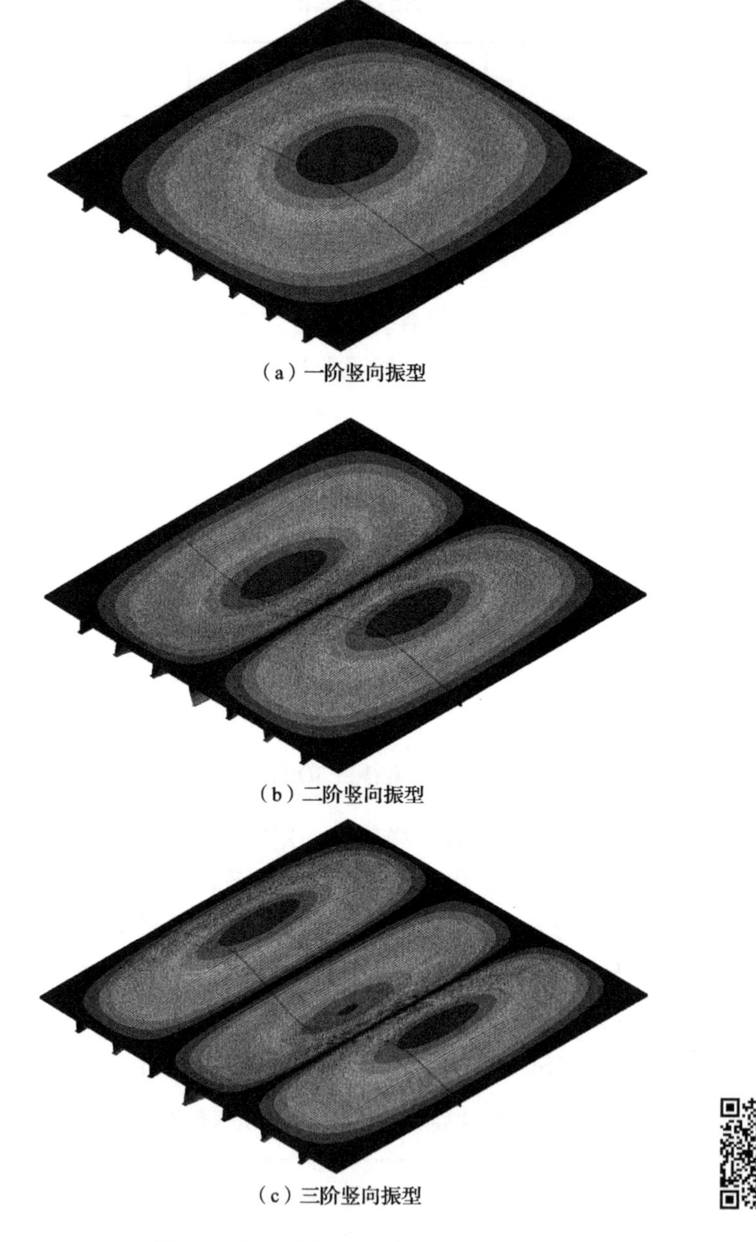

（a）一阶竖向振型

（b）二阶竖向振型

（c）三阶竖向振型

图 5.6　组合楼盖前三阶有限元振型

除频率对比外，仍需比较组合楼盖试验振型与有限元振型。采用模态置信度

（modal assurance criterion，MAC）识别两者之间的匹配程度[5]，即

$$\mathrm{MAC}_{ij}=\frac{\left|\phi_i^{\mathrm{T}}\tilde{\phi}_j\right|^2}{(\phi_i^{\mathrm{T}}\phi_i)(\tilde{\phi}_j^{\mathrm{T}}\tilde{\phi}_j)} \tag{5.1}$$

式中，ϕ_i——组合楼盖试验振型；

$\tilde{\phi}_j$——组合楼盖有限元振型。

表 5.5 为两对边简支另两边固支（SCSC）时，组合楼盖试验振型与有限元振型沿 A_{11}—A_{81} 和 A_{41}—A_{49} 方向模态置信度。由表可知，试验振型与有限元振型吻合良好。

表 5.5　组合楼盖试验振型与有限元振型模态置信度

方向	振型		
	一阶	二阶	三阶
A_{11}—A_{81}	0.993	0.915	0.994
A_{41}—A_{49}	0.973	0.976	0.967

综合分析频率和振型的对比结果，试验楼盖合理的边界条件为两对边简支另两边固支（SCSC）。

5.3　步 行 激 励

5.3.1　试验设计

步行激励时，仅考虑了加速度计沿组合楼盖 A_{41}—A_{49}、A_{51}—A_{59} 和 A_{61}—A_{69} 布置方案。整个过程中，单人激励模式并未严格控制测试者（N_{m5}：50kg；N_{m6}：56kg；N_{m7}：74kg）步行频率，而是采用其日常频率；双人和三人激励模式要求激励者保持步行频率一致。为方便试验后确定步行频率，利用摄像机全程记录试验过程。步行路径分别如图 5.7～图 5.9 中虚线所示，单人、双人和三人步行激励时的步行频率分别见表 5.6～表 5.8。不同激励模式时，测试者均按照规定的步行路径往复步行 3min，以记录组合楼盖各测点的加速度响应时程曲线。图 5.10 为步行激励测试现场。

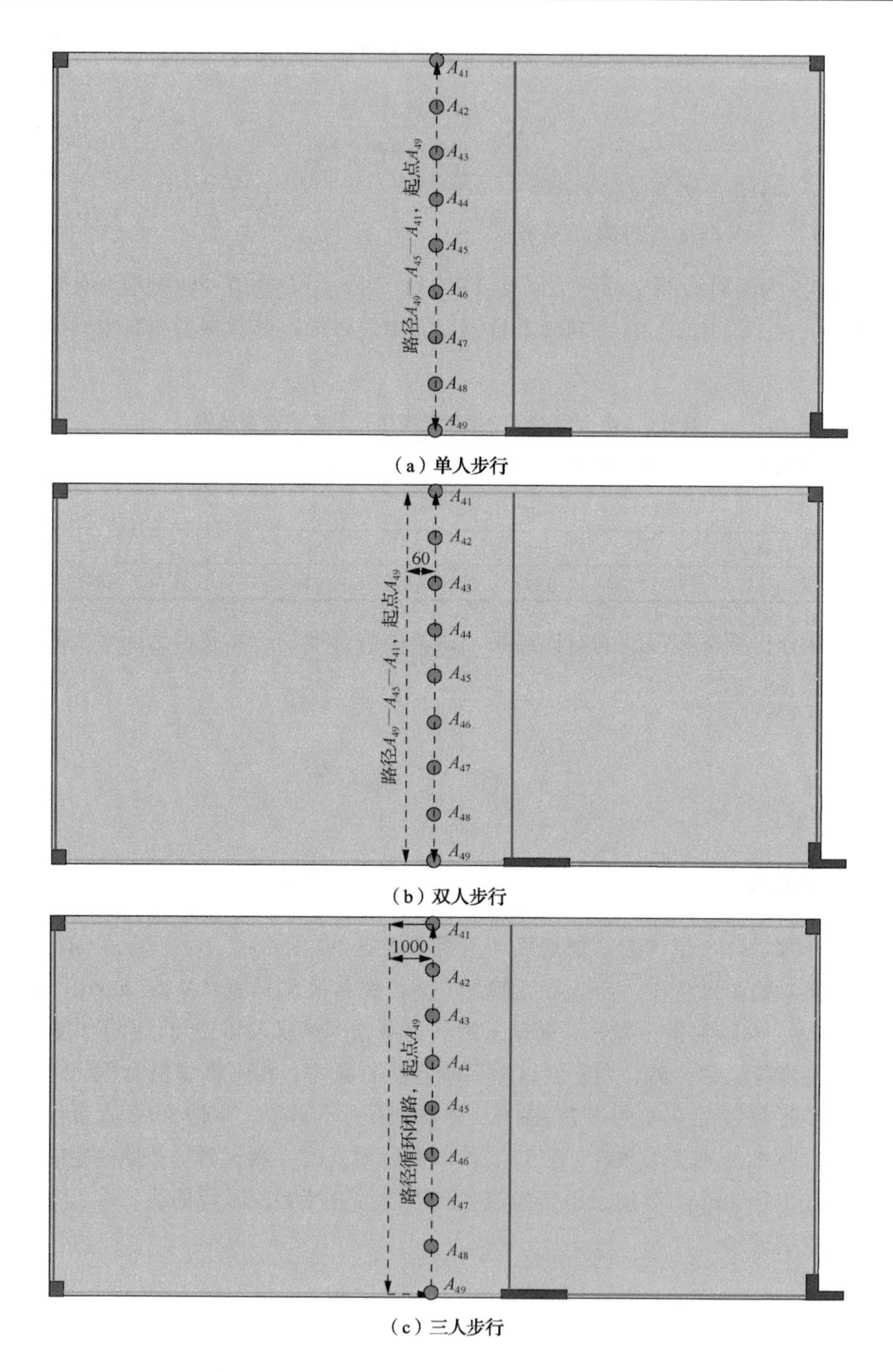

（a）单人步行

（b）双人步行

（c）三人步行

图 5.7　步行路径（A_{41}—A_{49}）（尺寸单位：mm）

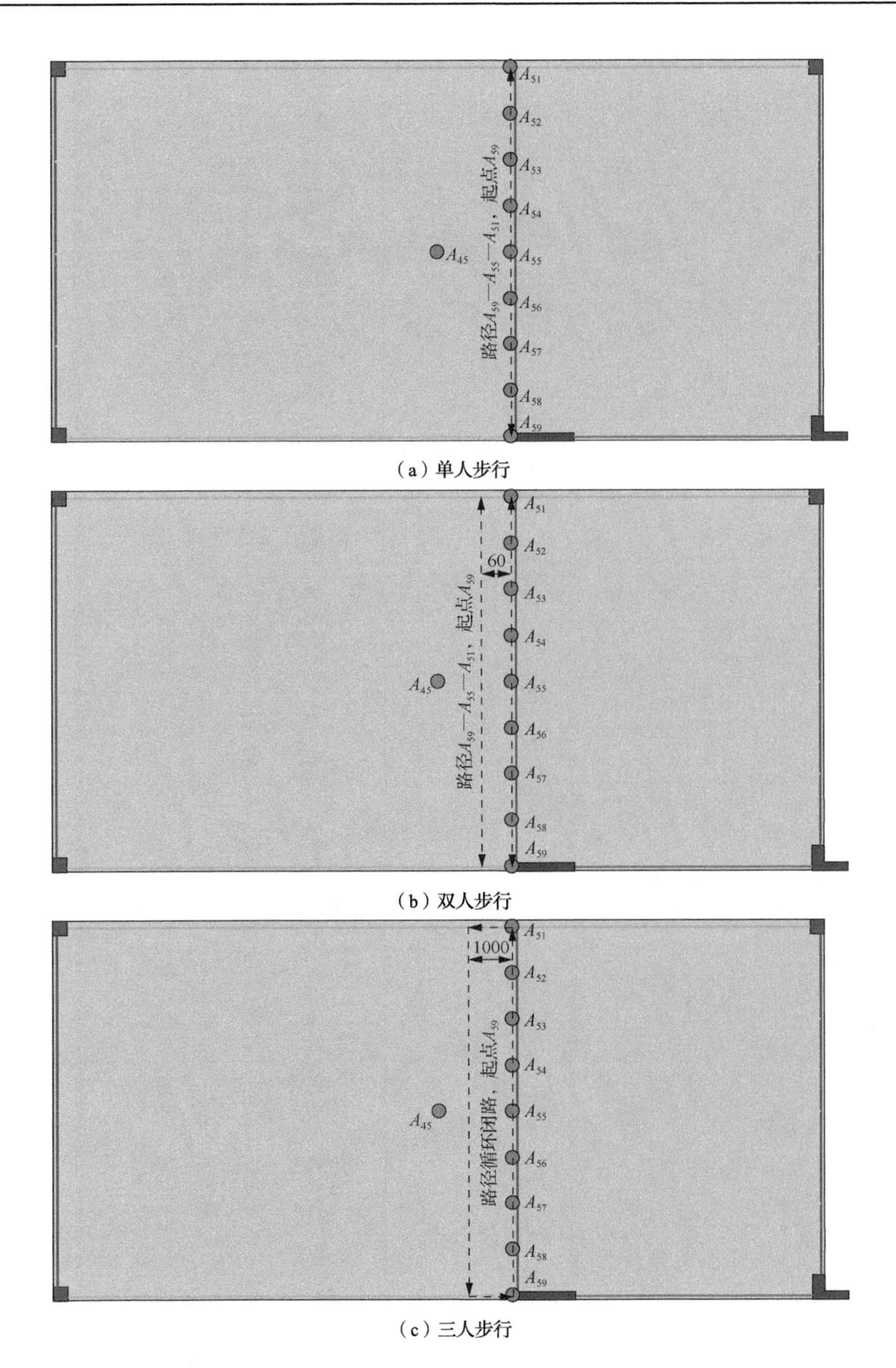

图 5.8　步行路径（A_{51}—A_{59}）（尺寸单位：mm）

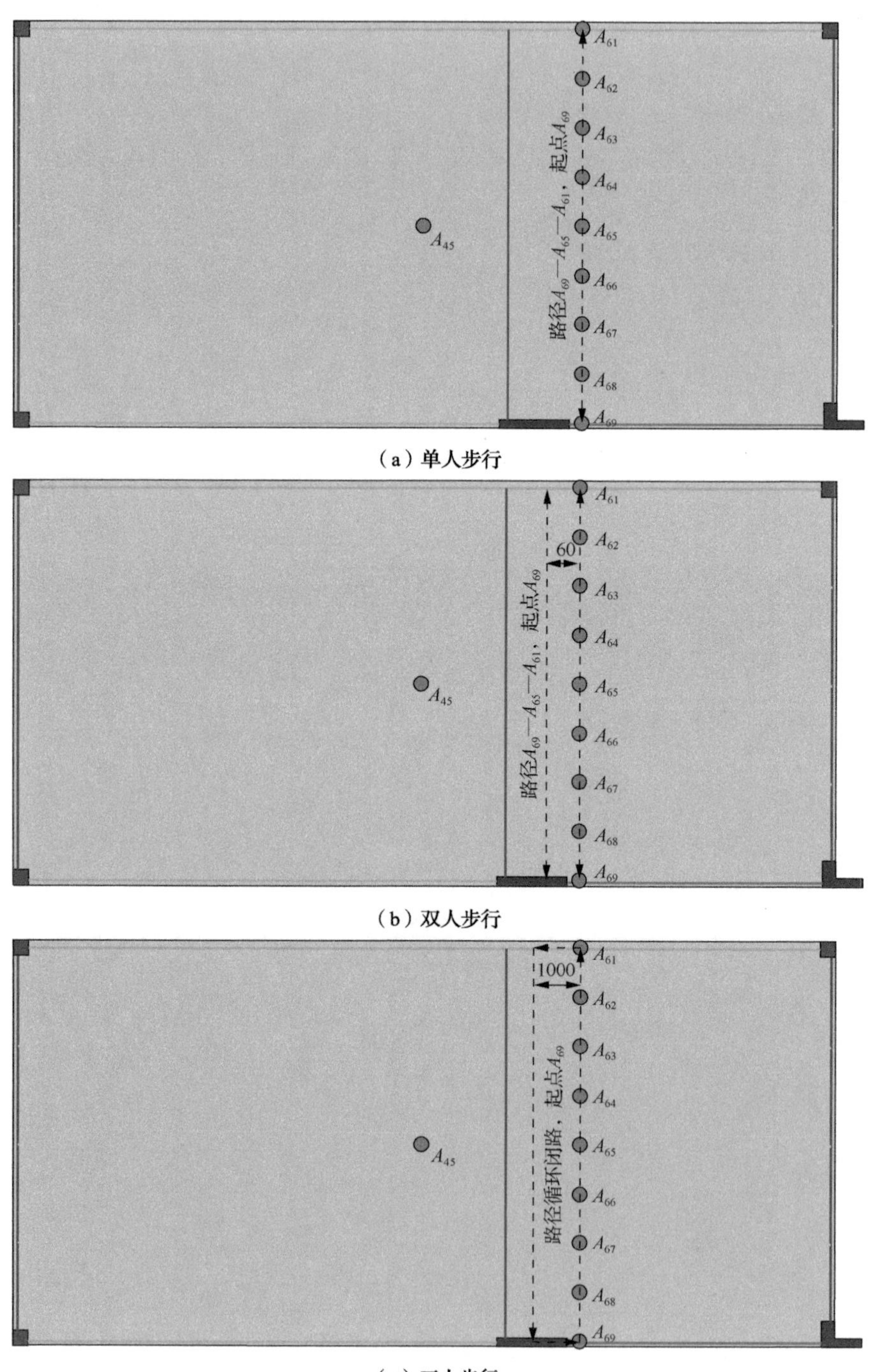

（a）单人步行

（b）双人步行

（c）三人步行

图 5.9　步行路径（A_{61}—A_{69}）（尺寸单位：mm）

表 5.6　单人步行激励时的步行频率

激励者	步行频率/Hz		
	图 5.7（a）步行路径	图 5.8（a）步行路径	图 5.9（a）步行路径
N_{m5}	1.80	1.80	1.80
N_{m6}	1.90	1.90	2.00
N_{m7}	1.80	1.65	1.80

注：步行频率由所拍摄录像回放确定。

表 5.7　双人步行激励时的步行频率

激励者	步行频率/Hz		
	图 5.7（b）步行路径	图 5.8（b）步行路径	图 5.9（b）步行路径
N_{m5} 和 N_{m6}	1.90	1.80	1.90
N_{m5} 和 N_{m7}	1.85	1.85	1.85
N_{m6} 和 N_{m7}	1.90	1.85	1.80

注：步行频率由所拍摄录像回放确定。

表 5.8　三人步行激励时的步行频率

激励者	步行频率/Hz		
	图 5.7（c）步行路径	图 5.8（c）步行路径	图 5.9（c）步行路径
N_{m5}、N_{m6} 和 N_{m7}	1.80	1.80	1.70

注：步行频率由所拍摄录像回放确定。

（a）单人步行（N_{m7}）

（b）双人步行（N_{m5}和N_{m7}）

（c）三人步行（N_{m5}、N_{m6}和N_{m7}）

图 5.10　步行激励测试现场（尺寸单位：mm）

5.3.2　舒适度评价

为提高 RMS 加速度的可靠度，采用多贝西小波（Daubechies wavelet）分析处理加速度原始数据，以便去除信号中的噪声[7]。图 5.11 为采用 Daubechies wavelet 分析时加速度原始数据与去噪后数据的对比情形。

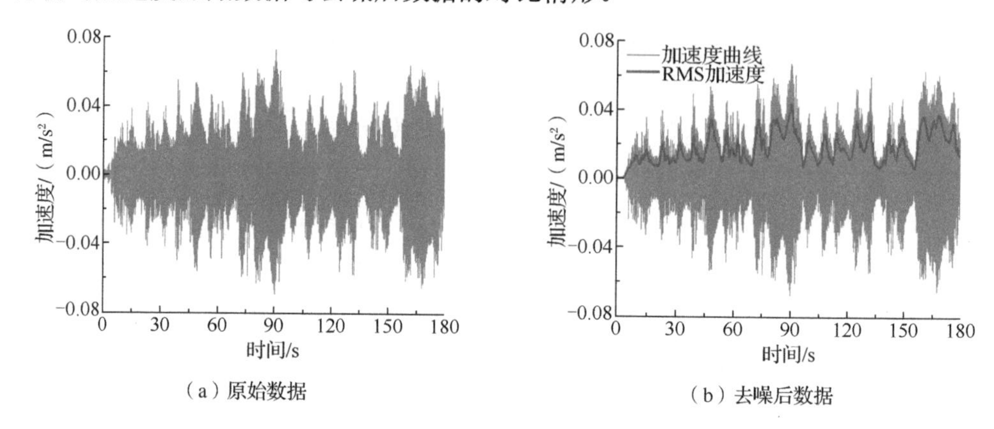

图 5.11　Daubechies wavelet 分析

表 5.9～表 5.11 分别为加速度沿 A_{41}—A_{49}、A_{51}—A_{59} 和 A_{61}—A_{69} 布置时，组合楼盖各测点峰值加速度及 RMS 加速度。由表 5.9～表 5.11 可知，步行激励引起的组合楼盖各测点峰值 RMS 加速度最大值为 6.48×10^{-2} m/s²（约 0.0066g），满足 AISC#11 的加速度阈值（1.5%g）。

表 5.9　各测点峰值加速度和峰值 RMS 加速度（A_{41}—A_{49}）　（单位：10^{-2} m/s²）

激励方式		A_{41}		A_{42}		A_{43}		A_{44}		A_{45}		A_{46}		A_{47}		A_{48}		A_{49}	
		峰值加速度	峰值RMS加速度	峰值加速度	峰值RMS加速度	峰值加速度	峰值RMS加速度	峰值加速度	峰值RMS加速度	峰值加速度	峰值RMS加速度	峰值加速度	峰值RMS加速度	峰值加速度	峰值RMS加速度	峰值加速度	峰值RMS加速度	峰值加速度	峰值RMS加速度
单人激励	N_{m5}	3.67	1.10	3.48	1.30	3.43	1.47	4.17	1.54	3.46	1.34	4.65	1.17	2.86	0.74	6.35	1.13	5.99	0.65
	N_{m6}	5.76	1.49	5.22	1.48	8.14	2.21	9.63	1.78	6.97	1.45	8.01	1.70	5.04	1.28	5.60	1.74	6.30	1.85
	N_{m7}	5.34	1.89	6.14	3.02	7.72	4.73	8.91	5.73	8.22	5.41	7.74	4.96	5.32	3.17	5.85	1.59	3.44	0.44
双人激励	N_{m5}和N_{m6}	7.17	2.97	6.47	2.68	5.26	2.17	4.52	2.00	4.66	2.07	4.93	2.36	4.95	2.57	3.25	1.04	2.09	0.23
	N_{m5}和N_{m7}	6.85	2.58	11.15	2.63	11.76	2.38	13.46	3.33	8.34	2.03	12.61	2.60	6.54	1.74	12.82	2.72	8.23	1.57

续表

激励方式		A_{41}		A_{42}		A_{43}		A_{44}		A_{45}		A_{46}		A_{47}		A_{48}		A_{49}	
		峰值加速度	峰值RMS加速度	峰值加速度	峰值RMS加速度	峰值加速度	峰值RMS加速度	峰值加速度	峰值RMS加速度	峰值加速度	峰值RMS加速度	峰值加速度	峰值RMS加速度	峰值加速度	峰值RMS加速度	峰值加速度	峰值RMS加速度	峰值加速度	峰值RMS加速度
双人激励	N_{m6}和N_{m7}	7.71	3.67	7.11	3.21	5.49	3.00	5.56	2.90	5.32	2.48	6.60	2.88	4.97	2.27	4.66	1.27	2.02	0.35
三人激励	N_{m5}、N_{m6}和N_{m7}	6.80	3.47	7.35	3.56	8.68	5.15	10.16	6.36	11.69	5.98	17.26	5.44	7.55	3.47	10.1	1.86	2.67	0.32

表 5.10　各测点峰值加速度和峰值 RMS 加速度（A_{51}—A_{59}）（单位：10^{-2} m/s^2）

激励方式		A_{45}		A_{51}		A_{52}		A_{53}		A_{54}		A_{55}		A_{56}		A_{57}		A_{58}		A_{59}	
		峰值加速度	峰值RMS加速度	峰值加速度	峰值RMS加速度	峰值加速度	峰值RMS加速度	峰值加速度	峰值RMS加速度	峰值加速度	峰值RMS加速度	峰值加速度	峰值RMS加速度	峰值加速度	峰值RMS加速度	峰值加速度	峰值RMS加速度	峰值加速度	峰值RMS加速度	峰值加速度	峰值RMS加速度
单人激励	N_{m5}	3.10	1.56	2.37	1.16	2.26	1.18	2.63	1.26	2.61	1.33	2.35	1.18	3.18	1.05	2.04	0.68	2.17	0.34	1.24	0.10
	N_{m6}	3.45	1.39	3.87	1.39	3.73	1.33	2.84	0.99	3.13	1.08	2.66	1.05	3.34	1.14	2.47	0.93	3.01	0.71	2.31	0.20
	N_{m7}	8.89	5.80	5.14	2.03	5.09	2.33	6.41	3.86	7.27	4.63	6.75	4.38	7.97	3.95	4.83	2.52	3.86	1.21	1.69	0.16
双人激励	N_{m5}和N_{m6}	6.10	2.98	3.60	1.66	4.03	1.97	4.74	2.38	4.97	2.53	4.54	2.25	4.13	2.04	3.21	1.32	2.59	0.64	1.01	0.21
	N_{m5}和N_{m7}	7.76	3.97	4.50	2.39	4.87	2.54	5.04	2.86	5.91	3.24	5.82	2.99	5.48	2.70	4.03	1.73	2.98	0.88	0.81	0.14
	N_{m6}和N_{m7}	7.61	3.76	6.12	2.79	5.49	2.45	5.52	2.67	5.89	2.93	5.72	2.85	6.03	2.75	4.99	2.06	2.79	1.10	1.18	0.12
三人激励	N_{m5}、N_{m6}和N_{m7}	10.43	6.48	7.08	2.46	5.92	2.71	9.26	4.42	8.50	5.21	7.79	4.88	8.46	4.41	5.42	2.83	3.83	1.37	4.71	0.31

表 5.11　各测点峰值加速度和峰值 RMS 加速度（A_{61}—A_{69}）（单位：10^{-2} m/s^2）

激励方式		A_{45}		A_{61}		A_{62}		A_{63}		A_{64}		A_{65}		A_{66}		A_{67}		A_{68}		A_{69}	
		峰值加速度	峰值RMS加速度	峰值加速度	峰值RMS加速度	峰值加速度	峰值RMS加速度	峰值加速度	峰值RMS加速度	峰值加速度	峰值RMS加速度	峰值加速度	峰值RMS加速度	峰值加速度	峰值RMS加速度	峰值加速度	峰值RMS加速度	峰值加速度	峰值RMS加速度	峰值加速度	峰值RMS加速度
单人激励	N_{m5}	3.10	1.39	2.20	0.76	2.56	0.81	2.53	0.88	2.32	0.96	2.22	0.94	2.45	0.91	2.41	0.69	2.24	0.48	0.13	0.03
	N_{m6}	3.20	1.72	2.07	0.95	2.32	0.97	2.07	1.03	2.37	1.20	2.19	1.12	3.07	1.01	2.20	0.66	1.76	0.38	1.42	0.13
	N_{m7}	9.47	6.22	4.10	1.17	5.05	2.23	5.60	3.57	6.95	4.30	6.45	4.03	5.97	3.59	3.94	2.28	4.03	1.12	1.34	0.35
双人激励	N_{m5}和N_{m6}	5.75	2.50	3.71	1.46	4.23	1.55	3.51	1.75	4.13	1.84	3.82	1.63	4.42	1.43	4.12	1.00	3.67	0.68	1.04	0.19
	N_{m5}和N_{m7}	6.53	3.78	4.62	1.60	4.85	1.82	4.08	2.26	4.98	2.65	4.75	2.43	4.81	2.14	4.07	1.37	4.63	0.75	2.87	0.31
	N_{m6}和N_{m7}	6.40	3.71	4.24	1.59	4.10	1.80	4.11	2.19	5.03	2.58	4.04	2.40	4.18	2.16	3.50	1.40	3.02	0.73	1.54	0.25
三人激励	N_{m5}、N_{m6}和N_{m7}	9.81	6.43	5.52	1.91	4.68	2.10	5.68	3.60	6.79	4.44	6.45	4.16	6.69	3.72	4.55	2.37	3.00	1.20	0.53	0.12

5.3.3　波峰因数 β_{rp}

根据式（3.4），表 5.12～表 5.14 分别为加速度沿 A_{41}—A_{49}、A_{51}—A_{59} 和 A_{61}—A_{69} 布置时各测点波峰因数 β_{rp}。

表 5.12　各测点波峰因数 β_{rp}（A_{41}—A_{49}）

激励方式		β_{rp}								
		A_{41}	A_{42}	A_{43}	A_{44}	A_{45}	A_{46}	A_{47}	A_{48}	A_{49}
单人激励	N_{m5}	3.34	2.68	2.33	2.71	2.58	3.97	3.86	5.62	9.22
	N_{m6}	3.87	3.53	3.68	5.41	4.81	4.71	3.94	3.22	3.41
	N_{m7}	2.83	2.03	1.63	1.55	1.52	1.56	1.68	3.68	7.82
双人激励	N_{m5}和N_{m6}	2.41	2.41	2.42	2.26	2.25	2.09	1.93	3.13	9.09
	N_{m5}和N_{m7}	2.66	4.24	4.94	4.04	4.11	4.85	3.76	4.71	5.24
	N_{m6}和N_{m7}	2.10	2.21	1.83	1.92	2.15	2.29	2.19	3.67	5.77

续表

激励方式		β_{rp}								
		A_{41}	A_{42}	A_{43}	A_{44}	A_{45}	A_{46}	A_{47}	A_{48}	A_{49}
三人激励	N_{m5}、N_{m6} 和 N_{m7}	1.96	2.06	1.69	1.60	1.95	3.17	2.18	5.43	8.34

表 5.13　各测点波峰因数 β_{rp}（A_{51}—A_{59}）

激励方式		β_{rp}									
		A_{45}	A_{51}	A_{52}	A_{53}	A_{54}	A_{55}	A_{56}	A_{57}	A_{58}	A_{59}
单人激励	N_{m5}	1.99	2.04	1.92	2.09	1.96	1.99	3.03	3.00	6.38	12.40
	N_{m6}	2.48	2.78	2.80	2.87	2.90	2.53	2.93	2.66	4.24	11.55
	N_{m7}	1.53	2.53	2.18	1.66	1.57	1.54	2.02	1.92	3.19	10.56
双人激励	N_{m5} 和 N_{m6}	2.05	2.17	2.05	1.99	1.96	2.02	2.02	2.43	4.05	4.81
	N_{m5} 和 N_{m7}	1.95	1.88	1.92	1.76	1.82	1.95	2.03	2.33	3.39	5.79
	N_{m6} 和 N_{m7}	2.02	2.19	2.24	2.07	2.01	2.01	2.19	2.42	2.54	9.83
三人激励	N_{m5}、N_{m6} 和 N_{m7}	1.61	2.88	2.18	2.10	1.63	1.60	1.92	1.92	2.80	15.19

表 5.14　各测点波峰因数 β_{rp}（A_{61}—A_{69}）

激励方式		β_{rp}									
		A_{45}	A_{61}	A_{62}	A_{63}	A_{64}	A_{65}	A_{66}	A_{67}	A_{68}	A_{69}
单人激励	N_{m5}	2.23	2.89	3.16	2.88	2.42	2.36	2.69	3.49	4.67	4.33
	N_{m6}	1.86	2.18	2.39	2.01	1.98	1.96	3.04	3.33	4.63	10.92
	N_{m7}	1.52	3.50	2.26	1.57	1.62	1.60	1.66	1.73	3.60	3.83
双人激励	N_{m5} 和 N_{m6}	2.30	2.54	2.73	2.01	2.24	2.34	3.09	4.12	5.40	5.47
	N_{m5} 和 N_{m7}	1.73	2.89	2.66	1.81	1.88	1.95	2.25	2.97	6.17	9.26
	N_{m6} 和 N_{m7}	1.73	2.67	2.28	1.88	1.95	1.68	1.94	2.50	4.14	6.16
三人激励	N_{m5}、N_{m6} 和 N_{m7}	1.53	2.89	2.23	1.58	1.53	1.55	1.80	1.92	2.50	4.42

根据 Grubbs 原则[8]，在检出水平 α_{lev}=0.05 条件下，各种激励模式下波峰因素 β_{rp} 均值见表 5.15。由表 5.15 可知，波峰因数 β_{rp} 均值范围为 2.03～2.79，为了设计的统一和偏安全考虑，组合楼盖波峰因数 β_{rp} 取为 2.03。

表 5.15 不同激励模式下波峰因数 β_{rp} 均值

激励方式	β_{rp}
单人激励	2.74
双人激励	2.79
三人激励	2.03

5.4 人-结构耦合

不同步行激励模式下，组合楼盖模态参数和一阶、二阶、三阶竖向振型比较分别如表 5.16、图 5.12～图 5.14 所示。

由图 5.12～图 5.14 与表 5.16 和表 5.3 中频率和阻尼比的比较可知，两者存在显著的差异，主要原因便是步行激励时的人-结构耦合现象[9]。

表 5.16 不同激励模式时组合楼盖模态参数

激励方式		频率/Hz			阻尼比/%		
		一阶	二阶	三阶	一阶	二阶	三阶
单人激励	N_{m5}	5.31	6.56	9.46	1.00	0.40	0.90
	N_{m6}	5.37	6.56	9.37	2.60	0.5	1.30
	N_{m7}	5.28	6.56	9.43	2.00	1.00	0.80
双人激励	N_{m5} 和 N_{m6}	5.37	6.56	9.43	1.10	0.80	0.40
	N_{m5} 和 N_{m7}	5.31	6.56	9.40	2.00	1.20	2.00
	N_{m6} 和 N_{m7}	5.31	6.56	9.43	1.20	0.40	0.90
三人激励	N_{m5}、N_{m6} 和 N_{m7}	5.19	6.56	9.31	2.10	0.50	2.00

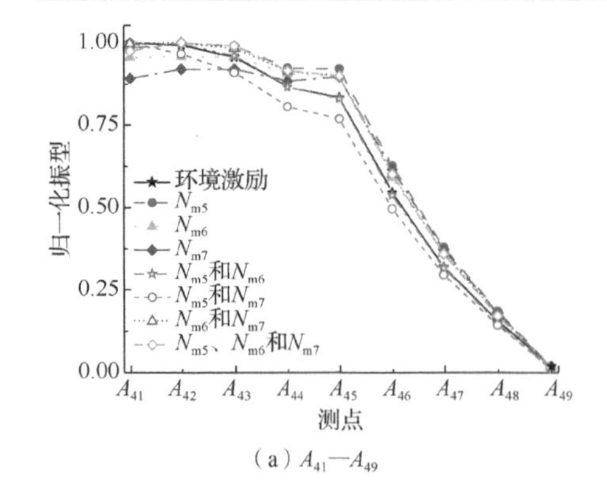

(a) A_{41}—A_{49}

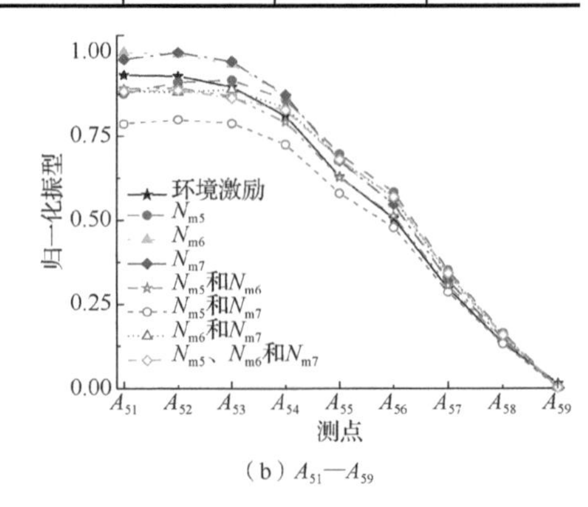

(b) A_{51}—A_{59}

图 5.12 不同激励模式时组合楼盖一阶竖向振型比较

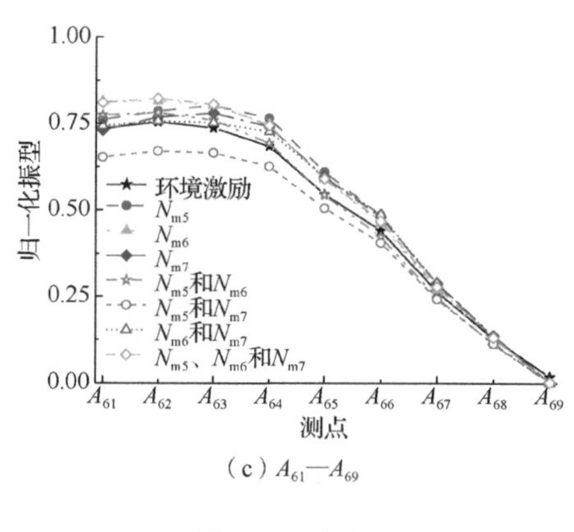

（c）A_{61}—A_{69}

图 5.12（续）

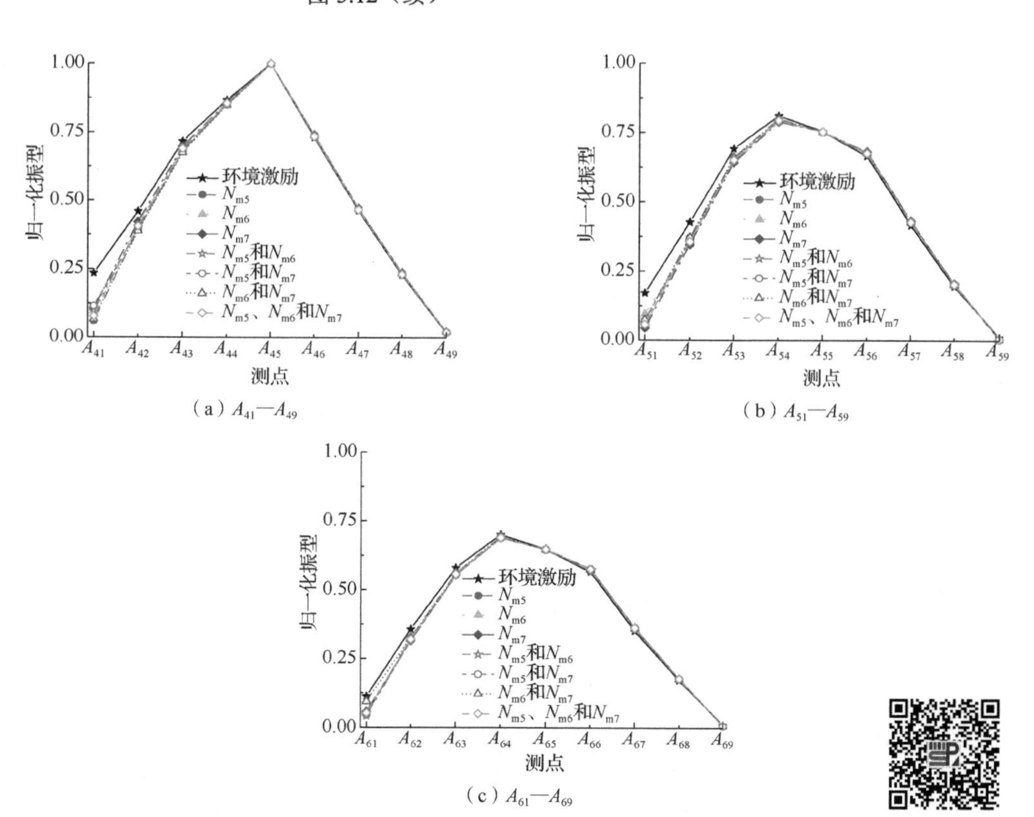

（a）A_{41}—A_{49}

（b）A_{51}—A_{59}

（c）A_{61}—A_{69}

图 5.13　不同激励模式时组合楼盖二阶竖向振型比较

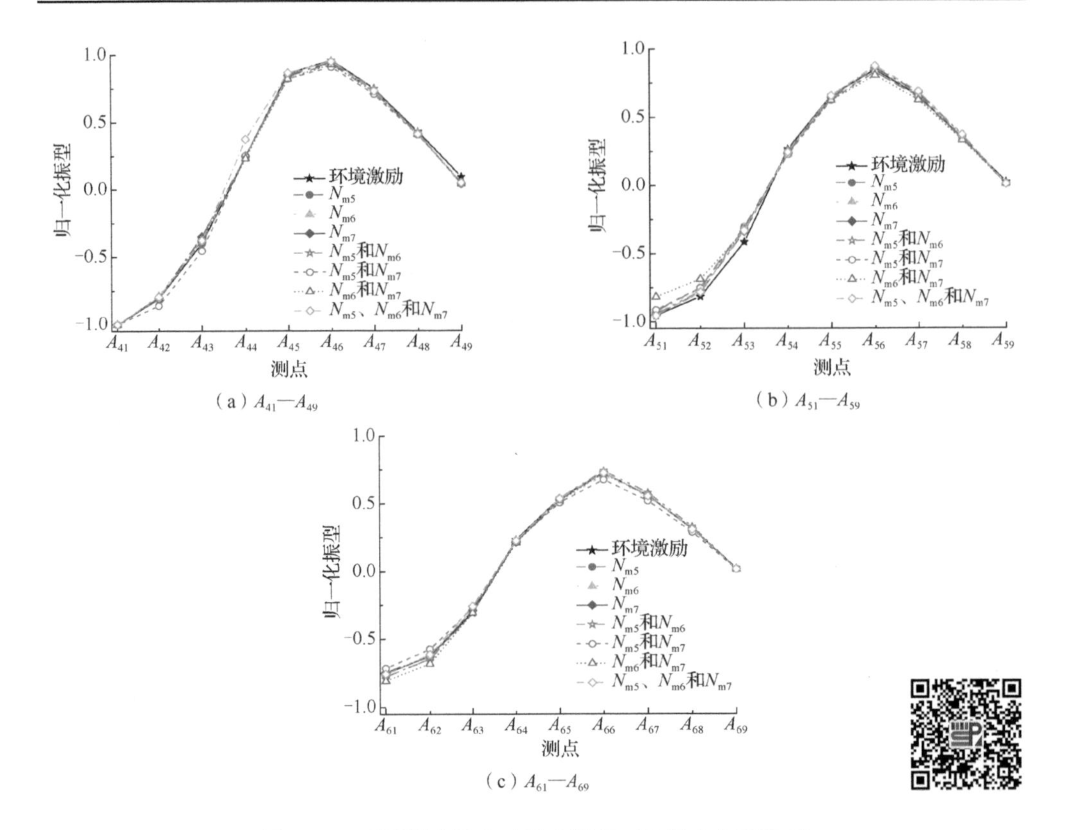

图 5.14　不同激励模式时组合楼盖三阶竖向振型比较

参 考 文 献

[1] 住房和城乡建设部建筑制品与构配件产品标准化技术委员会．钢筋桁架楼承板：JG/T 368—2012 [S]．北京：中国标准出版社．

[2] 李文斌，杨强跃，钱磊．钢筋桁架混凝土楼板的设计[J]．建筑结构，2006（S1）：146-148.

[3] 钱屹．超高层建筑楼盖选型研究[J]．建筑结构，2015，45（14）：52-55.

[4] 王卫永，李国强，陈玲珠，等．钢筋桁架楼承板钢组合梁抗火性能试验研究[J]．土木工程学报，2015，48（9）：67-75.

[5] Van Nimmen K, Van den Broeck P, Verbeke P C, et al. Numerical and experimental analysis of the vibration serviceability of the Bears' Cage footbridge [J]. Structure and Infrastructure Engineering, 2017, 13 (3): 390-400.

[6] Altunisik A C, Bayraktar A, Sevim B, et al. Experimental and analytical system identification of Eynel arch type steel highway bridge [J]. Journal of Constructional Steel Research, 2011, 67(2): 1912-1921.

[7] Jiménez-Alonso J F, Saez A, Caetano E, et al. Proposal and calibration of an human-structure interaction biomechanical model by the resolution of the inverse dynamic problem [C]// Proceedings of the 9th International Conference on Structural Dynamics, EURODYN 2014, Portugal, 2014: 975-982.

[8] 全国统计方法应用标准化技术委员会．数据的统计处理和解释-正态样本离群值的判断和处理：GB/T 4883—2008 [S]．北京：中国标准出版社，2008.

[9] Shahabpoor E, Pavic A, Racic V. Identification of mass-spring-damper model of walking humans [J]. Structures, 2016, 5: 233-246.

第 6 章　组合楼盖单人-结构耦合振动理论分析

理论分析有助于充分了解和掌握考虑人-结构耦合作用下组合楼盖加速度的影响因素。对于理论分析而言，其主要的难点在于简化模型的选择及解析解的有效性。本章将组合楼盖简化为正交各向异性薄板，并将人体子系统简化为线性振子模型，建立组合楼盖子系统和人体子系统耦合控制方程。耦合控制方程通过接触点耦合，求解较为困难，采用加权余量法和双参数摄动法［摄动参数分别为 $\varepsilon_1 = m_s / m_a$ 和 $\varepsilon_2 = m_a g / (\overline{q}_0 a_{sb} b_{sb})$］相结合的方法，推导出人-结构耦合方程的近似解析解。通过与原位试验结果比较，验证了理论解的有效性。基于理论解，以步行路径、阻尼比和截面尺寸等为参数，分析其对组合楼盖振动加速度的影响。

6.1　控 制 方 程

人-结构耦合系统的分析模型是由人体子系统模型和组合楼盖子系统模型组成。如图 6.1 所示，人沿某路径步行于组合楼盖时，人体子系统可简化为线性振子模型，组合楼盖子系统简化为正交各向异性薄板[1-2]。假定步行时，人体子系统与组合楼盖子系统始终处于接触状态。

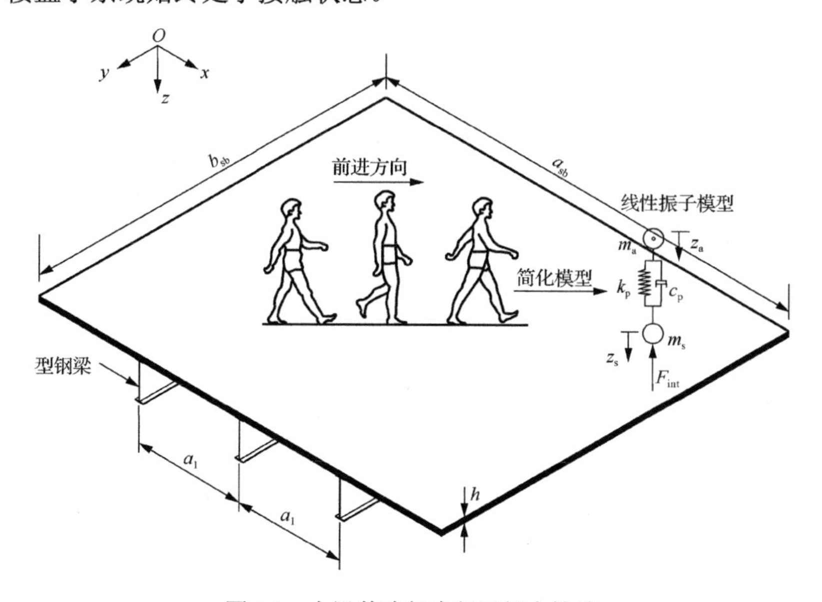

图 6.1　人沿某路径步行于组合楼盖

根据平衡关系，组合楼盖子系统[3]和人体子系统的耦合控制方程分别为

$$D_1\frac{\partial^4 W}{\partial x^4}+2D_3\frac{\partial^4 W}{\partial x^2\partial y^2}+D_2\frac{\partial^4 W}{\partial y^4}+C_{sb}\frac{\partial W}{\partial t}+\frac{\overline{q}_0}{g}\frac{\partial^2 W}{\partial t^2}=\delta(x-x_p,\ y-y_p)F_{int} \tag{6.1}$$

$$m_a\ddot{z}_a+c_p(\dot{z}_a-\dot{z}_s)+k_p(z_a-z_s)=0 \tag{6.2}$$

$$m_s\ddot{z}_s+c_p(\dot{z}_s-\dot{z}_a)+k_p(z_s-z_a)=F_{p\cdot ver}-F_{int} \tag{6.3}$$

式中，C_{sb}——组合楼盖黏滞阻尼系数；

$(x_p,\ y_p)$——人与组合楼盖接触点坐标；

F_{int}——人与组合楼盖相互作用力；

$\delta(x)$——迪拉克函数；

m_a——簧载质量（sprung mass）；

m_s——非簧载质量（unsprung mass）；

m——人体总质量，$m=m_a+m_s$；

z_a——簧载质量绝对竖向位移；

z_s——非簧载质量绝对竖向位移；

k_p——人体等效刚度；

c_p——人体等效阻尼；

$F_{p\cdot ver}$——步行引起的竖向荷载，即

$$F_{p\cdot ver}=\begin{cases} mg\left[1+\sum_{i=1}^{n_W}\alpha_{Wi}\sin(2\pi i f_W t-\theta_{Wi})\right] & \text{Smith模型外} \\ mg\sum_{i=1}^{4}\alpha_{Wi}\sin(2\pi i f_W t-\theta_{Wi}) & \text{Smith模型} \end{cases} \tag{6.4}$$

由式（6.2）和式（6.3）可知

$$F_{int}=F_{p\cdot ver}-m_s\ddot{z}_s-m_a\ddot{z}_a \tag{6.5}$$

因此，式（6.1）可改写为

$$\begin{aligned} &D_1\frac{\partial^4 W}{\partial x^4}+2D_3\frac{\partial^4 W}{\partial x^2\partial y^2}+D_2\frac{\partial^4 W}{\partial y^4}+C_{sb}\frac{\partial W}{\partial t}+\frac{\overline{q}_0}{g}\frac{\partial^2 W}{\partial t^2} \\ &=\delta(x-x_p,\ y-y_p)(F_{p\cdot ver}-m_s\ddot{z}_s-m_a\ddot{z}_a) \end{aligned} \tag{6.6}$$

由于假设人与组合楼盖始终处于接触状态，因此人与组合楼盖在接触点处的位移、速度和加速度需保持一致，即

$$z_s=W(x_p,\ y_p,\ t)=W(v_{px}t+x_0,\ v_{py}t+y_0,\ t) \tag{6.7}$$

$$\dot{z}_s=\dot{W}(x_p,\ y_p,\ t)=\dot{W}(v_{px}t+x_0,\ v_{py}t+y_0,\ t) \tag{6.8}$$

$$\ddot{z}_s=\ddot{W}(x_p,\ y_p,\ t)=\ddot{W}(v_{px}t+x_0,\ v_{py}t+y_0,\ t) \tag{6.9}$$

式中，v_{px}——人步行时 x 方向速度；

v_{py} ——人步行时 y 方向速度；

(x_0, y_0) ——步行激励，初始激励点位置坐标。

6.2　控制方程的求解

人-结构耦合系统运动方程可采用多种方法进行求解，如纽马克-β 法、欧拉-高斯法、威尔逊-θ 法、中心差分法、有限增量法、超越摄动和摄动法等[4-12]。各种求解方法的主要区别在于如何处理人体子系统与组合楼盖子系统间的耦合关系。摄动法能得出简单而又准确的近似解，容易看出每个物理参数对解的影响，有助于弄清楚解的解析结构[13]。本章主要采用摄动法求解人-结构耦合系统运动方程。

第 5 章采用有限元分析得到所测试的组合楼盖边界条件为两对边简支另两边固支（即 SCSC），其数学表达式为

$$W(0, y, t) = W(a_{sb}, y, t) = W(x, 0, t) = W(x, b_{sb}, t) = 0 \tag{6.10}$$

$$\left.\frac{\partial W}{\partial x}\right|_{x=0} = \left.\frac{\partial W}{\partial x}\right|_{x=a_{sb}} = \left.\frac{\partial^2 W}{\partial y^2}\right|_{y=0} = \left.\frac{\partial^2 W}{\partial y^2}\right|_{x=b_{sb}} = 0 \tag{6.11}$$

为便于后续理论解的验算，本章也采用边界条件为两对边简支另两边固支（即 SCSC）。

初始条件为

$$W(x, y, 0) = \dot{W}(x, y, 0) = 0 \tag{6.12}$$

设满足边界条件式（6.10）和式（6.11）的位移函数为

$$W(x, y, t) = \sum_{m=1}^{\infty}\sum_{n=1}^{\infty} T_{mn}(t) W_{mn}(x, y) = \sum_{m=1}^{\infty}\sum_{n=1}^{\infty} T_{mn}(t)\left(\cos\frac{2m\pi x}{a_{sb}} - 1\right)\sin\frac{n\pi y}{b_{sb}} \tag{6.13}$$

由此可得式（6.6）的余量为

$$R = \sum_{m=1}^{\infty}\sum_{n=1}^{\infty}\left[T_{mn}\left(D_1\frac{\partial^4 W_{mn}}{\partial x^4} + 2D_3\frac{\partial^4 W_{mn}}{\partial x^2 \partial y^2} + D_2\frac{\partial^4 W_{mn}}{\partial y^4}\right) + C_{sb} W_{mn}\frac{\mathrm{d}T_{mn}}{\mathrm{d}t} + \frac{\overline{q}_0 W_{mn}}{g}\frac{\mathrm{d}^2 T_{mn}}{\mathrm{d}t^2}\right] - \delta(x - x_p, y - y_p)(F_{p\cdot ver} - m_s \ddot{z}_s - m_a \ddot{z}_a) \tag{6.14}$$

取权函数[14]

$$\psi_{kl} = \cos\frac{2k\pi x}{a_{sb}}\sin\frac{l\pi y}{b_{sb}} \quad (k = 1,2,3,\cdots;\ l = 1,2,3,\cdots) \tag{6.15}$$

根据初始条件式（6.12），$T_{mn}(t)$ 需满足如下要求：

$$T_{mn}(0) = \dot{T}_{mn}(0) = 0 \tag{6.16}$$

依据加权余量法基本思路[15]，将式（6.13）和式（6.15）代入式（6.6）可得

$$\ddot{T}_{mn}(t)+2\xi_{mn}\omega_{mn}\dot{T}_{mn}(t)+\omega_{mn}^2T_{mn}(t)=\frac{4g}{\overline{q}_0a_{\text{sb}}b_{\text{sb}}}F_{mn}(t) \tag{6.17}$$

$$F_{mn}(t)=\cos\frac{2m\pi x_{\text{p}}}{a_{\text{sb}}}\sin\frac{n\pi y_{\text{p}}}{b_{\text{sb}}}(F_{\text{p·ver}}-m_{\text{s}}\ddot{z}_{\text{s}}-m_{\text{a}}\ddot{z}_{\text{a}}) \tag{6.18}$$

$$\omega_{mn}=2\pi^2\sqrt{\frac{g}{\overline{q}_0}}\sqrt{\frac{4m^4D_1}{a_{\text{sb}}^4}+\frac{2m^2n^2D_3}{a_{\text{sb}}^2b_{\text{sb}}^2}+\frac{n^4D_2}{4b_{\text{sb}}^4}},\ \xi_{mn}=\frac{gC_{\text{sb}}}{2\overline{q}_0\omega_{mn}} \tag{6.19}$$

依据式（6.13）的位移函数，可得接触点$(x_{\text{p}},\ y_{\text{p}})$的位移、速度及加速度：

$$W(x_{\text{p}},\ y_{\text{p}},\ t)=\sum_{m=1}^{\infty}\sum_{n=1}^{\infty}T_{mn}(t)\left(\cos\frac{2m\pi x_{\text{p}}}{a_{\text{sb}}}-1\right)\sin\frac{n\pi y_{\text{p}}}{b_{\text{sb}}} \tag{6.20}$$

$$\begin{aligned}&\frac{\partial W(x_{\text{p}},\ y_{\text{p}},\ t)}{\partial t}\\&=\sum_{m=1}^{\infty}\sum_{n=1}^{\infty}\left\{\frac{\mathrm{d}T_{mn}}{\mathrm{d}t}\left(\cos\frac{2m\pi x_{\text{p}}}{a_{\text{sb}}}-1\right)\sin\frac{n\pi y_{\text{p}}}{b_{\text{sb}}}\right.\\&\left.+T_{mn}(t)\left[\frac{n\pi v_{\text{p}y}}{b_{\text{sb}}}\left(\cos\frac{2m\pi x_{\text{p}}}{a_{\text{sb}}}-1\right)\cos\frac{n\pi y_{\text{p}}}{b_{\text{sb}}}-\frac{2m\pi v_{\text{p}x}}{a_{\text{sb}}}\sin\frac{2m\pi x_{\text{p}}}{a_{\text{sb}}}\sin\frac{n\pi y_{\text{p}}}{b_{\text{sb}}}\right]\right\}\end{aligned} \tag{6.21}$$

$$\begin{aligned}&\frac{\partial^2 W(x_{\text{p}},\ y_{\text{p}},\ t)}{\partial t^2}\\&=\sum_{m=1}^{\infty}\sum_{n=1}^{\infty}\left\{\frac{\mathrm{d}^2T_{mn}}{\mathrm{d}t^2}\left(\cos\frac{2m\pi x_{\text{p}}}{a_{\text{sb}}}-1\right)\sin\frac{n\pi y_{\text{p}}}{b_{\text{sb}}}\right.\\&+2\frac{\mathrm{d}T_{mn}}{\mathrm{d}t}\left[\frac{n\pi v_{\text{p}y}}{b_{\text{sb}}}\left(\cos\frac{2m\pi x_{\text{p}}}{a_{\text{sb}}}-1\right)\cos\frac{n\pi y_{\text{p}}}{b_{\text{sb}}}-\frac{2m\pi v_{\text{p}x}}{a_{\text{sb}}}\sin\frac{2m\pi x_{\text{p}}}{a_{\text{sb}}}\sin\frac{n\pi y_{\text{p}}}{b_{\text{sb}}}\right]\\&-T_{mn}(t)\left[\left(\frac{2m\pi v_{\text{p}x}}{a_{\text{sb}}}\right)^2\cos\frac{2m\pi x_{\text{p}}}{a_{\text{sb}}}\sin\frac{n\pi y_{\text{p}}}{b_{\text{sb}}}+2\frac{2m\pi v_{\text{p}x}}{a_{\text{sb}}}\frac{n\pi v_{\text{p}y}}{b_{\text{sb}}}\sin\frac{2m\pi x_{\text{p}}}{a_{\text{sb}}}\cos\frac{n\pi y_{\text{p}}}{b_{\text{sb}}}\right.\\&\left.\left.+\left(\frac{n\pi v_{\text{p}y}}{b_{\text{sb}}}\right)^2\left(\cos\frac{2m\pi x_{\text{p}}}{a_{\text{sb}}}-1\right)\sin\frac{n\pi y_{\text{p}}}{b_{\text{sb}}}\right]\right\}\end{aligned} \tag{6.22}$$

将式（6.18）和式（6.22）代入式（6.17）可得

$$\begin{aligned}&\ddot{T}_{mn}(t)+2\xi_{mn}\omega_{mn}\dot{T}_{mn}(t)+\omega_{mn}^2T_{mn}(t)\\&=4\cos\frac{2m\pi x_{\text{p}}}{a_{\text{sb}}}\sin\frac{n\pi y_{\text{p}}}{b_{\text{sb}}}[(1+\varepsilon_1)\varepsilon_2\overline{F}_{\text{p·ver}}-\varepsilon_1\varepsilon_2\ddot{W}(x_{\text{p}},\ y_{\text{p}},\ t)-\varepsilon_2\ddot{z}_{\text{a}}]\end{aligned} \tag{6.23}$$

$$\overline{F}_{\text{p·ver}}=\begin{cases}g\left[1+\sum_{i=1}^{n_{\text{W}}}\alpha_{\text{W}i}\sin(2\pi i f_{\text{W}}t-\theta_{\text{W}i})\right] & \text{Smith模型外}\\ g\sum_{i=1}^{4}\alpha_{\text{W}i}\sin(2\pi i f_{\text{W}}t-\theta_{\text{W}i}) & \text{Smith模型}\end{cases} \tag{6.24}$$

$$\varepsilon_1=\frac{m_s}{m_a},\quad \varepsilon_2=\frac{m_a g}{\overline{q}_0 a_{sb} b_{sb}} \tag{6.25}$$

由于ε_1和ε_2均小于 1，选择其作为摄动参数。将$T_{mn}(t)$和$z_a(t)$展开为ε_1和ε_2的渐近函数为

$$\begin{aligned}T_{mn}(t)=&\varepsilon_1 T_{mn1}(t)+\varepsilon_2 T_{mn2}(t)+\varepsilon_1^2 T_{mn3}(t)+\varepsilon_1\varepsilon_2 T_{mn4}(t)+\varepsilon_2^2 T_{mn5}(t)\\&+\varepsilon_1^3 T_{mn6}(t)+\varepsilon_1^2\varepsilon_2 T_{mn7}(t)+\varepsilon_1\varepsilon_2^2 T_{mn8}(t)+\varepsilon_2^3 T_{mn9}(t)+\cdots\end{aligned} \tag{6.26}$$

$$\begin{aligned}z_a(t)=&\varepsilon_1 z_{a1}(t)+\varepsilon_2 z_{a2}(t)+\varepsilon_1^2 z_{a3}(t)+\varepsilon_1\varepsilon_2 z_{a4}(t)+\varepsilon_2^2 z_{a5}(t)\\&+\varepsilon_1^3 z_{a6}(t)+\varepsilon_1^2\varepsilon_2 z_{a7}(t)+\varepsilon_1\varepsilon_2^2 z_{a8}(t)+\varepsilon_2^3 z_{a9}(t)+\cdots\end{aligned} \tag{6.27}$$

其中，$T_{mni}(t)$和$z_{ai}(t)$ ($i=1, 2, 3, \cdots$)为关于t的待定函数。当ε_1和ε_2均较小时，展开式（6.26）和式（6.27）显然是合理的。将式（6.26）和式（6.27）代入式（6.2）、式（6.3）、式（6.16）和式（6.23），并比较等式左右两边ε_1和ε_2同次幂的系数，于是能获得一系列微分方程和定解方程的边界条件。

第一次近似计算比较ε_1和ε_2系数的方程如下。

1）ε_1系数比较

$$\ddot{T}_{mn1}(t)+2\xi_{mn}\omega_{mn}\dot{T}_{mn1}(t)+\omega_{mn}^2 T_{mn1}(t)=0 \tag{6.28}$$

$$T_{mn1}(0)=\dot{T}_{mn1}(0)=0 \tag{6.29}$$

$$\begin{aligned}&m_a\ddot{z}_{a1}(t)+c_p\dot{z}_{a1}(t)+k_p z_{a1}(t)\\&=c_p\sum_{m=1}^{\infty}\sum_{n=1}^{\infty}\left\{\dot{T}_{mn1}(t)\left(\cos\frac{2m\pi x_p}{a_{sb}}-1\right)\sin\frac{n\pi y_p}{b_{sb}}\right.\\&+T_{mn1}(t)\left[\frac{n\pi v_{py}}{b_{sb}}\left(\cos\frac{2m\pi x_p}{a_{sb}}-1\right)\cos\frac{n\pi y_p}{b_{sb}}\right.\\&\left.\left.-\frac{2m\pi v_{px}}{a_{sb}}\sin\frac{2m\pi x_p}{a_{sb}}\sin\frac{n\pi y_p}{b_{sb}}\right]\right\}+k_p\sum_{m=1}^{\infty}\sum_{n=1}^{\infty}T_{mn1}(t)\left(\cos\frac{2m\pi x_p}{a_{sb}}-1\right)\sin\frac{n\pi y_p}{b_{sb}}\end{aligned} \tag{6.30}$$

$$z_{a1}(0)=\dot{z}_{a1}(0)=0 \tag{6.31}$$

解得

$$T_{mn1}(t)=0 \tag{6.32}$$

$$z_{a1}(t)=0 \tag{6.33}$$

2）ε_2系数比较

$$\ddot{T}_{mn2}(t)+2\xi_{mn}\omega_{mn}\dot{T}_{mn2}(t)+\omega_{mn}^2 T_{mn2}(t)=4\cos\frac{2m\pi x_p}{a_{sb}}\sin\frac{n\pi y_p}{b_{sb}}\overline{F}_{p\cdot ver} \tag{6.34}$$

$$T_{mn2}(0)=\dot{T}_{mn2}(0)=0 \tag{6.35}$$

$$m_{\mathrm{a}}\ddot{z}_{\mathrm{a}2}(t)+c_{\mathrm{p}}\dot{z}_{\mathrm{a}2}(t)+k_{\mathrm{p}}z_{\mathrm{a}2}(t)$$
$$=c_{\mathrm{p}}\sum_{m=1}^{\infty}\sum_{n=1}^{\infty}\left\{\dot{T}_{mn2}(t)\left(\cos\frac{2m\pi x_{\mathrm{p}}}{a_{\mathrm{sb}}}-1\right)\sin\frac{n\pi y_{\mathrm{p}}}{b_{\mathrm{sb}}}\right.$$
$$+T_{mn2}(t)\left[\frac{n\pi v_{\mathrm{p}y}}{b_{\mathrm{sb}}}\left(\cos\frac{2m\pi x_{\mathrm{p}}}{a_{\mathrm{sb}}}-1\right)\cos\frac{n\pi y_{\mathrm{p}}}{b_{\mathrm{sb}}}\right.$$
$$\left.\left.-\frac{2m\pi v_{\mathrm{p}x}}{a_{\mathrm{sb}}}\sin\frac{2m\pi x_{\mathrm{p}}}{a_{\mathrm{sb}}}\sin\frac{n\pi y_{\mathrm{p}}}{b_{\mathrm{sb}}}\right]\right\}+k_{\mathrm{p}}\sum_{m=1}^{\infty}\sum_{n=1}^{\infty}T_{mn2}(t)\left(\cos\frac{2m\pi x_{\mathrm{p}}}{a_{\mathrm{sb}}}-1\right)\sin\frac{n\pi y_{\mathrm{p}}}{b_{\mathrm{sb}}} \tag{6.36}$$

$$z_{\mathrm{a}2}(0)=\dot{z}_{\mathrm{a}2}(0)=0 \tag{6.37}$$

式（6.34）和式（6.36）为二阶常系数非齐次线性微分方程，其解可依据高等数学基本知识求解[16-17]，此处不再展开。后续分析时，可认为其为已知函数。

第二次近似计算比较 ε_1^2 、 $\varepsilon_1\varepsilon_2$ 和 ε_2^2 系数的过程如下。

1） ε_1^2 系数比较

$$\ddot{T}_{mn3}(t)+2\xi_{mn}\omega_{mn}\dot{T}_{mn3}(t)+\omega_{mn}^2T_{mn3}(t)=0 \tag{6.38}$$

$$T_{mn3}(0)=\dot{T}_{mn3}(0)=0 \tag{6.39}$$

$$m_{\mathrm{a}}\ddot{z}_{\mathrm{a}3}(t)+c_{\mathrm{p}}\dot{z}_{\mathrm{a}3}(t)+k_{\mathrm{p}}z_{\mathrm{a}3}(t)$$
$$=c_{\mathrm{p}}\sum_{m=1}^{\infty}\sum_{n=1}^{\infty}\left\{\dot{T}_{mn3}(t)\left(\cos\frac{2m\pi x_{\mathrm{p}}}{a_{\mathrm{sb}}}-1\right)\sin\frac{n\pi y_{\mathrm{p}}}{b_{\mathrm{sb}}}\right.$$
$$+T_{mn3}(t)\left[\frac{n\pi v_{\mathrm{p}y}}{b_{\mathrm{sb}}}\left(\cos\frac{2m\pi x_{\mathrm{p}}}{a_{\mathrm{sb}}}-1\right)\cos\frac{n\pi y_{\mathrm{p}}}{b_{\mathrm{sb}}}\right.$$
$$\left.\left.-\frac{2m\pi v_{\mathrm{p}x}}{a_{\mathrm{sb}}}\sin\frac{2m\pi x_{\mathrm{p}}}{a_{\mathrm{sb}}}\sin\frac{n\pi y_{\mathrm{p}}}{b_{\mathrm{sb}}}\right]\right\}+k_{\mathrm{p}}\sum_{m=1}^{\infty}\sum_{n=1}^{\infty}T_{mn3}(t)\left(\cos\frac{2m\pi x_{\mathrm{p}}}{a_{\mathrm{sb}}}-1\right)\sin\frac{n\pi y_{\mathrm{p}}}{b_{\mathrm{sb}}} \tag{6.40}$$

$$z_{\mathrm{a}3}(0)=\dot{z}_{\mathrm{a}3}(0)=0 \tag{6.41}$$

解得

$$T_{mn3}(t)=0 \tag{6.42}$$

$$z_{\mathrm{a}3}(t)=0 \tag{6.43}$$

2） $\varepsilon_1\varepsilon_2$ 系数比较

$$\ddot{T}_{mn4}(t)+2\xi_{mn}\omega_{mn}\dot{T}_{mn4}(t)+\omega_{mn}^2T_{mn4}(t)=4\cos\frac{2m\pi x_{\mathrm{p}}}{a_{\mathrm{sb}}}\sin\frac{n\pi y_{\mathrm{p}}}{b_{\mathrm{sb}}}(\overline{F}_{\mathrm{p\cdot ver}}-\ddot{z}_{\mathrm{a}1}) \tag{6.44}$$

$$T_{mn4}(0)=\dot{T}_{mn4}(0)=0 \tag{6.45}$$

$$m_{\mathrm{a}}\ddot{z}_{\mathrm{a}4}(t)+c_{\mathrm{p}}\dot{z}_{\mathrm{a}4}(t)+k_{\mathrm{p}}z_{\mathrm{a}4}(t)$$

$$
\begin{aligned}
&= c_{\mathrm{p}} \sum_{m=1}^{\infty} \sum_{n=1}^{\infty} \left\{ \dot{T}_{mn4}(t) \left(\cos \frac{2m\pi x_{\mathrm{p}}}{a_{\mathrm{sb}}} - 1 \right) \sin \frac{n\pi y_{\mathrm{p}}}{b_{\mathrm{sb}}} \right. \\
&\quad + T_{mn4}(t) \left[\frac{n\pi v_{\mathrm{p}y}}{b_{\mathrm{sb}}} \left(\cos \frac{2m\pi x_{\mathrm{p}}}{a_{\mathrm{sb}}} - 1 \right) \cos \frac{n\pi y_{\mathrm{p}}}{b_{\mathrm{sb}}} \right. \\
&\quad \left. \left. - \frac{2m\pi v_{\mathrm{p}x}}{a_{\mathrm{sb}}} \sin \frac{2m\pi x_{\mathrm{p}}}{a_{\mathrm{sb}}} \sin \frac{n\pi y_{\mathrm{p}}}{b_{\mathrm{sb}}} \right] \right\} + k_{\mathrm{p}} \sum_{m=1}^{\infty} \sum_{n=1}^{\infty} T_{mn4}(t) \left(\cos \frac{2m\pi x_{\mathrm{p}}}{a_{\mathrm{sb}}} - 1 \right) \sin \frac{n\pi y_{\mathrm{p}}}{b_{\mathrm{sb}}}
\end{aligned} \tag{6.46}
$$

$$
z_{\mathrm{a}4}(0) = \dot{z}_{\mathrm{a}4}(0) = 0 \tag{6.47}
$$

3） ε_2^2 系数比较

$$
\begin{aligned}
&\ddot{T}_{mn5}(t) + 2\xi_{mn}\omega_{mn}\dot{T}_{mn5}(t) + \omega_{mn}^2 T_{mn5}(t) \\
&= -4\cos\frac{2m\pi x_{\mathrm{p}}}{a_{\mathrm{sb}}} \sin\frac{n\pi y_{\mathrm{p}}}{b_{\mathrm{sb}}} \ddot{z}_{\mathrm{a}2}
\end{aligned} \tag{6.48}
$$

$$
T_{mn5}(0) = \dot{T}_{mn5}(0) = 0 \tag{6.49}
$$

$$
\begin{aligned}
&m_{\mathrm{a}}\ddot{z}_{\mathrm{a}5}(t) + c_{\mathrm{p}}\dot{z}_{\mathrm{a}5}(t) + k_{\mathrm{p}} z_{\mathrm{a}5}(t) \\
&= c_{\mathrm{p}} \sum_{m=1}^{\infty} \sum_{n=1}^{\infty} \left\{ \dot{T}_{mn5}(t) \left(\cos \frac{2m\pi x_{\mathrm{p}}}{a_{\mathrm{sb}}} - 1 \right) \sin \frac{n\pi y_{\mathrm{p}}}{b_{\mathrm{sb}}} + T_{mn5}(t) \left[\frac{n\pi v_{\mathrm{p}y}}{b_{\mathrm{sb}}} \left(\cos \frac{2m\pi x_{\mathrm{p}}}{a_{\mathrm{sb}}} - 1 \right) \cos \frac{n\pi y_{\mathrm{p}}}{b_{\mathrm{sb}}} \right. \right. \\
&\quad \left. \left. - \frac{2m\pi v_{\mathrm{p}x}}{a_{\mathrm{sb}}} \sin \frac{2m\pi x_{\mathrm{p}}}{a_{\mathrm{sb}}} \sin \frac{n\pi y_{\mathrm{p}}}{b_{\mathrm{sb}}} \right] \right\} + k_{\mathrm{p}} \sum_{m=1}^{\infty} \sum_{n=1}^{\infty} T_{mn5}(t) \left(\cos \frac{2m\pi x_{\mathrm{p}}}{a_{\mathrm{sb}}} - 1 \right) \sin \frac{n\pi y_{\mathrm{p}}}{b_{\mathrm{sb}}}
\end{aligned} \tag{6.50}
$$

$$
z_{\mathrm{a}5}(0) = \dot{z}_{\mathrm{a}5}(0) = 0 \tag{6.51}
$$

式（6.44）、式（6.46）、式（6.48）和式（6.50）为二阶常系数非齐次线性微分方程，其解亦可依据高等数学基本知识求解[16-17]，此处不再展开。后续分析时，可认为其为已知函数。

第三次近似计算比较 ε_1^3、$\varepsilon_1^2\varepsilon_2$、$\varepsilon_1\varepsilon_2^2$ 和 ε_2^3 系数的过程如下。

1） ε_1^3 系数比较

$$
\ddot{T}_{mn6}(t) + 2\xi_{mn}\omega_{mn}\dot{T}_{mn6}(t) + \omega_{mn}^2 T_{mn6}(t) = 0 \tag{6.52}
$$

$$
T_{mn6}(0) = \dot{T}_{mn6}(0) = 0 \tag{6.53}
$$

$$
\begin{aligned}
&m_{\mathrm{a}}\ddot{z}_{\mathrm{a}6}(t) + c_{\mathrm{p}}\dot{z}_{\mathrm{a}6}(t) + k_{\mathrm{p}} z_{\mathrm{a}6}(t) \\
&= c_{\mathrm{p}} \sum_{m=1}^{\infty} \sum_{n=1}^{\infty} \left\{ \dot{T}_{mn6}(t) \left(\cos \frac{2m\pi x_{\mathrm{p}}}{a_{\mathrm{sb}}} - 1 \right) \sin \frac{n\pi y_{\mathrm{p}}}{b_{\mathrm{sb}}} \right. \\
&\quad + T_{mn6}(t) \left[\frac{n\pi v_{\mathrm{p}y}}{b_{\mathrm{sb}}} \left(\cos \frac{2m\pi x_{\mathrm{p}}}{a_{\mathrm{sb}}} - 1 \right) \cos \frac{n\pi y_{\mathrm{p}}}{b_{\mathrm{sb}}} \right. \\
&\quad \left. \left. - \frac{2m\pi v_{\mathrm{p}x}}{a_{\mathrm{sb}}} \sin \frac{2m\pi x_{\mathrm{p}}}{a_{\mathrm{sb}}} \sin \frac{n\pi y_{\mathrm{p}}}{b_{\mathrm{sb}}} \right] \right\} + k_{\mathrm{p}} \sum_{m=1}^{\infty} \sum_{n=1}^{\infty} T_{mn6}(t) \left(\cos \frac{2m\pi x_{\mathrm{p}}}{a_{\mathrm{sb}}} - 1 \right) \sin \frac{n\pi y_{\mathrm{p}}}{b_{\mathrm{sb}}}
\end{aligned} \tag{6.54}
$$

$$z_{a6}(0)=\dot{z}_{a6}(0)=0 \tag{6.55}$$

解得

$$T_{mn6}(t)=0 \tag{6.56}$$

$$z_{a6}(t)=0 \tag{6.57}$$

2）$\varepsilon_1^2\varepsilon_2$ 系数比较

$$\ddot{T}_{mn7}(t)+2\xi_{mn}\omega_{mn}\dot{T}_{mn7}(t)+\omega_{mn}^2T_{mn7}(t)=-4\cos\frac{2m\pi x_p}{a_{sb}}\sin\frac{n\pi y_p}{b_{sb}}[\ddot{W}_1(x_p,y_p,t)+\ddot{z}_{a3}] \tag{6.58}$$

$$\begin{aligned}&\ddot{W}_1(x_p,y_p,t)\\&=\sum_{m=1}^{\infty}\sum_{n=1}^{\infty}\left\{\frac{d^2T_{mn1}}{dt^2}\left(\cos\frac{2m\pi x_p}{a_{sb}}-1\right)\sin\frac{n\pi y_p}{b_{sb}}\right.\\&\quad+2\frac{dT_{mn1}}{dt}\left[\frac{n\pi v_{py}}{b_{sb}}\left(\cos\frac{2m\pi x_p}{a_{sb}}-1\right)\cos\frac{n\pi y_p}{b_{sb}}-\frac{2m\pi v_{px}}{a_{sb}}\sin\frac{2m\pi x_p}{a_{sb}}\sin\frac{n\pi y_p}{b_{sb}}\right]\\&\quad-T_{mn1}(t)\left[\left(\frac{2m\pi v_{px}}{a_{sb}}\right)^2\cos\frac{2m\pi x_p}{a_{sb}}\sin\frac{n\pi y_p}{b_{sb}}+2\frac{2m\pi v_{px}}{a_{sb}}\frac{n\pi v_{py}}{b_{sb}}\sin\frac{2m\pi x_p}{a_{sb}}\cos\frac{n\pi y_p}{b_{sb}}\right.\\&\quad\left.\left.+\left(\frac{n\pi v_{py}}{b_{sb}}\right)^2\left(\cos\frac{2m\pi x_p}{a_{sb}}-1\right)\sin\frac{n\pi y_p}{b_{sb}}\right]\right\}\end{aligned} \tag{6.59}$$

$$T_{mn7}(0)=\dot{T}_{mn7}(0)=0 \tag{6.60}$$

$$\begin{aligned}&m_a\ddot{z}_{a7}(t)+c_p\dot{z}_{a7}(t)+k_pz_{a7}(t)\\&=c_p\sum_{m=1}^{\infty}\sum_{n=1}^{\infty}\left\{\dot{T}_{mn7}(t)\left(\cos\frac{2m\pi x_p}{a_{sb}}-1\right)\sin\frac{n\pi y_p}{b_{sb}}+T_{mn7}(t)\left[\frac{n\pi v_{py}}{b_{sb}}\left(\cos\frac{2m\pi x_p}{a_{sb}}-1\right)\cos\frac{n\pi y_p}{b_{sb}}\right.\right.\\&\quad\left.\left.-\frac{2m\pi v_{px}}{a_{sb}}\sin\frac{2m\pi x_p}{a_{sb}}\sin\frac{n\pi y_p}{b_{sb}}\right]\right\}+k_p\sum_{m=1}^{\infty}\sum_{n=1}^{\infty}T_{mn7}(t)\left(\cos\frac{2m\pi x_p}{a_{sb}}-1\right)\sin\frac{n\pi y_p}{b_{sb}}\end{aligned} \tag{6.61}$$

$$z_{a7}(0)=\dot{z}_{a7}(0)=0 \tag{6.62}$$

解得

$$T_{mn7}(t)=0 \tag{6.63}$$

$$z_{a7}(t)=0 \tag{6.64}$$

3）$\varepsilon_1\varepsilon_2^2$ 系数比较

$$\ddot{T}_{mn8}(t)+2\xi_{mn}\omega_{mn}\dot{T}_{mn8}(t)+\omega_{mn}^2T_{mn8}(t)=-4\cos\frac{2m\pi x_p}{a_{sb}}\sin\frac{n\pi y_p}{b_{sb}}[\ddot{W}_2(x_p,y_p,t)+\ddot{z}_{a4}] \tag{6.65}$$

$$
\begin{aligned}
&\ddot{W}_2(x_{\mathrm{p}}, y_{\mathrm{p}}, t)\\
&=\sum_{m=1}^{\infty}\sum_{n=1}^{\infty}\left\{\frac{\mathrm{d}^2T_{mn2}}{\mathrm{d}t^2}\left(\cos\frac{2m\pi x_{\mathrm{p}}}{a_{\mathrm{sb}}}-1\right)\sin\frac{n\pi y_{\mathrm{p}}}{b_{\mathrm{sb}}}\right.\\
&\quad+2\frac{\mathrm{d}T_{mn2}}{\mathrm{d}t}\left[\frac{n\pi v_{\mathrm{p}y}}{b_{\mathrm{sb}}}\left(\cos\frac{2m\pi x_{\mathrm{p}}}{a_{\mathrm{sb}}}-1\right)\cos\frac{n\pi y_{\mathrm{p}}}{b_{\mathrm{sb}}}-\frac{2m\pi v_{\mathrm{p}x}}{a_{\mathrm{sb}}}\sin\frac{2m\pi x_{\mathrm{p}}}{a_{\mathrm{sb}}}\sin\frac{n\pi y_{\mathrm{p}}}{b_{\mathrm{sb}}}\right]\\
&\quad-T_{mn2}(t)\left[\left(\frac{2m\pi v_{\mathrm{p}x}}{a_{\mathrm{sb}}}\right)^2\cos\frac{2m\pi x_{\mathrm{p}}}{a_{\mathrm{sb}}}\sin\frac{n\pi y_{\mathrm{p}}}{b_{\mathrm{sb}}}+2\frac{2m\pi v_{\mathrm{p}x}}{a_{\mathrm{sb}}}\frac{n\pi v_{\mathrm{p}y}}{b_{\mathrm{sb}}}\sin\frac{2m\pi x_{\mathrm{p}}}{a_{\mathrm{sb}}}\cos\frac{n\pi y_{\mathrm{p}}}{b_{\mathrm{sb}}}\right.\\
&\left.\left.+\left(\frac{n\pi v_{\mathrm{p}y}}{b_{\mathrm{sb}}}\right)^2\left(\cos\frac{2m\pi x_{\mathrm{p}}}{a_{\mathrm{sb}}}-1\right)\sin\frac{n\pi y_{\mathrm{p}}}{b_{\mathrm{sb}}}\right]\right\}
\end{aligned}\tag{6.66}
$$

$$T_{mn8}(0)=\dot{T}_{mn8}(0)=0\tag{6.67}$$

$$
\begin{aligned}
&m_{\mathrm{a}}\ddot{z}_{\mathrm{a}8}(t)+c_{\mathrm{p}}\dot{z}_{\mathrm{a}8}(t)+k_{\mathrm{p}}z_{\mathrm{a}8}(t)\\
&=c_{\mathrm{p}}\sum_{m=1}^{\infty}\sum_{n=1}^{\infty}\left\{\dot{T}_{mn8}(t)\left(\cos\frac{2m\pi x_{\mathrm{p}}}{a_{\mathrm{sb}}}-1\right)\sin\frac{n\pi y_{\mathrm{p}}}{b_{\mathrm{sb}}}+T_{mn8}(t)\left[\frac{n\pi v_{\mathrm{p}y}}{b_{\mathrm{sb}}}\left(\cos\frac{2m\pi x_{\mathrm{p}}}{a_{\mathrm{sb}}}-1\right)\cos\frac{n\pi y_{\mathrm{p}}}{b_{\mathrm{sb}}}\right.\right.\\
&\left.\left.-\frac{2m\pi v_{\mathrm{p}x}}{a_{\mathrm{sb}}}\sin\frac{2m\pi x_{\mathrm{p}}}{a_{\mathrm{sb}}}\sin\frac{n\pi y_{\mathrm{p}}}{b_{\mathrm{sb}}}\right]\right\}+k_{\mathrm{p}}\sum_{m=1}^{\infty}\sum_{n=1}^{\infty}T_{mn8}(t)\left(\cos\frac{2m\pi x_{\mathrm{p}}}{a_{\mathrm{sb}}}-1\right)\sin\frac{n\pi y_{\mathrm{p}}}{b_{\mathrm{sb}}}
\end{aligned}\tag{6.68}
$$

$$z_{\mathrm{a}8}(0)=\dot{z}_{\mathrm{a}8}(0)=0\tag{6.69}$$

4）ε_2^3 系数比较

$$\ddot{T}_{mn9}(t)+2\xi_{mn}\omega_{mn}\dot{T}_{mn9}(t)+\omega_{mn}^2T_{mn9}(t)=-4\cos\frac{2m\pi x_{\mathrm{p}}}{a_{\mathrm{sb}}}\sin\frac{n\pi y_{\mathrm{p}}}{b_{\mathrm{sb}}}\ddot{z}_{\mathrm{a}5}\tag{6.70}$$

$$T_{mn9}(0)=\dot{T}_{mn9}(0)=0\tag{6.71}$$

$$
\begin{aligned}
&m_{\mathrm{a}}\ddot{z}_{\mathrm{a}9}(t)+c_{\mathrm{p}}\dot{z}_{\mathrm{a}9}(t)+k_{\mathrm{p}}z_{\mathrm{a}9}(t)\\
&=c_{\mathrm{p}}\sum_{m=1}^{\infty}\sum_{n=1}^{\infty}\left\{\dot{T}_{mn9}(t)\left(\cos\frac{2m\pi x_{\mathrm{p}}}{a_{\mathrm{sb}}}-1\right)\sin\frac{n\pi y_{\mathrm{p}}}{b_{\mathrm{sb}}}+T_{mn9}(t)\left[\frac{n\pi v_{\mathrm{p}y}}{b_{\mathrm{sb}}}\left(\cos\frac{2m\pi x_{\mathrm{p}}}{a_{\mathrm{sb}}}-1\right)\cos\frac{n\pi y_{\mathrm{p}}}{b_{\mathrm{sb}}}\right.\right.\\
&\left.\left.-\frac{2m\pi v_{\mathrm{p}x}}{a_{\mathrm{sb}}}\sin\frac{2m\pi x_{\mathrm{p}}}{a_{\mathrm{sb}}}\sin\frac{n\pi y_{\mathrm{p}}}{b_{\mathrm{sb}}}\right]\right\}+k_{\mathrm{p}}\sum_{m=1}^{\infty}\sum_{n=1}^{\infty}T_{mn9}(t)\left(\cos\frac{2m\pi x_{\mathrm{p}}}{a_{\mathrm{sb}}}-1\right)\sin\frac{n\pi y_{\mathrm{p}}}{b_{\mathrm{sb}}}
\end{aligned}\tag{6.72}
$$

$$z_{\mathrm{a}9}(0)=\dot{z}_{\mathrm{a}9}(0)=0\tag{6.73}$$

式（6.65）、式（6.68）、式（6.70）和式（6.72）为二阶常系数非齐次线性微分方程，其解可依据高等数学基本知识求解[16-17]，此处不再展开。后续分析时，可认为其为已知函数。

类似分析可得到 $T_{mn}(t)$ 和 $z_{\mathrm{a}}(t)$ 高阶摄动解。本章主要考虑三阶摄动解，则 $T_{mn}(t)$ 和 $z_{\mathrm{a}}(t)$ 为

$$\begin{aligned}T_{mn}(t)=&\varepsilon_2 T_{mn2}(t)+\varepsilon_1\varepsilon_2 T_{mn4}(t)+\varepsilon_2^2 T_{mn5}(t)\\&+\varepsilon_1\varepsilon_2^2 T_{mn8}(t)+\varepsilon_2^3 T_{mn9}(t)+O(\varepsilon_1^4,\ \varepsilon_1^3\varepsilon_2,\ \varepsilon_1^2\varepsilon_2^2,\ \varepsilon_1\varepsilon_2^3,\ \varepsilon_2^4)\end{aligned}\tag{6.74}$$

$$\begin{aligned}z_{\mathrm{a}}(t)=&\varepsilon_2 z_{\mathrm{a}2}(t)+\varepsilon_1\varepsilon_2 z_{\mathrm{a}4}(t)+\varepsilon_2^2 z_{\mathrm{a}5}(t)\\&+\varepsilon_1\varepsilon_2^2 z_{\mathrm{a}8}(t)+\varepsilon_2^3 z_{\mathrm{a}9}(t)+O(\varepsilon_1^4,\ \varepsilon_1^3\varepsilon_2,\ \varepsilon_1^2\varepsilon_2^2,\ \varepsilon_1\varepsilon_2^3,\ \varepsilon_2^4)\end{aligned}\tag{6.75}$$

为此，可得钢-混凝土组合楼盖的加速度$\ddot{W}(x,\ y,\ t)$为

$$\ddot{W}(x,\ y,\ t)=\sum_{m=1}^{\infty}\sum_{n=1}^{\infty}\ddot{T}_{mn}(t)\left(\cos\frac{2m\pi x}{a_{\mathrm{sb}}}-1\right)\sin\frac{n\pi y}{b_{\mathrm{sb}}}\tag{6.76}$$

6.3　摄动解验证

为验证上述理论解的有效性，将理论解与第 5 章的试验结果进行比较。进行比较分析之前，需明确人体子系统等效刚度及等效阻尼、步行荷载模型、组合楼盖刚度等参数。

6.3.1　人体子系统参数

针对模型的动力特性，Jones 等[18]学者系统地总结了不同学者提出的各种人体子系统简化模型的质量、等效刚度和等效阻尼。针对本书采用的人体子系统简化单自由度模型，表 6.1 给出了不同学者提出的单自由动力参数。由表 6.1 可知，各动力参数离散较大。为充分了解人体质量分布[19]和等效刚度（阻尼）与耦合系统的物理关系[5]，各参数取值范围如下。

（1）簧载质量m_{a}为人体总质量m的 80%～90%。

（2）等效阻尼比ξ_{p}为 25%～60%。

（3）频率f_{p}为 1～6Hz。

表 6.1　不同学者提出单自由度动力参数

学者	m_{a} / %	m_{s} / %	ξ_{p} / %	f_{p} / Hz
Jiménez-Alonso 等[20]	87.14	12.86	41.44	2.93
Al-Foqaha'a[21]	90	10	36	3.70
Li 等[22]	80	20	26.28	1.31
Matsumoto 等[23]	90.91	9.09	61	5.88

注：1. 表中“ m_{a} /%”表示所占人体总质量m的百分比。

2. $f_{\mathrm{p}}=(k_{\mathrm{p}}/m_{\mathrm{a}})^{1/2}/(2\pi)=\omega_{\mathrm{p}}/(2\pi)$。

3. $\xi_{\mathrm{p}}=c_{\mathrm{p}}/(2m_{\mathrm{a}}\omega_{\mathrm{p}})$。

6.3.2　组合楼盖参数

建立人-结构耦合系统时，将组合楼盖简化为正交各向异性薄板，主要参数包括刚度 D_1、D_2、D_3 和均布荷载 $\overline{q}_0$。组合楼盖刚度 D_1、D_2 和 D_3 可依据以下公式确定[1, 3]。

$$D_1 = \frac{Eh^3}{12} \tag{6.77}$$

$$D_2 = \frac{EI_a}{a_{sb}} \tag{6.78}$$

$$D_3 = D_1\mu + \frac{G_s h^3}{6} + \frac{G_s m_1^3 n_1 \alpha}{6} \tag{6.79}$$

依据图 5.1 所示截面尺寸，可得组合楼盖刚度 D_1、D_2、D_3 和均布荷载 $\overline{q}_0$ 分别为 4.32×10^6N·m、5.01×10^8N·m、4.46×10^6N·m 和 3484.49N/m^2。根据上述参数和由能量法得到的两对边固支和另两对边简支正交异性薄板竖向基频公式[3]：

$$f_{sb} = \frac{1}{2\pi}\frac{11.39}{b_{sb}^2}\sqrt{\frac{g}{\overline{q}_0}}\sqrt{\frac{4D_1 b_{sb}^4}{a_{sb}^4} + 0.75D_2 + 2\frac{D_3 b_{sb}^2}{a_{sb}^2}} \tag{6.80}$$

将 D_1、D_2、D_3 和均布荷载 $\overline{q}_0$ 具体数值代入式（6.80），可得组合楼盖竖向基频为 5.27Hz，此值与试验值的误差仅为 0.75%。理论计算得到竖向基频也可证明第 5 章由有限元法确定组合楼盖边界条件的正确性。

6.3.3　v_p

大量试验和理论分析表明，步行频率将影响步行速度值[24-25]。Bertram 等[24]及 Bruno 等[26]依据试验数据，提出步行频率和步行速度的关系式为

$$f_W = 0.35v_p^3 - 1.59v_p^2 + 2.93v_p \tag{6.81}$$

式中，v_p ——xy 平面步行速度。

对于步行速度分量 v_{px} 和 v_{py} 按照步行路径的不同，依据步行路径的斜率分配。

6.3.4　步行函数选择

表 1.4 列出了 8 种步行荷载模型，而这些模型具有不同的适用范围，有些模型仅适用于人行天桥，有些模型仅适用于楼盖，而有些则同时适用于人行天桥和楼盖。从结构特性角度可知，楼盖与人行天桥至少包含两个区别[27]。

（1）人行天桥的步行路径事先可初步预测，而楼盖具有多种步行路径。

（2）大跨度楼盖由于其几何特性具有较密的振动模态，因此评估楼盖振动时

需考虑高阶模态的贡献，而人行天桥往往仅由某些低阶模态起控制作用。

表 6.2 总结了各种步行函数模型的适用范围。文献[28]认为对于结构平面布置规则、质量分布均匀的楼盖，可忽略静荷载的影响。综合上述考虑，本书选择 Smith 步行函数模型。图 6.2 为不同步行频率时 Smith 步行模型曲线。

表 6.2　各种步行函数模型的适用范围

序号	学者	适用范围
1	Blanchard 等[29]	人行天桥频率<4Hz
2	Bachmann 等[30-31]	
3	Rainer 等[32]	人行天桥频率<10Hz
4	Kerr[33]	人行天桥
5	Smith 等[34]	钢/钢组合楼盖体系
6	Young[35]	人行天桥
7	Murray 等[36-37]和 Allen 等[38]	钢/钢组合楼盖体系和人行天桥
8	陈隽等[39]	

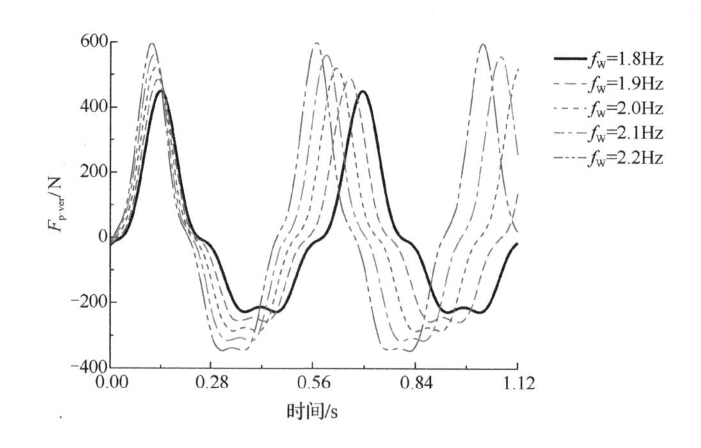

图 6.2　Smith 步行模型曲线（m=76kg）

6.3.5　分析步骤

确定上述参数后，任意时刻组合楼盖人致振动分析步骤如下所述。

（1）输入组合楼盖几何参数、荷载和人体子系统物理参数、运动参数。

（2）确定组合楼盖的系数 ω_{mn} 和 ξ_{mn}。

（3）依据摄动解的基本思路，通过 6.2 节的计算公式分别计算 $T_{mni}(t)$ 和 $z_{ai}(t)$（$i=1, 2, 3, \cdots, 9$）。

（4）将计算得到的 $T_{mni}(t)$ 和 $z_{ai}(t)$（$i=1, 2, 3, \cdots, 9$）代入式（6.74）和式（6.75），便可得到组合楼盖和人体子系统重心变化位移函数。

（5）将式（6.74）和式（6.75）对时间 t 求两次导，即式（6.76），便可得到组合楼盖和人体子系统加速度。

由于组合楼盖舒适度研究为本书的研究重点，因此后续分析中仅考虑组合楼盖振动加速度。

6.3.6　试验对比

以下通过与单人步行引起的组合楼盖振动加速度对比，阐述基于加权余量法和双参数摄动法相结合所得到的人-结构耦合解析解的有效性。

图 6.3～图 6.5 分别为沿组合楼盖的路径 A_{49}—A_{45}—A_{41}（图 5.7）、A_{59}—A_{55}—A_{51}（图 5.8）和 A_{69}—A_{65}—A_{61}（图 5.9）步行时组合楼盖测点 A_{41} 加速度理论曲线。理论分析中，簧载质量 m_a 取为 80%m，阻尼比 ξ_p 取为 50%，频率 f_p 取为 2.0Hz。

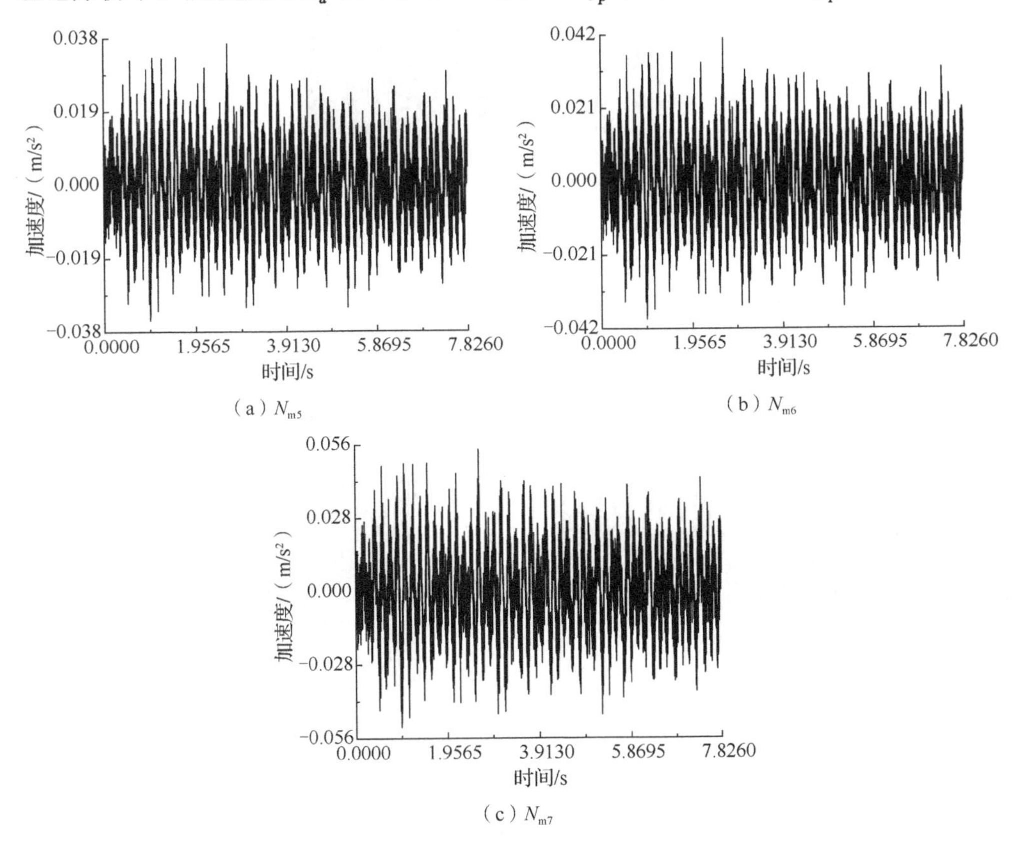

（a）N_{m5}　　（b）N_{m6}

（c）N_{m7}

图 6.3　测点 A_{41} 加速度理论曲线（路径 A_{49}—A_{45}—A_{41}）

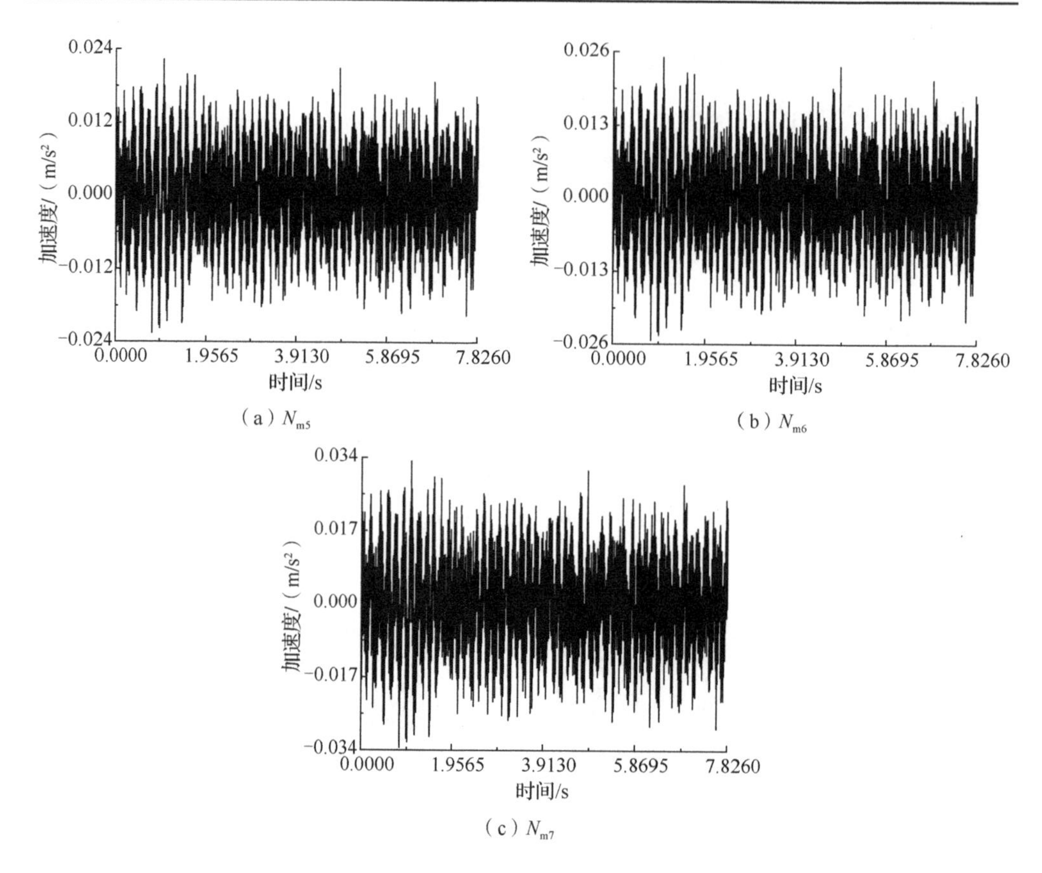

图 6.4　测点 A_{41} 加速度理论曲线（路径 A_{59}—A_{55}—A_{51}）

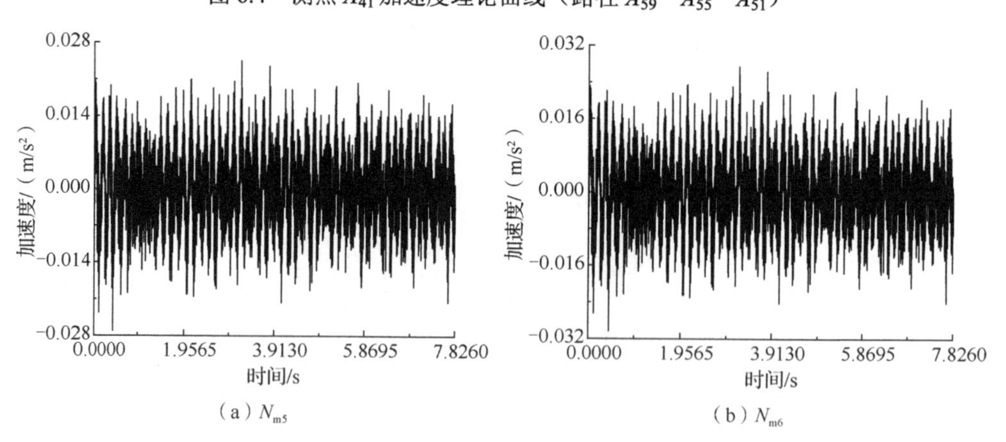

图 6.5　测点 A_{41} 加速度理论曲线（路径 A_{69}—A_{65}—A_{61}）

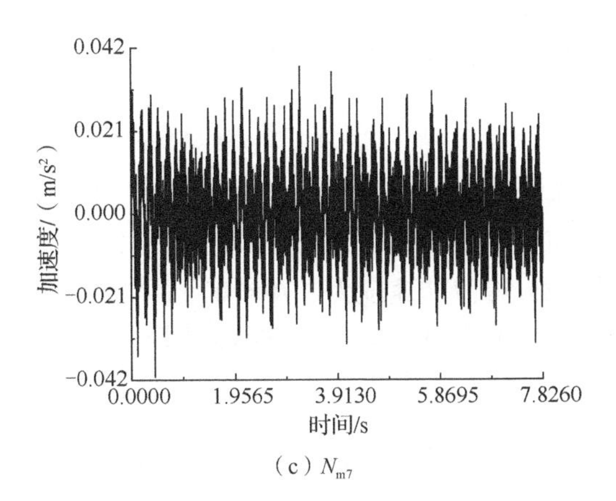

（c）N_{m7}

图 6.5（续）

表 6.3 为 N_{m5} 沿路径 A_{49}—A_{45}—A_{41}（图 5.7）、A_{59}—A_{55}—A_{51}（图 5.8）和 A_{69}—A_{65}—A_{61}（图 5.9）步行时，组合楼盖测点 A_{41}、A_{42}、A_{43}、A_{51}、A_{52}、A_{53}、A_{61}、A_{62} 和 A_{63} 峰值加速度理论值与试验值比较情形。

表 6.3　组合楼盖测点加速度理论值与试验值比较

测点	加速度/（10^{-2}m/s^2）		比值
	理论值	试验值	
A_{41}	3.66	3.67	0.997
A_{42}	3.53	3.48	1.014
A_{43}	3.15	3.43	0.920
A_{51}	2.26	2.37	0.954
A_{52}	2.06	2.26	0.924
A_{53}	2.23	2.63	0.850
A_{61}	2.38	2.20	1.082
A_{62}	2.28	2.56	0.891
A_{63}	2.21	2.53	0.874

注：比值=理论值/试验值。

由表 6.3 可知，理论值与试验值比值范围为 0.850～1.082（误差均值为 0.944），吻合良好，证明了组合楼盖加速度理论解的有效性。

6.4　参 数 分 析

本节将研究 N_{m5} 步行于组合楼盖时，不同参数对组合楼盖测点 A_{41} 加速度的影响，涉及的参数包括步行路径、阻尼比和步频等。

6.4.1 步行路径

表 6.4 为 N_{m5} 以频率 1.80Hz 沿不同路径步行时，组合楼盖测点 A_{41} 峰值加速度理论值。由表 6.4 可知，测点 A_{41} 峰值加速度与步行路径有关。当步行路径为 A_{49}—A_{45}—A_{41} 时，测点 A_{41} 峰值加速度为 $3.70\times10^{-2}m/s^2$。若步行路径均为斜向（WR3 和 WR4）时，峰值加速度相差较小。产生这些差别的主要原因在于人的步行速度分量 v_{px} 和 v_{py} 不同。

表 6.4 沿不同路径步行时测点 A_{41} 峰值加速度理论值

步行路径编号	步行路径	加速度/（$10^{-2}m/s^2$）
WR1	A_{49}—A_{45}—A_{41}	3.70
WR2	A_{11}—A_{41}—A_{81}	1.85
WR3	A_{19}—A_{45}—A_{81}	1.78
WR4	A_{11}—A_{45}—A_{89}	1.78

6.4.2 阻尼比

表 6.5 为 N_{m5} 以频率 1.80Hz 沿路径 WR1 步行时，组合楼盖测点 A_{41} 峰值加速度理论值与阻尼比之间关系。由表 6.5 可知，测点 A_{41} 峰值加速度随阻尼比的增大而减小。如阻尼比分别为 1%和 2%时，峰值加速度分别为 $3.94\times10^{-2}m/s^2$ 和 $3.66\times10^{-2}m/s^2$。

表 6.5 不同阻尼比时测点 A_{41} 峰值加速度理论值

阻尼比/%	加速度/（$10^{-2}m/s^2$）
1	3.94
2	3.66
3	3.62
4	3.52
5	3.39

6.4.3 步频

表 6.6 为 N_{m5} 以沿路径 WR1 步行时，组合楼盖测点 A_{41} 峰值加速度理论值与步频 f_W 之间关系。由表 6.6 可知，测点 A_{41} 峰值加速度与步频有关。如步频 f_W 分别为 1.7Hz 和 1.9Hz 时，峰值加速度分别为 $2.91\times10^{-2}m/s^2$ 和 $7.45\times10^{-2}m/s^2$。

表 6.6　不同步频 f_W 时测点 A_{41} 峰值加速度理论值

步频 f_W/Hz	加速度/（10^{-2} m/s^2）
1.7	2.91
1.8	3.66
1.9	7.45
2.0	6.77

参 考 文 献

[1] Timoshenko S, Woinowsky-Krieger S. Theory of plates and shells [M]. New York: McGraw-Hill, 1959.

[2] Zhang S G. Vibration serviceability of cold-formed steel floor system [D]. Waterloo: University of Waterloo, 2017.

[3] 曹国雄．弹性矩形薄板振动[M]．北京：中国建筑工业出版社，1983．

[4] He X T, Cao L, Li Z Y, et al. Nonlinear large deflection problems of beams with gradient: A biparametric perturbation method [J]. Applied Mathematics and Computation, 2013, 14 (19): 7493-7513.

[5] Jimenez-Alonso J F, Saez A, Caetano E, et al. Vertical crowd-struture interaction model to analyze the change of the modal properties of a footbridge [J]. Journal of Bridge Engineering, 2016, 21 (8): C4015004.

[6] 克拉夫 R，彭津 J．结构动力学[M]．王光远，等译校．2 版．北京：高等教育出版社，2013．

[7] 夏禾，张楠，郭薇薇，等．车桥耦合振动工程[M]．北京：科学出版社，2014．

[8] 唐友刚，沈国光，刘利琴．海洋工程结构动力学[M]．天津：天津大学出版社，2012．

[9] 廖世俊．超越摄动——同伦分析方法导论[M]．陈晨，徐航，译．北京：科学出版社，2006．

[10] Nayfeh A H．摄动方法导论[M]．宋家骕，译．上海：上海翻译出版公司，1990．

[11] 奈弗 A H．摄动法[M]．王辅俊，徐钧涛，谢寿鑫，译．陈美廉，校．上海：上海科学技术出版社，1984．

[12] 钱伟长．奇异摄动理论及其在力学中的应用[M]．北京：科学出版社，1981．

[13] 艾詹斯 A，纳 T Y．摄动法在传热学中的应用[M]．余钧，译．孔祥谦，校．北京：科学出版社，1992．

[14] Zhou X H, Cao L, Chen Y F, et al. Acceleration response of prestressed cable RC truss floor system subjected to heel-drop loading [J]. Journal of Performance of Constructed Facilities, 2016, 30 (5): 04016014.

[15] 王勖成．有限单元法[M]．北京：清华大学出版社，2003．

[16] 叶仲泉，王新质．高等数学[M]．北京：高等教育出版社，2007．

[17] 同济大学数学教研室．高等数学[M]．4 版．北京：高等教育出版社，2000．

[18] Jones C A, Reynolds P, Pavic A. Vibration serviceability of stadia structures subjected to dynamic crowd loads: A literature review [J]. Journal of Sound and Vibration, 2011, 330: 1531-1566.

[19] Caprani C C, Keogh J, Archbold P, et al. Characteristic vertical response of a footbridge due to crowd loading [C]//Proceedings of the 8th International Conference on Structural Dynamics, Leuven, 2011: 978-985.

[20] Jiménez-Alonso J F, Saez A, Caetano E, et al. Proposal and calibration of an human-structure interaction biomechanical model by the resolution of the inverse dynamic problem [C]//Proceedings of the 9th International Conference on Structural Dynamic, EURODYN 2014, EASD, Roberto, 2014: 975-982.

[21] Al-Foqaha'a A A. Design criterion for wood floor vibrations via finite element and reliability analyses [D]. Washington: Washington State University, 1997.

[22] Li D J, Li T, Li Q G, et al. A simple model for predicting walking energetics with elastically-suspended backpack [J]. Journal of Biomechanics, 2016, 49 (16): 4150-4153.

[23] Matsumoto Y, Griffinb M J. Mathematical models for the apparent masses of standing subjects exposed to vertical whole-body vibration [J]. Journal of Sound and Vibration, 2003, 260(3): 431-451.

[24] Bertram J E A, Ruina A. Multiple walking speed-frequency relations are predicted by constrained optimization [J].

Journal of Theoretical Biology, 2001, 209 (4): 445-453.

[25] Kuo A D. A simple model of bipedal walking predicts the preferred speed-step length relationship [J]. Journal of Biomechanical Engineering, 2001, 123 (3): 264-269.

[26] Bruno L, Venuti F. Crowd-structure interaction in footbridges: Modelling, application to a real case-study and sensitivity analyses [J]. Journal of Sound and Vibration, 2009, 323: 475-493.

[27] Wang J. P, Chen J. A comparative study on different walking load models [J]. Structure Engineering and Mechanics, 2017, 63(6): 847-856.

[28] 娄宇，黄健，吕佐超．楼板体系振动舒适度设计[M]．北京：科学出版社，2012．

[29] Blanchard J, Davies B L, Smith J W. Design criteria and analysis for dynamic loading of footbridges[C]//Proceeding of a Symposium on Dynamic Behaviour of Bridges at the Transport and Road Research Laboratory, Crowthorne, 1977: 90-106.

[30] Bachmann H, Ammann W, Deischl F, et al. Vibration problems in structures: Practical guidelines [M]. Berlin: Birkhäuser, 1995.

[31] Bachmann H, Ammann W. Vibrations in structures: Induced by man and machines [M]. Switzerland: International Association for Bridge and Structural Engineering, 1987.

[32] Rainer J H, Pernica G, Allen D E. Dynamic loading and response of footbridges [J]. Canadian Journal of Civil Engineering, 1988, 15 (1): 66-71.

[33] Kerr S C. Human induced loading on staircases [D]. London: University of London, 1998.

[34] Smith A L, Hicks S J, Devine P J. Design of floors for vibration: A new approach [M]. Berkshire: The Steel Construction Institute, 2009.

[35] Young P. Improved floor vibration prediction methodologies [M]// Proceedings of ARUP Vibration Seminar on Engineering for Structure Vibration-Current Developments in Research and Practice. London: Institution of Mechanical Engineering, 2001: 5-10.

[36] Murray T M, Allen D E, Ungar E E. Design guide 11: Floor Vibrations due to human activity [M]. Chicago: American Institute of Steel Construction, 1997.

[37] Murray T M, Allen D E, Ungar E E, et al. Design guide 11: Vibrations of steel-framed structural systems due to human activity [M]. 2nd ed. Chicago: American Institute of Steel Construction, 2016.

[38] Allen D E, Murray T M. Design criterion for vibrations due to walking [J]. Engineering Journal, 1993, 30 (4): 117-129.

[39] 陈隽，王浩祺，彭怡欣．行走激励的傅里叶级数模型及其参数的实验研究[J]．振动与冲击，2014，33（8）：11-15．

第 7 章　组合楼盖多人-结构耦合振动理论分析

实际生活中，楼盖仅承受单人步行荷载作用情形较少，多数情形下承受的应是多人步行荷载作用；同时，楼盖的边界条件是多种多样的，并不局限于两对边简支另两边固支。若能有效解决各种边界条件下组合楼盖多人-结构耦合振动问题，将更具有实际意义，也可了解人群之间的协同性及楼盖振动耦合作用的影响因素。本章将基于第 6 章的研究思路，详细阐述组合楼盖多人-结构耦合振动问题。区别于第 6 章的双参数摄动法，本章采用加权余量法和单参数摄动法相结合的方法，推导适用各种边界条件的人-结构耦合问题的近似解析解（频率和加速度）。通过与原位试验结果比较，验证理论解的有效性。基于理论解，以簧载质量 m_a、等效阻尼比 ξ_p 和人体自振频率 f_p 等为参数，分析其对组合楼盖振动耦合作用的影响。

7.1　耦合控制方程

如图 7.1 所示，多人（N 人）步行于组合楼盖时，人体子系统简化为线性振子模型，组合楼盖子系统简化为正交各向异性薄板[1-2]。假定步行时，人体子系统与组合楼盖子系统始终保持接触，且每位行人之间并不产生碰撞等问题。

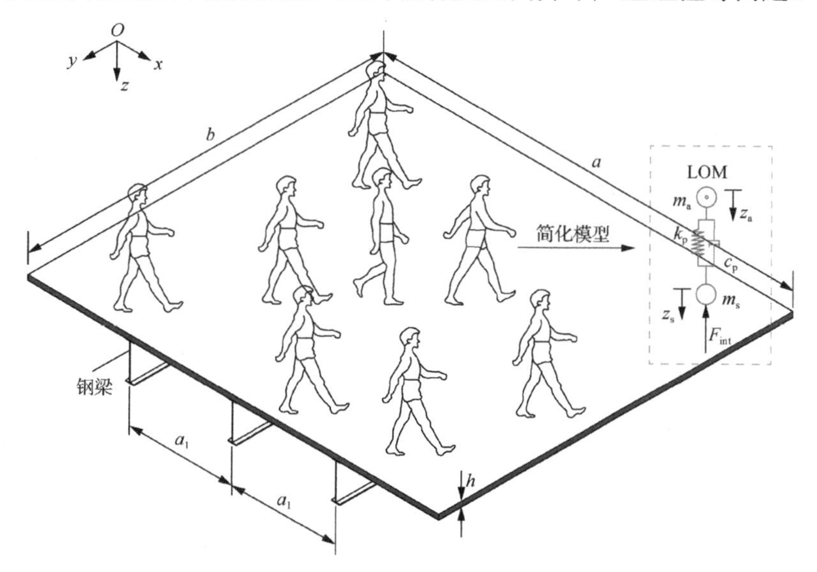

图 7.1　多人步行于组合楼盖示意图

根据平衡关系，组合楼盖子系统[3]和人体子系统的耦合控制方程分别为

$$D_1\frac{\partial^4 W}{\partial x^4}+2D_3\frac{\partial^4 W}{\partial x^2\partial y^2}+D_2\frac{\partial^4 W}{\partial y^4}+C_{\mathrm{sb}}\frac{\partial W}{\partial t}+\frac{\overline{q}_0}{g}\frac{\partial^2 W}{\partial t^2}=\sum_{i=1}^{N}\delta(x-x_{\mathrm{p}i},\ y-y_{\mathrm{p}i})F_{\mathrm{int}\,i} \tag{7.1}$$

$$m_{\mathrm{a}i}\frac{\mathrm{d}^2 z_{\mathrm{a}i}}{\mathrm{d}t^2}+c_{\mathrm{p}i}\left(\frac{\mathrm{d}z_{\mathrm{a}i}}{\mathrm{d}t}-\frac{\mathrm{d}z_{\mathrm{s}i}}{\mathrm{d}t}\right)+k_{\mathrm{p}i}(z_{\mathrm{a}i}-z_{\mathrm{s}i})=0\quad (i=1,\ 2,\ 3,\ \cdots,\ N) \tag{7.2}$$

$$m_{\mathrm{s}i}\frac{\mathrm{d}^2 z_{\mathrm{s}i}}{\mathrm{d}t^2}+c_{\mathrm{p}i}\left(\frac{\mathrm{d}z_{\mathrm{s}i}}{\mathrm{d}t}-\frac{\mathrm{d}z_{\mathrm{a}i}}{\mathrm{d}t}\right)+k_{\mathrm{p}i}(z_{\mathrm{s}i}-z_{\mathrm{a}i})=F_{\mathrm{p}i\cdot\mathrm{ver}}-F_{\mathrm{int}\,i}\quad (i=1,\ 2,\ 3,\ \cdots,\ N) \tag{7.3}$$

式中，$(x_{\mathrm{p}i},\ y_{\mathrm{p}i})$——第 i 个行人与组合楼盖接触点坐标；

$F_{\mathrm{int}\,i}$——第 i 个行人与组合楼盖相互作用力；

$m_{\mathrm{a}i}$——第 i 个行人簧载质量；

$m_{\mathrm{s}i}$——第 i 个行人非簧载质量；

m_i——第 i 个行人体总质量，等于 $m_{\mathrm{a}i}+m_{\mathrm{s}i}$；

$z_{\mathrm{a}i}$——第 i 个行人簧载质量绝对竖向位移；

$z_{\mathrm{s}i}$——第 i 个行人非簧载质量绝对竖向位移；

$k_{\mathrm{p}i}$——第 i 个行人等效刚度；

$c_{\mathrm{p}i}$——第 i 个行人等效阻尼；

$F_{\mathrm{p}i\cdot\mathrm{ver}}$——第 i 个行人步行引起的竖向荷载，如式（6.4）所示。

由式（7.2）和式（7.3）可知

$$F_{\mathrm{int}\,i}=F_{\mathrm{p}i\cdot\mathrm{ver}}-m_{\mathrm{s}i}\ddot{z}_{\mathrm{s}i}-m_{\mathrm{a}i}\ddot{z}_{\mathrm{a}i} \tag{7.4}$$

因此，式（7.1）可改写为

$$\begin{aligned}&D_1\frac{\partial^4 W}{\partial x^4}+2D_3\frac{\partial^4 W}{\partial x^2\partial y^2}+D_2\frac{\partial^4 W}{\partial y^4}+C_{\mathrm{sb}}\frac{\partial W}{\partial t}+\frac{\overline{q}_0}{g}\frac{\partial^2 W}{\partial t^2}\\&=\sum_{i=1}^{N}\delta(x-x_{\mathrm{p}i},\ y-y_{\mathrm{p}i})\left(F_{\mathrm{p}i\cdot\mathrm{ver}}-m_{\mathrm{a}i}\frac{\mathrm{d}^2 z_{\mathrm{a}i}}{\mathrm{d}t^2}-m_{\mathrm{s}i}\frac{\mathrm{d}^2 z_{\mathrm{s}i}}{\mathrm{d}t^2}\right)\end{aligned} \tag{7.5}$$

因为假设人与组合楼盖始终处于接触状态，所以人与组合楼盖在接触点处的位移、速度和加速度需要一致，即

$$z_{\mathrm{s}i}=W(x_{\mathrm{p}i},\ y_{\mathrm{p}i},\ t)=W(v_{\mathrm{px}i}t+x_{0i},\ v_{\mathrm{py}i}t+y_{0i},\ t) \tag{7.6}$$

$$\frac{\mathrm{d}z_{\mathrm{s}i}}{\mathrm{d}t}=\frac{\partial W(x_{\mathrm{p}i},\ y_{\mathrm{p}i},\ t)}{\partial t}=\frac{\mathrm{d}W(v_{\mathrm{px}i}t+x_{0i},\ v_{\mathrm{py}i}t+y_{0i},\ t)}{\mathrm{d}t} \tag{7.7}$$

$$\frac{\mathrm{d}^2 z_{\mathrm{s}i}}{\mathrm{d}t^2}=\frac{\partial^2 W(x_{\mathrm{p}i},\ y_{\mathrm{p}i},\ t)}{\partial t^2}=\frac{\mathrm{d}^2 W(v_{\mathrm{px}i}t+x_{0i},\ v_{\mathrm{py}i}t+y_{0i},\ t)}{\mathrm{d}t^2} \tag{7.8}$$

式中，$v_{\mathrm{px}i}$——第 i 个行人步行时 x 方向速度；

v_{pyi}——第 i 个行人步行时 y 方向速度；

(x_{0i}, y_{0i})——第 i 个行人步行激励，初始激励点位置坐标。

7.2　耦合控制方程的求解

有别于第 6 章的方法，本章采用加权余量法和单参数摄动法相结合的方法求解控制方程的解析解。设组合楼盖的位移函数 $W(x, y, t)$ 和第 i 个行人簧载质量绝对竖向位移 $z_{ai}(t)$ 分别为

$$W(x, y, t)=\sum_{m=1}^{\infty}\sum_{n=1}^{\infty}T_{mn}(t)W_{mn}(x, y) \tag{7.9}$$

$$z_{ai}(t)=W(x_{pi}, y_{pi}, t)+z_{ari}(t) \tag{7.10}$$

式中，$W_{mn}(x, y)$——组合楼盖振型函数；

$z_{ari}(t)$——第 i 个行人与组合楼盖相对位移。

依据式（7.9）的位移函数，式（7.6）～式（7.8）可改写为

$$z_{si}=\sum_{m=1}^{\infty}\sum_{n=1}^{\infty}T_{mn}(t)W_{mn}(x_{pi}, y_{pi}) \tag{7.11}$$

$$\frac{\mathrm{d}z_{si}}{\mathrm{d}t}=\sum_{m=1}^{\infty}\sum_{n=1}^{\infty}W_{mn}(x_{pi}, y_{pi})\frac{\mathrm{d}T_{mn}}{\mathrm{d}t}+\left.\left(v_{pxi}\frac{\partial W_{mn}}{\partial x}+v_{pyi}\frac{\partial W_{mn}}{\partial y}\right)\right|_{(x, y)=(x_{pi}, y_{pi})}T_{mn} \tag{7.12}$$

$$\begin{aligned}\frac{\mathrm{d}^2z_{si}}{\mathrm{d}t^2}=\sum_{m=1}^{\infty}\sum_{n=1}^{\infty}\Bigg[&W_{mn}(x_{pi}, y_{pi})\frac{\mathrm{d}^2T_{mn}}{\mathrm{d}t^2}+2\left.\left(v_{pxi}\frac{\partial W_{mn}}{\partial x}+v_{pyi}\frac{\partial W_{mn}}{\partial y}\right)\right|_{(x, y)=(x_{pi}, y_{pi})}\frac{\mathrm{d}T_{mn}}{\mathrm{d}t}\\&+\left.\left(v_{pxi}^2\frac{\partial^2W_{mn}}{\partial x^2}+2v_{pxi}v_{pyi}\frac{\partial^2W_{mn}}{\partial x\partial y}+v_{pyi}^2\frac{\partial^2W_{mn}}{\partial y^2}\right)\right|_{(x, y)=(x_{pi}, y_{pi})}T_{mn}\Bigg]\end{aligned} \tag{7.13}$$

7.2.1　组合楼盖频率

将式（7.9）、式（7.10）和式（7.13）代入式（7.5）可得

$$\sum_{m=1}^{\infty}\sum_{n=1}^{\infty}M_{mn}\frac{\mathrm{d}^2T_{mn}}{\mathrm{d}t^2}+C_{mn}\frac{\mathrm{d}T_{mn}}{\mathrm{d}t}+K_{mn}T_{mn}=Q_{\mathrm{w}} \tag{7.14}$$

$$M_{mn}=\frac{\overline{q}_0W_{mn}}{g}+\sum_{i=1}^{N}m_{pi}W_{mn}(x_{pi}, y_{pi}) \tag{7.15}$$

$$C_{mn}=C_{sb}W_{mn}+2\sum_{i=1}^{N}m_{pi}\left.\left(v_{pxi}\frac{\partial W_{mn}}{\partial x}+v_{pyi}\frac{\partial W_{mn}}{\partial y}\right)\right|_{(x, y)=(x_{pi}, y_{pi})} \tag{7.16}$$

$$K_{mn}=D_1\frac{\partial^4 W_{mn}}{\partial x^4}+2D_3\frac{\partial^4 W_{mn}}{\partial x^2\partial y^2}+D_2\frac{\partial^4 W_{mn}}{\partial y^4}$$
$$+\sum_{i=1}^{N}m_{\mathrm{p}i}\left(v_{\mathrm{p}xi}^2\frac{\partial^2 W_{mn}}{\partial x^2}+2v_{\mathrm{p}xi}v_{\mathrm{p}yi}\frac{\partial^2 W_{mn}}{\partial x\partial y}+v_{\mathrm{p}yi}^2\frac{\partial^2 W_{mn}}{\partial y^2}\right)\Bigg|_{(x,\,y)=(x_{\mathrm{p}i},\,y_{\mathrm{p}i})} \tag{7.17}$$

$$Q_{\mathrm{w}}=\sum_{i=1}^{N}\delta(x-x_{\mathrm{p}i},y-y_{\mathrm{p}i})\left(F_{\mathrm{p}i\cdot\mathrm{ver}}-m_{\mathrm{a}i}\frac{\mathrm{d}^2 z_{\mathrm{ar}i}}{\mathrm{d}t^2}\right) \tag{7.18}$$

从式（7.15）～式（7.17）可知人体子系统可看作组合楼盖的附加质量、附加阻尼和附加刚度，且考虑人-结构耦合作用时，组合楼盖频率与人数、行人体重、作用点位置和步行速度等因素有关。

令 C_{mn} 和 Q_{w} 均等于零，则式（7.14）可简化为

$$M_{mn}\frac{\mathrm{d}^2 T_{mn}}{\mathrm{d}t^2}+K_{mn}T_{mn}=0\quad (m,\ n=1,\ 2,\ 3,\ \cdots) \tag{7.19}$$

设 $T_{mn}(t)$ 的表达式为

$$T_{mn}(t)=u_{mn}\mathrm{e}^{-\mathrm{I}\omega_{mn}t} \tag{7.20}$$

式中

$$\mathrm{I}=\sqrt{-1}$$

将式（7.20）代入式（7.19）可得

$$K_{mn}-M_{mn}\omega_{mn}^2=0 \tag{7.21}$$

由于式（7.21）需满足所有 x 和 y 的取值范围，此种情形较难实现，因此将式（7.21）与 $W_{mn}(x, y)$ 相乘，并沿 x 和 y 方向积分可得

$$\omega_{mn}^2=\frac{\int_0^a\int_0^b K_{mn}\phi_{mn}(x,\ y)\mathrm{d}x\mathrm{d}y}{\int_0^a\int_0^b M_{mn}\phi_{mn}(x,\ y)\mathrm{d}x\mathrm{d}y} \tag{7.22}$$

根据圆频率和频率的关系，可得组合楼盖的基频 f_1 为

$$f_1=\frac{1}{2\pi}\sqrt{\frac{\int_0^a\int_0^b K_{11}\phi_{11}(x,\ y)\mathrm{d}x\mathrm{d}y}{\int_0^a\int_0^b M_{11}\phi_{11}(x,\ y)\mathrm{d}x\mathrm{d}y}} \tag{7.23}$$

7.2.2 加速度响应

为推导耦合控制方程的解析解，本章仍采用摄动法与加权余量法相结合的求解方式，但是本章所采用的摄动法为单参数摄动。表 7.1 为不同边界条件下梁的振型函数及相应的权函数。

表 7.1　梁的振型函数及相应的权函数

边界条件		振型函数 $Z_{j(z)}$	权函数 $Z_{k(z)}$
简支	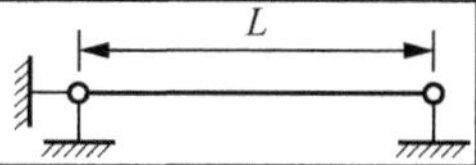 L	$\sin\dfrac{j\pi z}{L}$	$\sin\dfrac{k\pi z}{L}$
固支	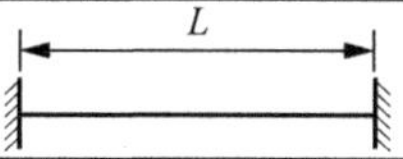 L	$\cos\dfrac{2j\pi z}{L}-1$	$\cos\dfrac{2j\pi z}{L}$
一边简支 一边固支	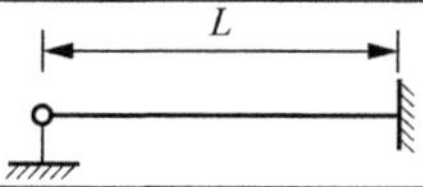 L	$\sin\dfrac{j\pi z}{L}-\dfrac{1}{3}\sin\dfrac{3j\pi z}{L}$	$\sin\dfrac{j\pi z}{L}$
一边固支 一边悬臂	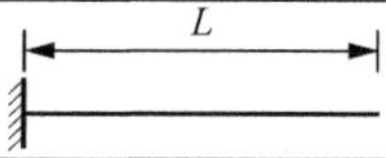 L	$\cos\dfrac{j\pi z}{L}-1$	$\cos\dfrac{j\pi z}{L}$

由于本章所考虑的组合楼盖其初始条件（初始位移和速度）均为零，即 $T_{mn}(t)$ 需满足

$$T_{mn}(0)=\left.\frac{\mathrm{d}T_{mn}}{\mathrm{d}t}\right|_{t=0}=0\quad(m=1,2,3,\cdots;\quad n=1,2,3,\cdots)\tag{7.24}$$

则式（7.14）的余量为

$$R=\sum_{m=1}^{\infty}\sum_{n=1}^{\infty}\left(M_{mn}\frac{\mathrm{d}^2T_{mn}}{\mathrm{d}t^2}+C_{mn}\frac{\mathrm{d}T_{mn}}{\mathrm{d}t}+K_{mn}T_{mn}\right)-Q_{\mathrm{w}}\tag{7.25}$$

根据加权余量法的基本思路，权函数 $\varphi_{kl}(x,y)$ 取值如表 7.1 所示，为此可得

$$\int_0^a\int_0^b\varphi_{kl}R\mathrm{d}x\mathrm{d}y=0\quad(k=1,2,3,\cdots;\quad l=1,2,3,\cdots)\tag{7.26}$$

将式（7.9）、式（7.10）和式（7.25）代入式（7.2）和式（7.26），可得

$$\begin{aligned}&\frac{\mathrm{d}^2T_{kl}}{\mathrm{d}t^2}+2\bar{\xi}_{kl}\bar{\omega}_{kl}\frac{\mathrm{d}T_{kl}}{\mathrm{d}t}+\bar{\omega}_{kl}^2T_{kl}+\beta_{kl}\sum_{m=1}^{\infty}\sum_{n=1}^{\infty}\sum_{i=1}^{N}4\varepsilon_{2i}\left[W_{mn}(x_{\mathrm{p}i},y_{\mathrm{p}i})\frac{\mathrm{d}^2T_{mn}}{\mathrm{d}t^2}\right.\\&+2\left.\left(v_{\mathrm{px}i}\frac{\partial W_{mn}}{\partial x}+v_{\mathrm{py}i}\frac{\partial W_{mn}}{\partial y}\right)\right|_{(x,y)=(x_{\mathrm{p}i},y_{\mathrm{p}i})}\frac{\mathrm{d}T_{mn}}{\mathrm{d}t}\\&\left.+\left.\left(v_{\mathrm{px}i}^2\frac{\partial^2W_{mn}}{\partial x^2}+2v_{\mathrm{px}i}v_{\mathrm{py}i}\frac{\partial^2W_{mn}}{\partial x\partial y}+v_{\mathrm{py}i}^2\frac{\partial^2W_{mn}}{\partial y^2}\right)\right|_{(x,y)=(x_{\mathrm{p}i},y_{\mathrm{p}i})}T_{mn}\right]\\&=\sum_{i=1}^{N}4\varepsilon_{2i}\varphi_{kl}(x_{\mathrm{p}i},y_{\mathrm{p}i})\left[P_{\mathrm{w}i}-\frac{1}{(1+\varepsilon_{1i})}\frac{\mathrm{d}^2z_{\mathrm{ar}i}}{\mathrm{d}t^2}\right]\end{aligned}\tag{7.27}$$

$$m_{\mathrm{ai}}\left\{\frac{\mathrm{d}^2 z_{\mathrm{ar}i}}{\mathrm{d}t^2}+\sum_{m=1}^{\infty}\sum_{n=1}^{\infty}\left[W_{mn}(x_{\mathrm{p}i},\ y_{\mathrm{p}i})\frac{\mathrm{d}^2T_{mn}}{\mathrm{d}t^2}\right.\right.$$

$$+2\left(v_{\mathrm{px}i}\frac{\partial W_{mn}}{\partial x}+v_{\mathrm{py}i}\frac{\partial W_{mn}}{\partial y}\right)\Bigg|_{(x,\ y)=(x_{\mathrm{p}i},\ y_{\mathrm{p}i})}\frac{\mathrm{d}T_{mn}}{\mathrm{d}t}$$

$$\left.\left.+\left(v_{\mathrm{px}i}^2\frac{\partial^2 W_{mn}}{\partial x^2}+2v_{\mathrm{px}i}v_{\mathrm{py}i}\frac{\partial^2 W_{mn}}{\partial x\partial y}+v_{\mathrm{py}i}^2\frac{\partial^2 W_{mn}}{\partial y^2}\right)\Bigg|_{(x,\ y)=(x_{\mathrm{p}i},\ y_{\mathrm{p}i})}T_{mn}\right]\right\}$$

$$+c_{\mathrm{p}i}\frac{\mathrm{d}z_{\mathrm{ar}i}}{\mathrm{d}t}+k_{\mathrm{p}i}z_{\mathrm{ar}i}=0\quad(i=1,2,3,\cdots,N)\tag{7.28}$$

$$\overline{\omega}_{kl}=2\pi^2\sqrt{\frac{g}{\overline{q}_0}}\sqrt{\frac{\alpha_1k^4D_1+\alpha_2k^2l^2D_3+\alpha_3l^4D_2}{ab}},\ \overline{\xi}_{kl}=\frac{cg}{2\overline{q}_0\overline{\omega}_{kl}}\tag{7.29}$$

$$\varepsilon_{1i}=\frac{m_{\mathrm{s}i}}{m_{\mathrm{a}i}},\ \varepsilon_{2i}=\frac{m_{\mathrm{p}i}g}{\overline{q}_0ab},\ P_{\mathrm{w}i}=g\sum_{j=1}^{4}\alpha_{\mathrm{w}ji}\sin(2j\pi f_{\mathrm{w}ji}t-\theta_{\mathrm{w}ji})\tag{7.30}$$

$$\beta_{kl}=\int_0^a\int_0^b\varphi_{kl}(x,\ y)\mathrm{d}x\mathrm{d}y\tag{7.31}$$

其中α_1、α_2和α_3为与边界条件相关的系数，其具体取值见表7.2。

表7.2　不同边界条件下系数α_1、α_2和α_3的取值

边界条件	α_1	α_2	α_3
SSSS	$b/(4a^3)$	$1/(2ab)$	$a/(4b^3)$
SCSC	$4b/a^3$	$2/(ab)$	$a/(4b^3)$
SSSC	$b/(4a^3)$	$1/(2ab)$	$a/(4b^3)$
SCSF	$b/(4a^3)$	$1/(2ab)$	$a/(4b^3)$
CCCC	$4b/a^3$	$8/(ab)$	$4a/b^3$
CSCC	$b/(4a^3)$	$2/(ab)$	$4a/b^3$
CCCF	$b/(4a^3)$	$2/(ab)$	$4a/b^3$
SSCC	$b/(4a^3)$	$1/(2ab)$	$a/(4b^3)$
SCCF	$b/(4a^3)$	$1/(2ab)$	$a/(4b^3)$
CCFF	$b/(4a^3)$	$1/(2ab)$	$a/(4b^3)$

由于ε_{2i}均小于1，令$\varepsilon=\min\{\varepsilon_{21},\ \varepsilon_{22},\ \varepsilon_{23},\cdots,\varepsilon_{2N}\}$，并将其选作为摄动参数。将$T_{kl}(t)$［即$T_{mn}(t)$］和$z_{\mathrm{ar}i}(t)$展开为$\varepsilon$的渐近函数，即

$$T_{kl}(t)=\varepsilon T_{kl1}(t)+\varepsilon^2T_{kl2}(t)+\varepsilon^3T_{kl3}(t)+\varepsilon^4T_{kl4}(t)+\cdots\tag{7.32}$$

$$z_{\mathrm{ar}i}(t)=\varepsilon z_{\mathrm{ar}i1}(t)+\varepsilon^2z_{\mathrm{ar}i2}(t)+\varepsilon^3z_{\mathrm{ar}i}(t)+\varepsilon^4z_{\mathrm{ar}i4}(t)+\cdots\tag{7.33}$$

式中，$T_{kli}(t)$和$z_{\mathrm{ar}i}(t)$($i=1,\ 2,\ 3,\ \cdots$)——关于t的待定函数。

当ε较小时，展开式（7.32）和式（7.33）是合理的。将式（7.32）和式（7.33）代入式（7.24）、式（7.27）和式（7.28），并比较等式两边ε同次幂的系数，于是能获得一系列微分方程和定解方程的边界条件。

1）ε系数比较

$$\frac{\mathrm{d}^2T_{kl1}}{\mathrm{d}t^2}+2\overline{\xi}_{kl}\overline{\omega}_{kl}\frac{\mathrm{d}T_{kl1}}{\mathrm{d}t}+\overline{\omega}_{kl}^2T_{kl1}=4\sum_{i=1}^{N}\gamma_i\varphi_{kl}(x_{\mathrm{p}i},y_{\mathrm{p}i})P_{\mathrm{w}i} \tag{7.34}$$

$$\begin{aligned}&m_{\mathrm{a}i}\frac{\mathrm{d}^2z_{\mathrm{ar}i1}}{\mathrm{d}t^2}+c_{\mathrm{p}i}\frac{\mathrm{d}z_{\mathrm{ar}i1}}{\mathrm{d}t}+k_{\mathrm{p}i}z_{\mathrm{ar}i1}\\&=-m_{\mathrm{a}i}\sum_{m=1}^{\infty}\sum_{n=1}^{\infty}\left[W_{mn}(x_{\mathrm{p}i},y_{\mathrm{p}i})\frac{\mathrm{d}^2T_{mn1}}{\mathrm{d}t^2}+2\left(v_{\mathrm{px}i}\frac{\partial W_{mn}}{\partial x}+v_{\mathrm{py}i}\frac{\partial W_{mn}}{\partial y}\right)\Bigg|_{(x,y)=(x_{\mathrm{p}i},y_{\mathrm{p}i})}\frac{\mathrm{d}T_{mn1}}{\mathrm{d}t}\right.\\&\left.+\left(v_{\mathrm{px}i}^2\frac{\partial^2W_{mn}}{\partial x^2}+2v_{\mathrm{px}i}v_{\mathrm{py}i}\frac{\partial^2W_{mn}}{\partial x\partial y}+v_{\mathrm{py}i}^2\frac{\partial^2W_{mn}}{\partial y^2}\right)\Bigg|_{(x,y)=(x_{\mathrm{p}i},y_{\mathrm{p}i})}T_{mn1}\right]\end{aligned} \tag{7.35}$$

$$\gamma_i=\frac{\varepsilon_{2i}}{\varepsilon} \tag{7.36}$$

边界条件为

$$T_{kl1}(0)=\frac{\mathrm{d}T_{kl1}}{\mathrm{d}t}\bigg|_{t=0}=0 \tag{7.37}$$

$$z_{\mathrm{ar}i1}(0)=\frac{\mathrm{d}z_{\mathrm{ar}i1}}{\mathrm{d}t}\bigg|_{t=0}=0 \tag{7.38}$$

式（7.34）为未考虑人-结构耦合作用时组合楼盖在人致荷载作用下的控制方程。式（7.35）表明行人的步行姿势可受到同行人的影响，即行人之间存在协同性。

2）ε^2系数比较

$$\begin{aligned}&\frac{\mathrm{d}^2T_{kl2}}{\mathrm{d}t^2}+2\overline{\xi}_{kl}\overline{\omega}_{kl}\frac{\mathrm{d}T_{kl2}}{\mathrm{d}t}+\overline{\omega}_{kl}^2T_{kl2}\\&=-\beta_{kl}\sum_{m=1}^{\infty}\sum_{n=1}^{\infty}\sum_{i=1}^{N}4\gamma_i\left[W_{mn}(x_{\mathrm{p}i},y_{\mathrm{p}i})\frac{\mathrm{d}^2T_{mn1}}{\mathrm{d}t^2}+2\left(v_{\mathrm{px}i}\frac{\partial W_{mn}}{\partial x}+v_{\mathrm{py}i}\frac{\partial W_{mn}}{\partial y}\right)\Bigg|_{(x,y)=(x_{\mathrm{p}i},y_{\mathrm{p}i})}\frac{\mathrm{d}T_{mn1}}{\mathrm{d}t}\right.\\&\left.+\left(v_{\mathrm{px}i}^2\frac{\partial^2W_{mn}}{\partial x^2}+2v_{\mathrm{px}i}v_{\mathrm{py}i}\frac{\partial^2W_{mn}}{\partial x\partial y}+v_{\mathrm{py}i}^2\frac{\partial^2W_{mn}}{\partial y^2}\right)\Bigg|_{(x,y)=(x_{\mathrm{p}i},y_{\mathrm{p}i})}T_{mn1}\right]\\&-4\sum_{i=1}^{N}\frac{\gamma_i\varphi_{kl}(x_{\mathrm{p}i},y_{\mathrm{p}i})}{(1+\varepsilon_{1i})}\frac{\mathrm{d}^2z_{\mathrm{ar}i1}}{\mathrm{d}t^2}\end{aligned} \tag{7.39}$$

$$m_{ai}\frac{d^2 z_{ari2}}{dt^2}+c_{pi}\frac{dz_{ari2}}{dt}+k_{pi}z_{ari2}$$
$$=-m_{ai}\sum_{m=1}^{\infty}\sum_{n=1}^{\infty}\left[W_{mn}(x_{pi},y_{pi})\frac{d^2T_{mn2}}{dt^2}+2\left(v_{pxi}\frac{\partial W_{mn}}{\partial x}+v_{pyi}\frac{\partial W_{mn}}{\partial y}\right)\bigg|_{(x,y)=(x_{pi},y_{pi})}\frac{dT_{mn2}}{dt}\right.$$
$$\left.+\left(v_{pxi}^2\frac{\partial^2 W_{mn}}{\partial x^2}+2v_{pxi}v_{pyi}\frac{\partial^2 W_{mn}}{\partial x\partial y}+v_{pyi}^2\frac{\partial^2 W_{mn}}{\partial y^2}\right)\bigg|_{(x,y)=(x_{pi},y_{pi})}T_{mn2}\right] \tag{7.40}$$

边界条件为

$$T_{kl2}(0)=\frac{dT_{kl2}}{dt}\bigg|_{t=0}=0 \tag{7.41}$$

$$z_{ari2}(0)=\frac{dz_{ari2}}{dt}\bigg|_{t=0}=0 \tag{7.42}$$

3）ε^3 系数比较

$$\frac{d^2T_{kl3}}{dt^2}+2\bar{\xi}_{kl}\bar{\omega}_{kl}\frac{dT_{kl3}}{dt}+\bar{\omega}_{kl}^2T_{kl3}$$
$$=-\beta_{kl}\sum_{m=1}^{\infty}\sum_{n=1}^{\infty}\sum_{i=1}^{N}4\gamma_i\left[W_{mn}(x_{pi},y_{pi})\frac{d^2T_{mn2}}{dt^2}+2\left(v_{pxi}\frac{\partial W_{mn}}{\partial x}+v_{pyi}\frac{\partial W_{mn}}{\partial y}\right)\bigg|_{(x,y)=(x_{pi},y_{pi})}\frac{dT_{mn2}}{dt}\right.$$
$$\left.+\left(v_{pxi}^2\frac{\partial^2 W_{mn}}{\partial x^2}+2v_{pxi}v_{pyi}\frac{\partial^2 W_{mn}}{\partial x\partial y}+v_{pyi}^2\frac{\partial^2 W_{mn}}{\partial y^2}\right)\bigg|_{(x,y)=(x_{pi},y_{pi})}T_{mn2}\right]$$
$$-4\sum_{i=1}^{N}\frac{\gamma_i\varphi_{kl}(x_{pi},y_{pi})}{(1+\varepsilon_{1i})}\frac{d^2z_{ari2}}{dt^2} \tag{7.43}$$

$$m_{ai}\frac{d^2 z_{ari3}}{dt^2}+c_{pi}\frac{dz_{ari3}}{dt}+k_{pi}z_{ari3}$$
$$=-m_{ai}\sum_{m=1}^{\infty}\sum_{n=1}^{\infty}\left[W_{mn}(x_{pi},y_{pi})\frac{d^2T_{mn3}}{dt^2}+2\left(v_{pxi}\frac{\partial W_{mn}}{\partial x}+v_{pyi}\frac{\partial W_{mn}}{\partial y}\right)\bigg|_{(x,y)=(x_{pi},y_{pi})}\frac{dT_{mn3}}{dt}\right.$$
$$\left.+\left(v_{pxi}^2\frac{\partial^2 W_{mn}}{\partial x^2}+2v_{pxi}v_{pyi}\frac{\partial^2 W_{mn}}{\partial x\partial y}+v_{pyi}^2\frac{\partial^2 W_{mn}}{\partial y^2}\right)\bigg|_{(x,y)=(x_{pi},y_{pi})}T_{mn3}\right] \tag{7.44}$$

边界条件为

$$T_{kl3}(0)=\frac{dT_{kl3}}{dt}\bigg|_{t=0}=0 \tag{7.45}$$

$$z_{ari3}(0)=\frac{dz_{ari3}}{dt}\bigg|_{t=0}=0 \tag{7.46}$$

4）ε^4 系数比较

$$\begin{aligned}
&\frac{\mathrm{d}^2T_{kl4}}{\mathrm{d}t^2}+2\bar{\xi}_{kl}\bar{\omega}_{kl}\frac{\mathrm{d}T_{kl4}}{\mathrm{d}t}+\bar{\omega}_{kl}^2T_{kl4}\\
&=-\beta_{kl}\sum_{m=1}^{\infty}\sum_{n=1}^{\infty}\sum_{i=1}^{N}4\gamma_i\left[W_{mn}(x_{\mathrm{p}i},y_{\mathrm{p}i})\frac{\mathrm{d}^2T_{mn3}}{\mathrm{d}t^2}+2\left(v_{\mathrm{px}i}\frac{\partial W_{mn}}{\partial x}+v_{\mathrm{py}i}\frac{\partial W_{mn}}{\partial y}\right)\bigg|_{(x,y)=(x_{\mathrm{p}i},y_{\mathrm{p}i})}\frac{\mathrm{d}T_{mn3}}{\mathrm{d}t}\right.\\
&\left.+\left(v_{\mathrm{px}i}^2\frac{\partial^2W_{mn}}{\partial x^2}+2v_{\mathrm{px}i}v_{\mathrm{py}i}\frac{\partial^2W_{mn}}{\partial x\partial y}+v_{\mathrm{py}i}^2\frac{\partial^2W_{mn}}{\partial y^2}\right)\bigg|_{(x,y)=(x_{\mathrm{p}i},y_{\mathrm{p}i})}T_{mn3}\right]\\
&-4\sum_{i=1}^{N}\frac{\gamma_i\varphi_{kl}(x_{\mathrm{p}i},y_{\mathrm{p}i})}{(1+\varepsilon_{1i})}\frac{\mathrm{d}^2z_{\mathrm{ar}i3}}{\mathrm{d}t^2}
\end{aligned}\tag{7.47}$$

$$\begin{aligned}
&m_{\mathrm{a}i}\frac{\mathrm{d}^2z_{\mathrm{ar}i4}}{\mathrm{d}t^2}+c_{\mathrm{p}i}\frac{\mathrm{d}z_{\mathrm{ar}i4}}{\mathrm{d}t}+k_{\mathrm{p}i}z_{\mathrm{ar}i4}\\
&=-m_{\mathrm{a}i}\sum_{m=1}^{\infty}\sum_{n=1}^{\infty}\left[W_{mn}(x_{\mathrm{p}i},y_{\mathrm{p}i})\frac{\mathrm{d}^2T_{mn4}}{\mathrm{d}t^2}+2\left(v_{\mathrm{px}i}\frac{\partial W_{mn}}{\partial x}+v_{\mathrm{py}i}\frac{\partial W_{mn}}{\partial y}\right)\bigg|_{(x,y)=(x_{\mathrm{p}i},y_{\mathrm{p}i})}\frac{\mathrm{d}T_{mn4}}{\mathrm{d}t}\right.\\
&\left.+\left(v_{\mathrm{px}i}^2\frac{\partial^2W_{mn}}{\partial x^2}+2v_{\mathrm{px}i}v_{\mathrm{py}i}\frac{\partial^2W_{mn}}{\partial x\partial y}+v_{\mathrm{py}i}^2\frac{\partial^2W_{mn}}{\partial y^2}\right)\bigg|_{(x,y)=(x_{\mathrm{p}i},y_{\mathrm{p}i})}T_{mn4}\right]
\end{aligned}\tag{7.48}$$

边界条件为

$$T_{kl4}(0)=\frac{\mathrm{d}T_{kl4}}{\mathrm{d}t}\bigg|_{t=0}=0\tag{7.49}$$

$$z_{\mathrm{ar}i4}(0)=\frac{\mathrm{d}z_{\mathrm{ar}i4}}{\mathrm{d}t}\bigg|_{t=0}=0\tag{7.50}$$

类似分析可得到 $T_{kl}(t)$ 和 $z_{\mathrm{ar}i}(t)$ 高阶摄动解。本书主要考虑四阶摄动解，则 $T_{kl}(t)$［也可以写成 $T_{mn}(t)$］和 $z_{\mathrm{ar}i}(t)$ 为

$$T_{mn}(t)=\varepsilon T_{mn1}(t)+\varepsilon^2T_{mn2}(t)+\varepsilon^3T_{mn3}(t)+\varepsilon^4T_{mn4}(t)+O(\varepsilon^5)\tag{7.51}$$

$$z_{\mathrm{ar}i}(t)=\varepsilon z_{\mathrm{ar}i1}(t)+\varepsilon^2z_{\mathrm{ar}i2}(t)+\varepsilon^3z_{\mathrm{ar}i3}(t)+\varepsilon^4z_{\mathrm{ar}i4}(t)+O(\varepsilon^5)\tag{7.52}$$

为此，可得钢-混凝土组合楼盖的加速度 $\ddot{W}(x,y,t)$ 为

$$\ddot{W}(x,y,t)=\frac{\partial^2W(x,y,t)}{\partial t^2}=\sum_{m=1}^{\infty}\sum_{n=1}^{\infty}\frac{\mathrm{d}^2T_{mn}(t)}{\mathrm{d}t^2}W_{mn}(x,y)\tag{7.53}$$

7.3　摄动解验证

为验证上述理论解的有效性，将理论解与第 5 章的试验结果比较。组合楼盖刚度、步行荷载模型、人体子系统等效刚度及等效阻尼等参数见 6.3 节。

7.3.1　频率对比

第 5 章通过有限元结果与试验结果对比可知，试验组合楼盖的边界条件为两对边简支另两边固支。需要强调的是，本章所对比的频率并非整个楼盖测点所形成的频率，而是沿某一路径的频率。不同行人沿不同步行路径时，组合楼盖前两阶频率试验值与理论值对比见表 7.3～表 7.5。需要强调的是：表 7.3～表 7.5 中的数据是按照式（7.22）计算得到最大值和最小值的平均值。从表 7.3～表 7.5 中可知，误差范围为 1.16%～6.46%。采用此理论解可有效避免烦冗的计算过程，便于工程设计。

表 7.3　不同行人沿路径 A_{49}—A_{41} 步行时组合楼盖前两阶频率试验值与理论值对比

行人	f_1/Hz			f_2/Hz		
	试验值	理论值	误差/%	试验值	理论值	误差/%
N_{m5}	5.2914	5.1945	1.83	6.5646	6.9697	6.17
N_{m6}	5.2893	5.1676	2.30	6.5518	6.9358	5.86
N_{m7}	5.2709	5.0917	3.40	6.5432	6.8319	4.41

表 7.4　不同行人沿路径 A_{59}—A_{51} 步行时组合楼盖前两阶频率试验值与理论值对比

行人	f_1/Hz			f_2/Hz		
	试验值	理论值	误差/%	试验值	理论值	误差/%
N_{m5}	5.2928	5.2117	1.53	6.5858	6.99278	6.18
N_{m6}	5.2900	5.1862	1.96	6.5661	6.9586	5.98
N_{m7}	5.2726	5.1142	3.00	6.5466	6.8620	4.82

表 7.5　不同行人沿路径 A_{69}—A_{61} 步行时组合楼盖前两阶频率试验值与理论值对比

行人	f_1/Hz			f_2/Hz		
	试验值	理论值	误差/%	试验值	理论值	误差/%
N_{m5}	5.2977	5.2365	1.16	6.5994	7.0260	6.46
N_{m6}	5.2950	5.2131	1.55	6.5860	6.9947	6.21
N_{m7}	5.2753	5.1469	2.43	6.5620	6.9059	5.24

基于上述推导的理论解，探讨步行频率和行人体重等因素对组合楼盖前两阶频率的影响，见表 7.6 和表 7.7。从表 7.6 和表 7.7 中的数据可知，组合楼盖前两阶频率随着步行频率和行人体重的增加而逐渐减小。然而人数较少时，步行频率对组合楼盖基频的影响基本可以忽略。

表 7.6　考虑人-结构耦合作用时步行频率对组合楼盖前两阶频率的影响（步行路径：A_{49}—A_{45}—A_{41}）

步行频率/Hz	组合楼盖频率/Hz	
	f_1	f_2
1.7	5.1944952	6.9697204
1.8	5.1944956	6.9697215
1.9	5.1944961	6.9697231
2.0	5.1944968	6.9697253
2.1	5.1944979	6.9697284

表 7.7　考虑人-结构耦合作用时行人体重对组合楼盖前两阶频率的影响（步行路径：A_{49}—A_{45}—A_{41}）

行人体重/kg	组合楼盖频率/Hz	
	f_1	f_2
50	5.1944956	6.9697215
55	5.1719840	6.9395173
60	5.1500783	6.9101261
65	5.1287518	6.8815122
70	5.1079795	6.8536418

7.3.2　加速度对比

1）单人工况

图 7.2 为由 N_{m5} 沿路径 A_{49}—A_{45}—A_{41} 步行所致测点 A_{41} 和 A_{42} 的理论加速度响应。测点 A_{41} 和 A_{42} 的理论加速度值与试验值的误差分别为 0.35%（A_{41}）和 8.81%（A_{42}），此误差满足工程误差要求。比较考虑耦合作用和忽略耦合作用所致的加速度响应，耦合作用可减少组合楼盖的加速度响应。

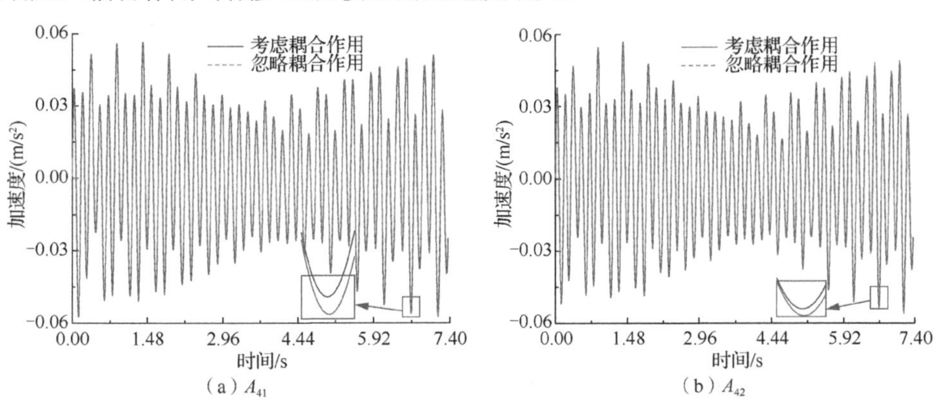

图 7.2　单人步行时沿路径 A_{49}—A_{45}—A_{41} 步行所致加速度响应

基于理论分析，研究了测点 A_{42} 考虑耦合作用和忽略耦合作用时，不同参数对组合楼盖耦合作用的影响，主要涉及的参数包括簧载质量 m_a、等效阻尼比 ξ_p 和人体自振频率 f_p，如图 7.3 所示。图 7.3（a）表明组合楼盖的耦合作用随着簧载质量 m_a 的增大而逐渐增大。例如，当簧载质量 m_a 为 80%m_p、82%m_p、84%m_p、86%m_p、88%m_p 和 90%m_p 时，峰值加速度的最大差值分别为 1.97×10^{-3}m/s^2、2.02×10^{-3}m/s^2、2.07×10^{-3}m/s^2、2.11×10^{-3}m/s^2、2.17×10^{-3}m/s^2 和 2.22×10^{-3}m/s^2。图 7.3（b）表明组合楼盖的耦合作用随着等效阻尼比 ξ_p 的增大而逐渐减小。例如，当等效阻尼比 ξ_p 分别为 0.25、0.30、0.40、0.50 和 0.60 时，峰值加速度的最大差值分别为 1.94×10^{-3}m/s^2、1.93×10^{-3}m/s^2、1.89×10^{-3}m/s^2、1.84×10^{-3}m/s^2 和 1.79×10^{-3}m/s^2。图 7.3（c）表明考虑耦合作用时组合楼盖的耦合作用与人体自振频率 f_p 有关。例如，当人体自振频率 f_p 分别为 1Hz、2Hz、3Hz、4Hz、5Hz 和 6Hz 时，峰值加速度的最大差值分别为 1.78×10^{-3}m/s^2、1.84×10^{-3}m/s^2、1.92×10^{-3}m/s^2、1.95×10^{-3}m/s^2、1.82×10^{-3}m/s^2 和 1.68×10^{-3}m/s^2。

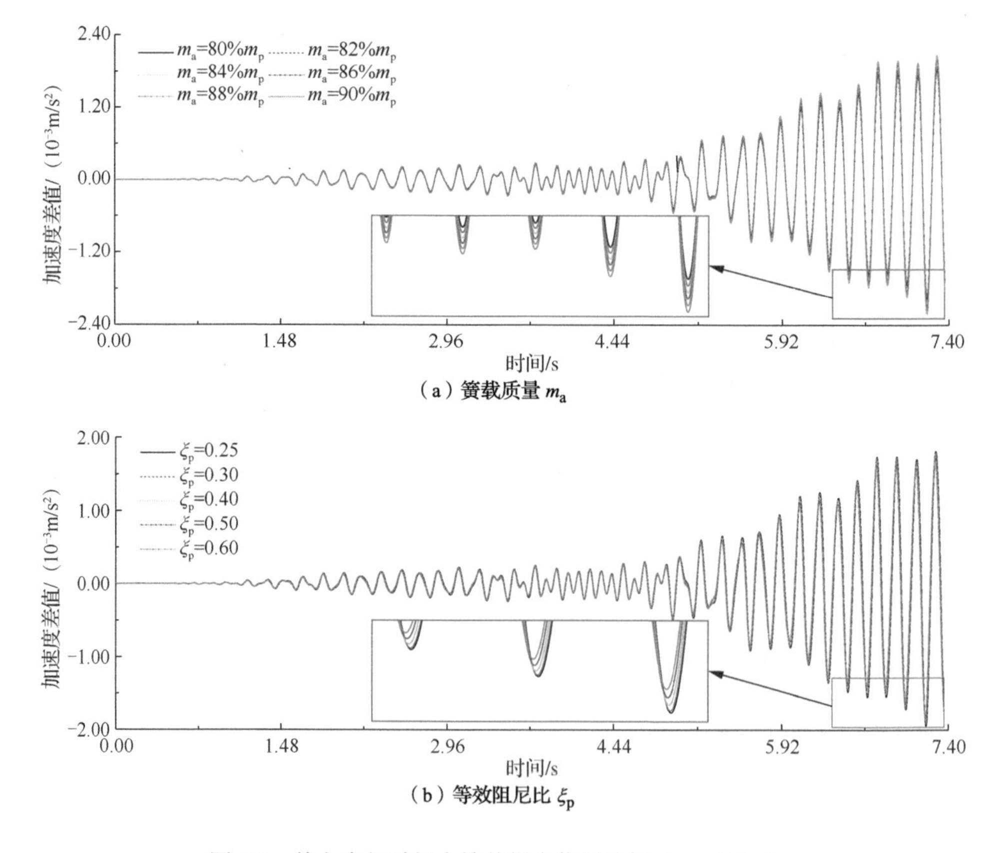

（a）簧载质量 m_a

（b）等效阻尼比 ξ_p

图 7.3　单人步行时组合楼盖耦合作用分析（m_p=56kg）

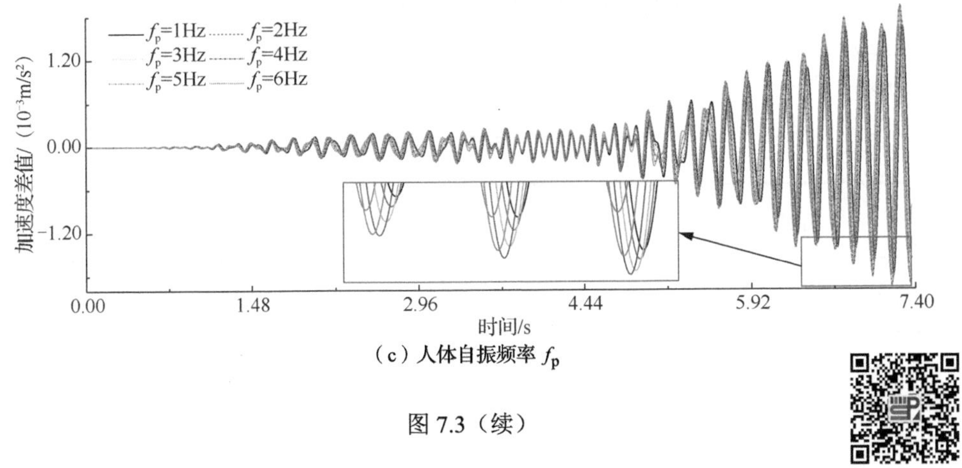

（c）人体自振频率 f_p

图 7.3（续）

2）双人工况

图 7.4 为由 N_{m5} 和 N_{m6} 同时沿路径 A_{49}—A_{45}—A_{41} 步行所致测点 A_{41} 和 A_{42} 的加速度响应理论值和试验值比较。测点 A_{41} 和 A_{42} 的加速度理论值与试验值的误差分别为 4.90%(A_{41})和 14.96%(A_{42})，表明理论公式的有效性。此理论解可有效避免烦冗的数值计算过程。比较考虑人-结构耦合作用和未考虑人-结构耦合作用时的组合楼盖加速度响应可知，多人步行时既可增加也可降低组合楼盖的加速度，即与作用点位置有关。

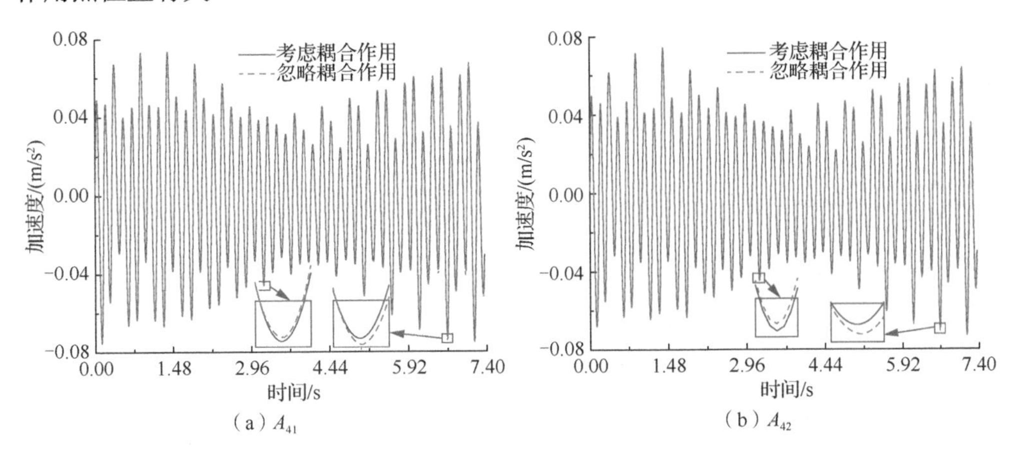

（a）A_{41}　　（b）A_{42}

图 7.4　双人步行激励时加速度响应理论值和试验值比较（步行路径：A_{49}—A_{45}—A_{41}）

基于理论分析，探讨行人间距对耦合作用的影响。N_{m5} 和 N_{m6} 分别沿平行和垂直于 A_{49}—A_{45}—A_{41} 的路径行进。行人不同间距作用时（表 7.8），测点 A_{41} 和 A_{42} 的加速度响应进行分析。图 7.5 表明考虑耦合作用和忽略耦合作用时，组合楼盖的耦合作用随着行人间间距的增大而逐渐减小。例如，当行人间的间距分别为

0.6m、1.2m、1.8m、2.4m、3m 和 3.6m 时，测点 A_{41} 的峰值加速度的最大差值分别为 6.39×10^{-3} m/s^2、6.28×10^{-3} m/s^2、6.11×10^{-3} m/s^2、5.88×10^{-3} m/s^2、5.61×10^{-3} m/s^2 和 5.29×10^{-3} m/s^2。

表 7.8　各行人初始位置

情形	初始位置/mm	
	N_{m5}	N_{m6}
情形 1	(0, 9.3)	(0, 8.7)
情形 2	(0, 9.3)	(0, 8.1)
情形 3	(0, 9.3)	(0, 7.5)
情形 4	(0, 9.3)	(0, 6.9)
情形 5	(0, 9.3)	(0, 6.3)
情形 6	(0, 9.3)	(0, 5.7)

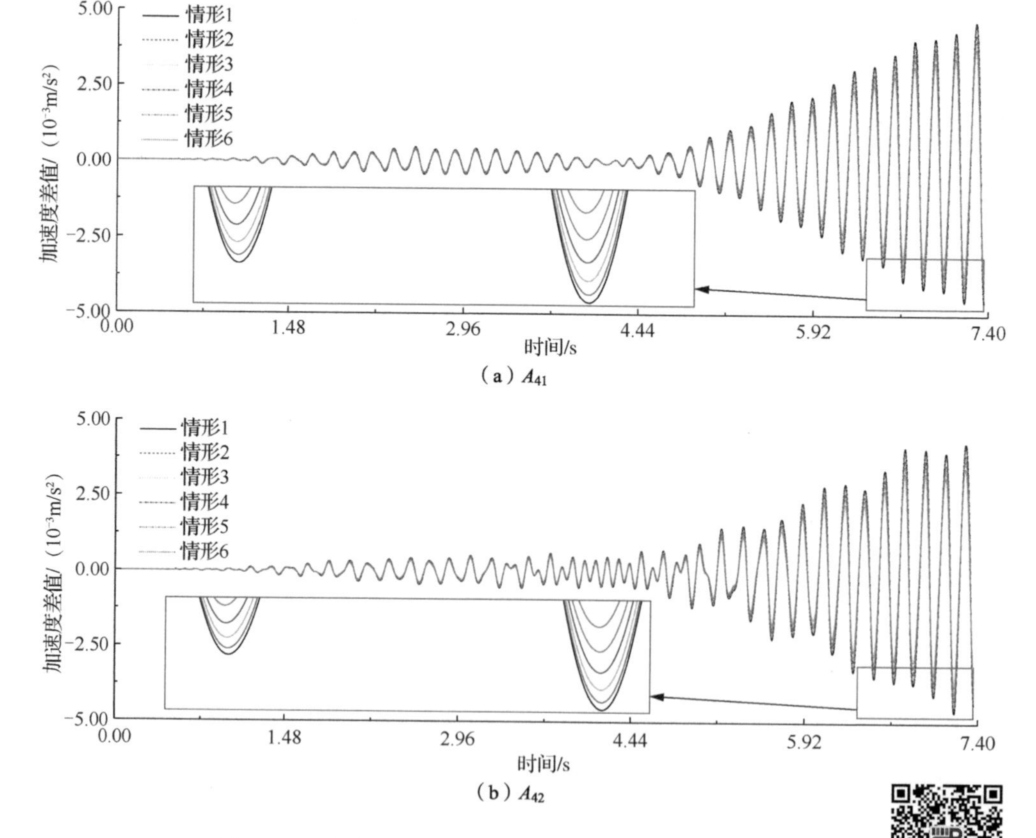

（a）A_{41}

（b）A_{42}

图 7.5　双人步行时不同间距对组合楼盖耦合作用的影响

参 考 文 献

[1] Timoshenko S, Woinowsky-Krieger S. Theory of plates and shells [M]. New York: McGraw-Hill, 1959.

[2] Zhang S G. Vibration serviceability of cold-formed steel floor system [D]. Waterloo: University of Waterloo, 2017.

[3] 曹国雄．弹性矩形薄板振动[M]．北京：中国建筑工业出版社，1983．

第 8 章　人致荷载模型

现有人致结构振动分析方法大都针对步行及跑步两种情况，而单人步行、跑步荷载激励模型是相关分析的基础。本章介绍单人步行与单人跑步激励荷载的时域模型，包括单人步行（跑步）激励单步荷载模型和连续荷载模型，以及各荷载激励模型参数的取值方法。其中，人致荷载时程曲线通过直接测试法测得，即通过测力装置，依次测试 25 位测试者在步行激励和跑步激励下的荷载时程曲线，各 150 组数据；基于傅里叶级数展开模型，确定了步行激励与跑步激励荷载的动载因子与相位角（差）；最后，基于单步激励接触时长，给出了单人步行激励与跑步激励荷载的时域模型。

8.1　荷载激励时程测量

8.1.1　测力装置简介

本章在建立人致荷载模型过程中，采用专门设计的测力装置［图 8.1（a）］测试了人致荷载（步行和跑步）作用下的荷载时程曲线。该装置包括以下 4 个部分。

1）三分量高精度力传感器

三分量高精度力传感器为测力装置的核心测试元件。型号为 ME-K3D160，尺寸为 160mm×160mm×66mm，量程±5kN。力传感器受力区域位为其中心 42mm×50mm 范围，凸出高度为 2mm，如图 8.1（b）所示。力传感器受力区与非受力区均预留螺纹孔，用于安装上、下底板。

2）上、下底板

上、下底板为测力装置的直接受荷面，力传感器的固定装置。由于力传感器受力区域尺寸较小，且表面不平整，无法独立用于直接承受并测试人致荷载。设计上、下底板（25mm 厚钢板）作为固定装置，将力传感器稳固安装在两底板之间；底板作为受荷面，为测试者提供踏步平台。上、下底板采用 Q345 钢，共两块，钢板上预留与传感器相对应的螺纹孔洞，通过高强螺栓分别与传感器上、下表面相连固定。下底板直接置于地面，上底板作为踏步平台，如图 8.1（c）所示。

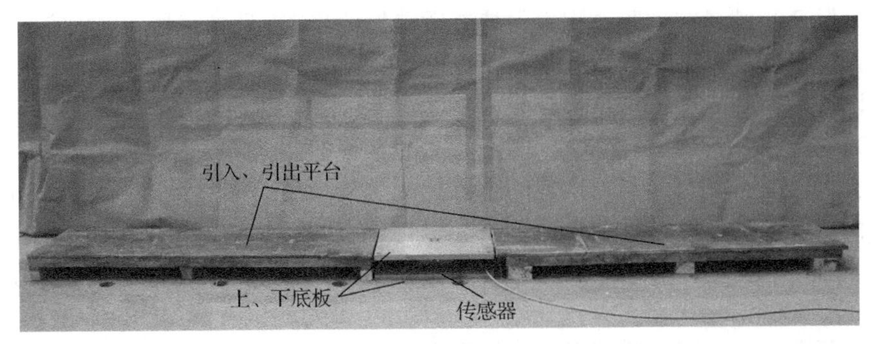

（a）测力装置

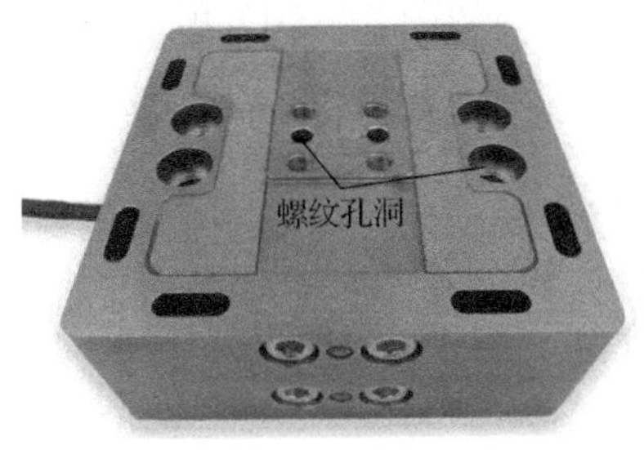

（b）力传感器

螺纹孔洞

（c）力传感器与上、下底板

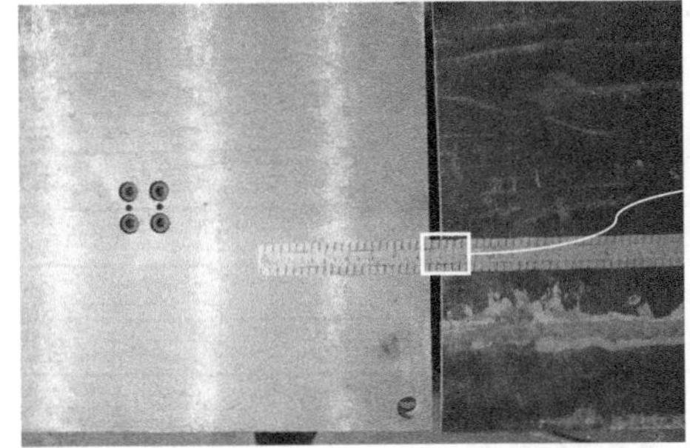

（d）引入平台与上底板相对位置

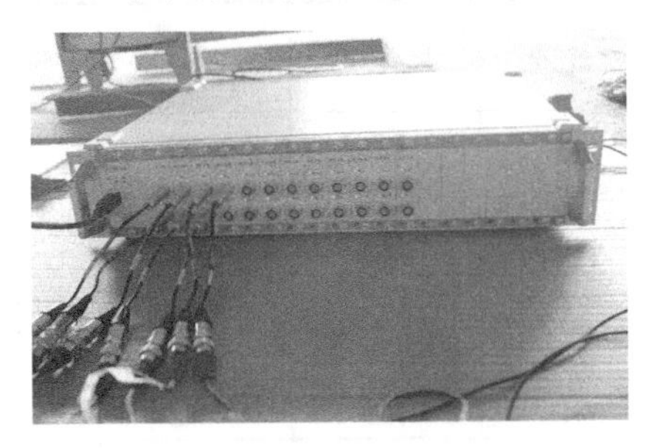

（e）数据采集仪

图 8.1　测力装置图

为保证测试者在试验过程中保持舒适自然的步态，且脚底与上底板充分接触，即在正常步行状态下能舒适地踏上底板（不出现测试者踏出上底板的情况），钢板尺寸设计为400mm×500mm×25mm（500mm沿行进方向）。

3）引入、引出平台

引入、引出平台为测力装置的重要组成元件，用于调整步态。地面与上底板顶面存在一定的高度差，若直接测试会引起步态的变化。为保证测试者可以在较为自然的状态下进行步行和跑步试验，设置引入、引出平台（尺寸约为400mm×1500mm×105mm）。该长度（1500mm）可为测试者留出约两步的步行（或跑步）距离，从而保证测试者可以较为自然准确地踏上上底板。为防止引入、引出平台干扰正常测力工作，专门设置10mm间隙，如图8.1（d）所示。

4）数据采集仪

数据采集仪器为DH5922N，数据采集软件为DHDAS动态信号采集分析系统，如图8.1（e）所示。通过DH5922N与该采集系统软件，将传感器采集到的电荷信号直接转换为电压信号数据输出至计算机端。

8.1.2 试验对象

本次试验对象皆为在校研究生[1]，共25位（18位男生，7位女生），体重范围为47.1～96.0kg，年龄范围为20～28岁，身高范围为156～193cm。测试者基本信息与详细信息分别见表8.1与表8.2。

表8.1 测试者基本信息

性别	人数	年龄/岁	身高/cm	体重/kg
男	18	20～28	161～193	50.3～96.0
女	7	23～26	156～169	47.1～64.3

表8.2 测试者详细信息

测试者编号	性别	年龄/岁	身高/cm	体重/kg	腿长/cm	步距/10cm	
						步行	跑步
1号	男	23	175	68.0	95	8.1	8.2
2号	男	24	161	59.3	95	6.5	6.5
3号	女	24	162	64.3	98	5.0	7.2
4号	男	22	185	93.1	106	6.6	9.2
5号	男	24	177	60.8	102	6.2	7.7
6号	男	24	193	81.2	114	7.2	8.5
7号	男	25	178	53.2	105	7.0	8.2
8号	男	23	178	70.8	105	6.6	9.4

续表

测试者编号	性别	年龄/岁	身高/cm	体重/kg	腿长/cm	步距/10cm	
						步行	跑步
9 号	女	25	169	58.0	97	6.3	7.4
10 号	男	22	164	50.5	91	7.1	8.5
11 号	男	28	185	96.0	104	8.0	9.5
12 号	男	26	175	72.2	95	7.8	8.9
13 号	男	23	178	70.4	98	6.8	8.2
14 号	男	20	176	78.3	97	6.8	8.5
15 号	女	26	166	49.5	100	7.8	8.7
16 号	男	23	182	53.5	105	7.3	7.3
17 号	男	23	174	68.0	95	7.8	8.5
18 号	男	23	183	59.0	106	7.5	8.8
19 号	男	24	167	50.3	91	7.0	9.5
20 号	男	23	178	64.2	103	6.3	8.0
21 号	女	24	160	50.3	95	6.8	6.7
22 号	女	23	156	50.5	92	6.8	7.6
23 号	女	25	162	51.0	96	6.3	9.5
24 号	男	26	182	69.8	105	7.0	7.9
25 号	女	25	160	47.1	93	7.7	9.5

8.1.3 测量方案

为保证测试结果的可靠性，试验分为“准备阶段”与“正式测试阶段”两个阶段。

1）准备阶段

首先测量并记录测试者身高、体重、腿长，并记录测试者性别、年龄等基本信息。然后请测试者在测试场地保持自然姿态、按照特定频率步行及跑步各 10 步，测出 10 步的距离并记录用时。在正式试验前，在引入和引出平台上标出该步距，请测试者在每次步行、跑步过程中能尽量使得脚底中心基本能踩在标记处，从而保证激励位置完全在上底板范围内。重复训练多次，直至测试者能自然舒适地进行激励，即开始正式测试。

2）正式测试阶段

测试者从试验场地地面一侧踏入引入平台，根据引入平台表面标记的踏步点位调整步伐，按要求将单步激励位置控制在指定测力区域，随后进入另一侧的引出平台，回到地面，然后原路返回，依次循环，来回 6 趟，现场测试照片如图 8.2 所示。

（a）步行激励

（b）跑步激励

图 8.2　现场测试照片

8.2　单步步行激励荷载模型

8.2.1　荷载模型形式

从 1977 年 Blanchard 等[2]提出一个简单的一阶正弦谐波模型模拟步行至今，许多学者在关于步行激励荷载模型拟合上做出了大量研究，提出了基于人体体重及步行频率时域模型。最常见的傅里叶级数时域模型假定：人体步行过程中每一步完全一致，即步行荷载为周期荷载，则竖向步行荷载激励模型（在没有特别说明时本书描述的方向均为竖向）可表示为

$$F_{\mathrm{W}}(t)=G_{\mathrm{P}}\left[1+\sum_{i=1}^{n_{\mathrm{W}}}\alpha_{\mathrm{W}i}\sin(2\pi i f_{\mathrm{W}}t-\theta_{\mathrm{W}i})\right] \tag{8.1}$$

在研究人体步行激励荷载模型时，通常假设人体的每一步激励荷载都完全相同；在此假定下，人体步行激励荷载为周期性荷载。对任意周期性荷载 $F(t)$，都可以展开成傅里叶级数的形式，即

$$F(t)=a_0+\sum_{n=1}^{\infty}a_n\cos\frac{2\pi n}{T_{\mathrm{P}}}t+\sum_{n=1}^{\infty}b_n\sin\frac{2\pi n}{T_{\mathrm{P}}}t \tag{8.2}$$

$$a_0=\frac{1}{T_{\mathrm{P}}}\int_0^{T_{\mathrm{P}}}F(t)\mathrm{d}t \tag{8.3}$$

$$a_n=\frac{2}{T_{\mathrm{P}}}\int_0^{T_{\mathrm{P}}}F(t)\cos\frac{2\pi n}{T_{\mathrm{P}}}t\mathrm{d}t \tag{8.4}$$

$$b_n=\frac{2}{T_{\mathrm{P}}}\int_0^{T_{\mathrm{P}}}F(t)\sin\frac{2\pi n}{T_{\mathrm{P}}}t\mathrm{d}t \tag{8.5}$$

式中，a_0、a_n、b_n——傅里叶系数；

n——周期函数计算阶数；

T_{p}——单步激励持续时间。

本节中，为将人体重量作为后期荷载激励模型的分析参数，将傅里叶级数形式改为

$$F_{\mathrm{W}}(t)=G_{\mathrm{p}}\left[\alpha_{\mathrm{W}0}+\sum_{i=1}^{n}\alpha_{\mathrm{W}i}\sin\left(\frac{2\pi i}{T_{\mathrm{p}}}t+\theta_{\mathrm{W}i}\right)\right] \tag{8.6}$$

$$\alpha_{\mathrm{W}0}=\frac{1}{G\cdot T_{\mathrm{p}}}\int_{0}^{T_{\mathrm{p}}}F_{\mathrm{W}}(t)\mathrm{d}t \tag{8.7}$$

$$\alpha_{\mathrm{W}i}=\sqrt{a_i^2+b_i^2} \tag{8.8}$$

$$\theta_i=\arctan\left(\frac{a_i}{b_i}\right) \tag{8.9}$$

$$a_i=\frac{2}{G\cdot T_{\mathrm{p}}}\int_{0}^{T_{\mathrm{p}}}F(t)\cos\frac{2\pi i}{T_{\mathrm{p}}}t\mathrm{d}t \tag{8.10}$$

$$b_i=\frac{2}{G\cdot T_{\mathrm{p}}}\int_{0}^{T_{\mathrm{p}}}F(t)\sin\frac{2\pi i}{T_{\mathrm{p}}}t\mathrm{d}t \tag{8.11}$$

式中，$\alpha_{\mathrm{W}i}$——第 i 阶步行荷载步频的动载因子；

$\theta_{\mathrm{W}i}$——第 i 阶步行荷载步频的相位角；

G——混凝土剪切模量。

随着计算阶数 n 的增加，曲线的计算结果会更精确，但计算过程也会更加烦冗；当计算阶数 n 增加到一定程度后，计算结果会趋于稳定。为得到既能便于计算又相对准确的荷载模型，对 1 号测试者的 6 次激励荷载时程曲线进行如下初探计算：将傅里叶级数展开为一阶至四阶试算，分别与试验值进行对比，如图 8.3 所示。

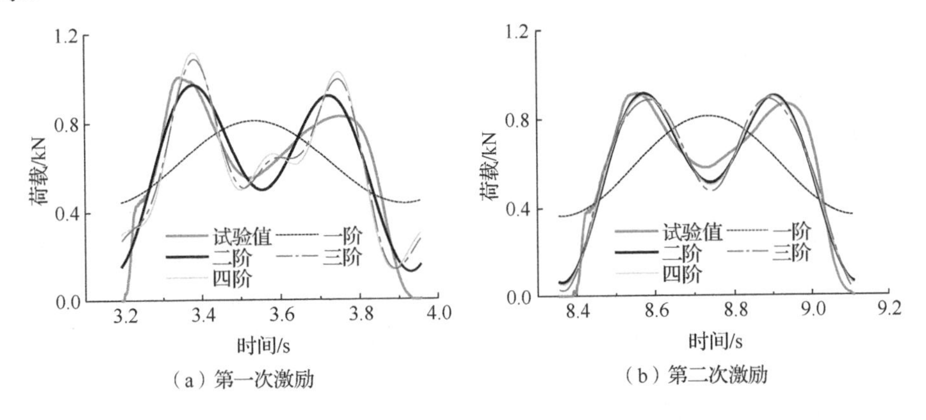

（a）第一次激励　（b）第二次激励

图 8.3　1 号测试者 6 次步行激励下实测荷载时程曲线与荷载模型曲线对比

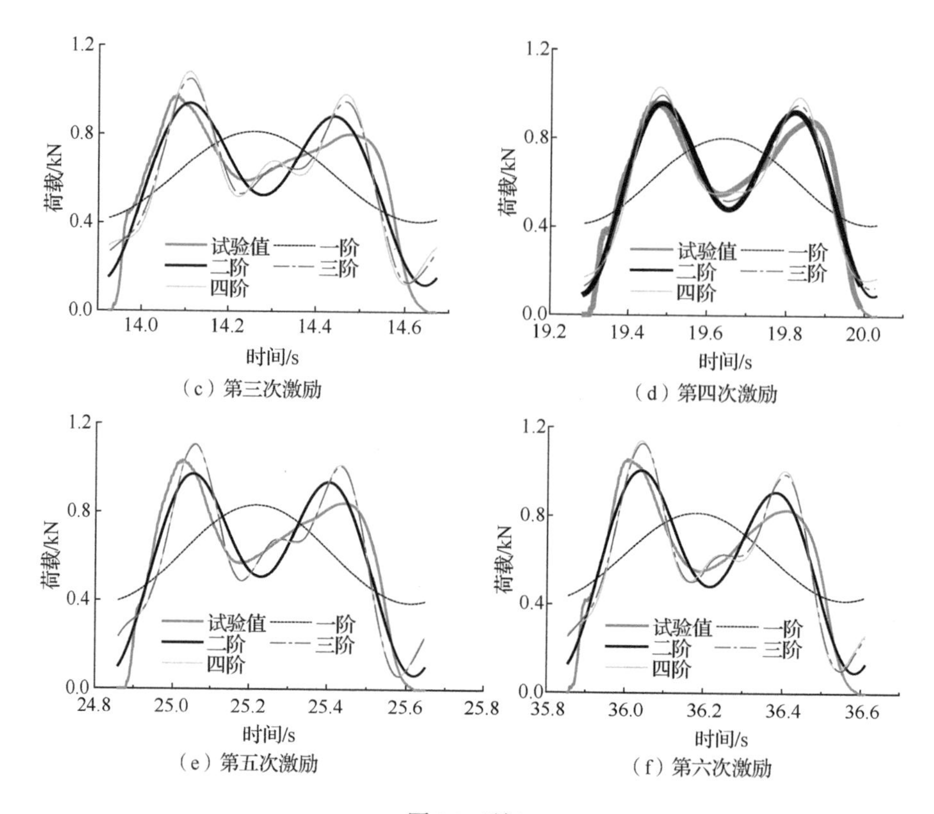

（c）第三次激励

（d）第四次激励

（e）第五次激励

（f）第六次激励

图 8.3（续）

当计算阶数为二阶（n=2）时，计算所得荷载模型曲线基本与试验结果一致：二阶计算模型的曲线峰值与试验荷载时程曲线峰值误差在 0.13%～6.04%。故在后期计算中取二阶计算，即单步激励模型表达为

$$F(t)=G\left[\alpha_{\mathrm{W0}}+\alpha_{\mathrm{W1}}\sin\left(\frac{2\pi}{T_{\mathrm{p}}}t+\theta_{\mathrm{W1}}\right)+\alpha_{\mathrm{W2}}\sin\left(\frac{4\pi}{T_{\mathrm{p}}}t+\theta_{\mathrm{W2}}\right)\right] \tag{8.12}$$

8.2.2　动载因子

基于试验数据，分别计算 25 位测试者基于傅里叶二阶展开步行激励荷载模型的动载因子值及相位角，统计出每人每次步行激励的单步接触时长 T_{p}，对每位测试者取其中 6 组开展研究，共 25×6=150（组）。步行激励下 T_{p} 在 0.52～0.87s。步行荷载激励单步接触时长 T_{p} 对应的一、二阶动载因子值α和相位角 θ 计算值（图 8.4），采用最小二乘法线性回归，计算并给出拟合值。

从图 8.4 中可得到以下结论。

（1）动载因子 α_{W0} 随 T_{p} 的增大呈下降趋势，有较为明显的线性相关性，通过线性回归得出拟合曲线为 $\alpha_{\mathrm{W0}}=-0.2775T_{\mathrm{p}}+0.9799$。

（2）动载因子 α_{W1} 随 T_p 的增大呈上升趋势，有较为明显的线性相关性，通过线性回归得出拟合曲线为 $\alpha_{W1}=0.9246T_p-0.4192$。

（3）动载因子 α_{W2} 随 T_p 的增大而下降，线性相关性较明显，通过线性回归得到 $\alpha_{W2}=-0.4616T_p+0.6987$。

（4）θ_{W1}、θ_{W2} 与 T_p 相关性不明显，存在较大的离散性，但由图 8.4 可知，θ_{W1} 的取值集中在 $-\pi/2\sim-3\pi/10$ 与 $2\pi/5\sim\pi/2$；θ_{W2} 的取值集中在 $-\pi/2\sim-3\pi/10$。

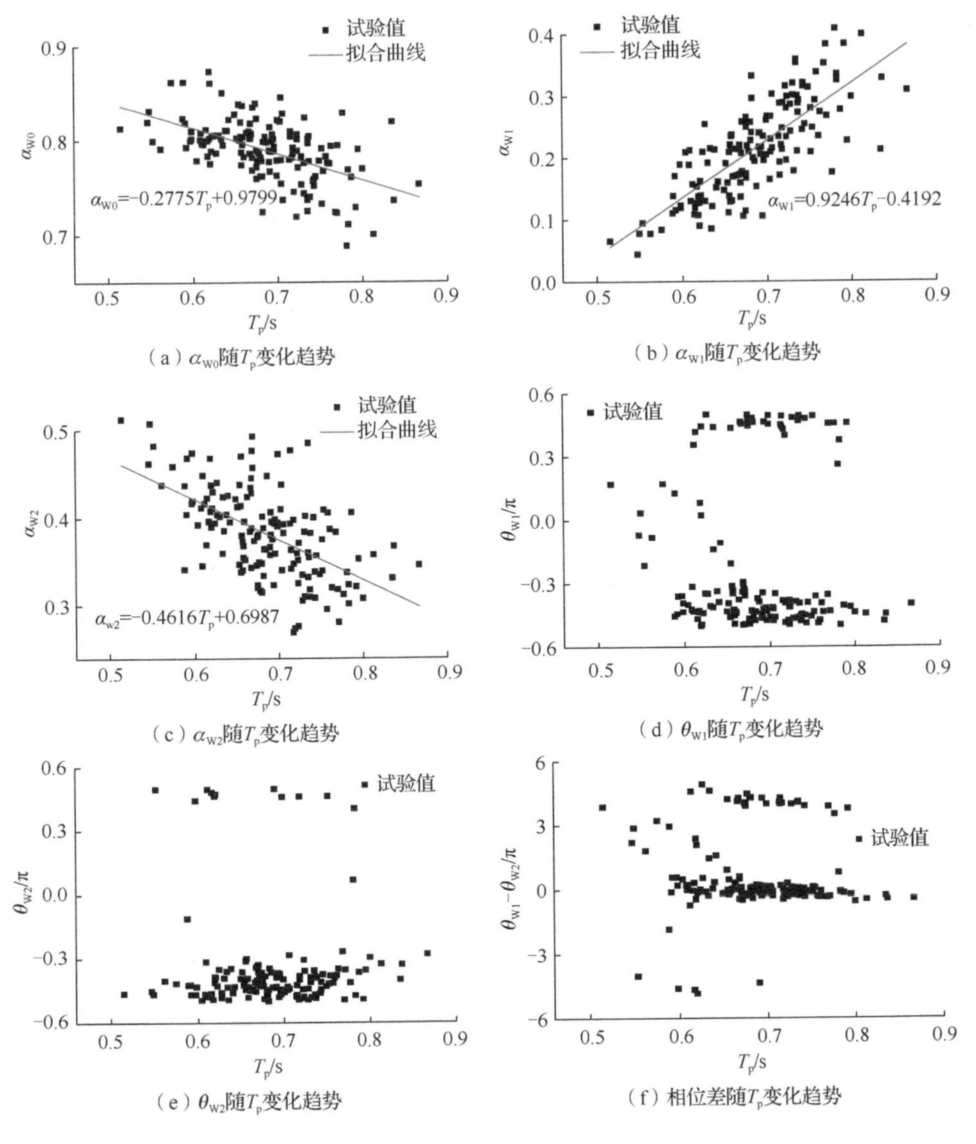

图 8.4　动载因子、相位角与 T_p 的关系

在傅里叶级数叠加过程中，一阶相位角 θ_{W1} 与二阶相位角 θ_{W2} 的绝对值不会直接影响荷载模型的幅值与周期，而产生影响的是相位角 θ_{W1} 与 θ_{W2} 的相位差 $\theta_{W1}-\theta_{W2}$。从图 8.4（f）可知，步行激励荷载模型的两阶相位差在 0 与 4π处较为集中。又由于后两阶傅里叶级数的正弦周期分别为 T_p 与 $T_p/2$，可知当后两阶级数相位差为 0 与 4π时叠合后曲线幅值相等。故不妨将相位差统一定为 0，即可取 $\theta_{W1}=\theta_{W2}$。当两阶相位差相等时，相位角的取值不影响荷载模型的幅值与周期，为方便计算，在后期荷载模型中，直接取 $\theta_{W1}=\theta_{W2}=-\pi/2$。

根据拟合得到的动载因子以及相位角取值，计算出拟合荷载激励模型，并与试验曲线进行对比，包括两者的峰值和冲量的对比。典型的结果对比如图 8.5 所示，误差对比如图 8.6 所示。

由图 8.5 和图 8.6 可知，拟合计算得到的步行激励荷载时程曲线与试验测得的荷载时程曲线相比具有如下特点。

（1）具有相同的曲线特征，即 M 形双峰特征，且曲线的上升与下降趋势基本一致。

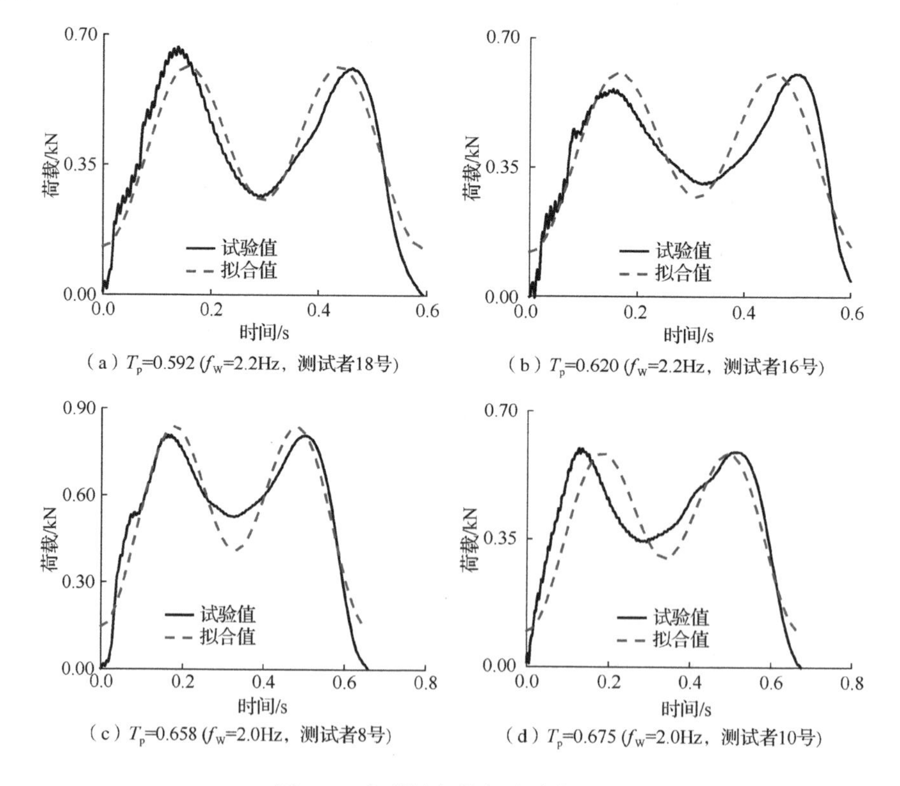

图 8.5　典型拟合值与试验值对比

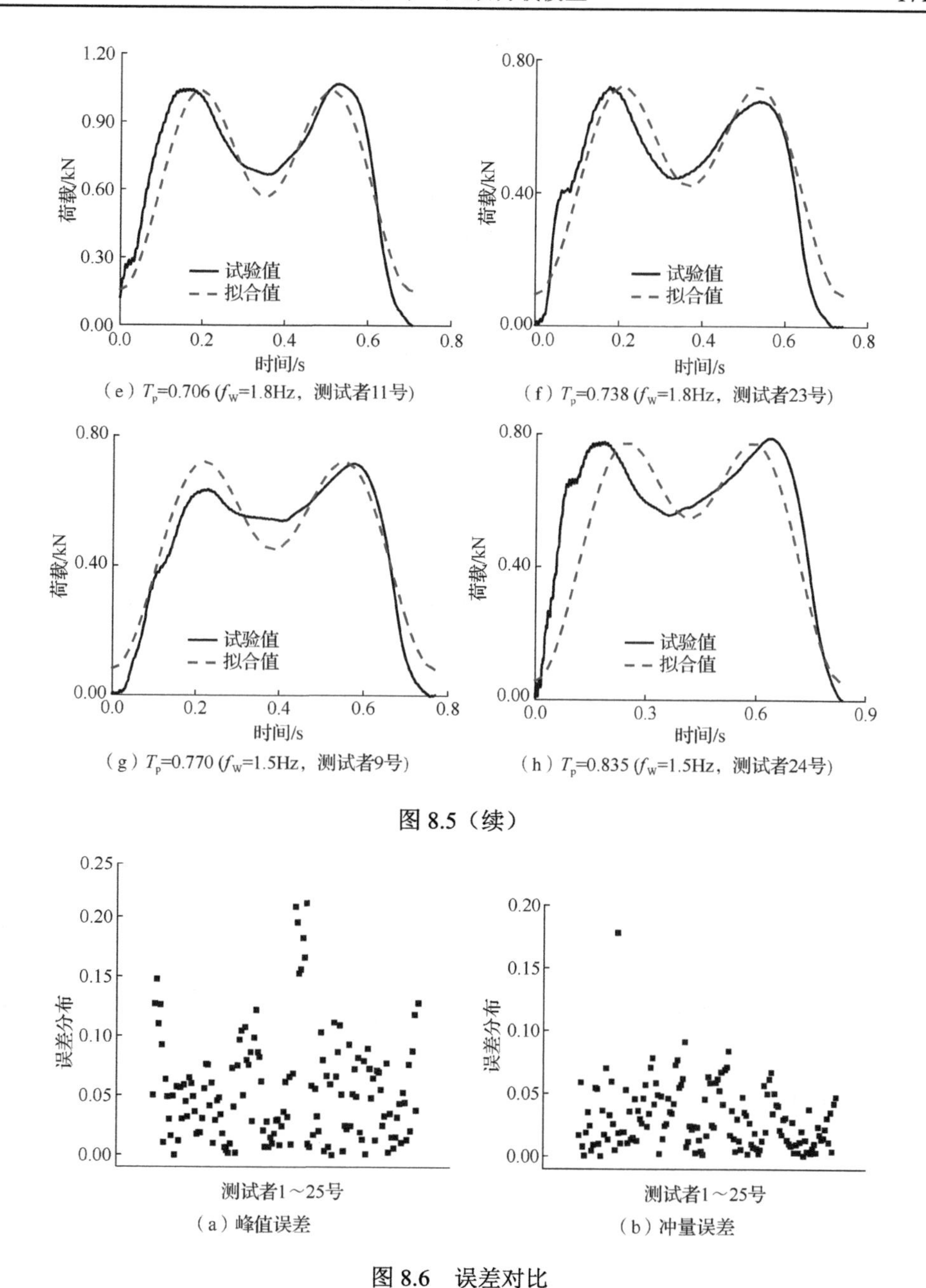

（e）T_p=0.706 (f_W=1.8Hz，测试者11号)　（f）T_p=0.738 (f_W=1.8Hz，测试者23号)

（g）T_p=0.770 (f_W=1.5Hz，测试者9号)　（h）T_p=0.835 (f_W=1.5Hz，测试者24号)

图 8.5（续）

（a）峰值误差　（b）冲量误差

图 8.6　误差对比

（2）试验所得步行激励荷载峰值与拟合计算步行激励荷载模型峰值误差在0～15%。

（3）试验所得步行激励荷载冲量与拟合计算步行激励荷载模型冲量误差在0～10%。

综上所述，采用线性回归拟合的动载因子、相位角得到的单步步行激励荷载模型与试验所得荷载模型吻合良好。

8.3 连续步行激励荷载模型

在人体正常活动中，步行激励往往是一个连续的过程，因此在研究步行激励下结构振动响应时，通常需要使用连续步行激励荷载模型。本节采用时程拓展法将单步激励曲线根据一定激励时间比例原则平移并叠加，拓展得到连续步行激励荷载曲线，模型研究如图 8.7（a）所示。单步步行激励接触时长 T_p 通常约为复步时间 T_{p1} 的 60%[3]，一次双支撑过程时间约为复步时间的 10%。以此为假定，则有：

复步时间为

$$T_{p1}=\frac{1}{f_p}=\frac{5T_p}{3} \tag{8.13}$$

双支撑叠加时间为

$$T_d=0.1T_{p1}=\frac{T_p}{6} \tag{8.14}$$

曲线重复周期为

$$T_c=\frac{T_{p1}}{2}=\frac{5T_p}{6} \tag{8.15}$$

连续步行的过程即为重复复步的过程。一个复步时间包括支撑相与摆动相，一足处于支撑相时，又包括两次双支撑过程。当该足处于摆动相时，另一足则处于支撑相中。假定左右足步行时产生完全一样的单步激励，且步行过程中，每次复步也完全相同。此时，为得到连续荷载曲线，只需要得到双支撑时双足的叠加曲线即可。基于高速摄影试验结果，得到了 T_p/T_d 与 f_W 的关系，如图 8.7（b）所示，故建议 $T_p/T_d=5.5$，则式（8.13）～式（8.15）变为

复步时间为

$$T_{p1}=\frac{18T_p}{11} \tag{8.16}$$

双支撑叠加时间为

$$T_d=\frac{T_p}{5.5}=\frac{2T_p}{11} \tag{8.17}$$

曲线重复周期为

$$T_c=\frac{9T_p}{11} \tag{8.18}$$

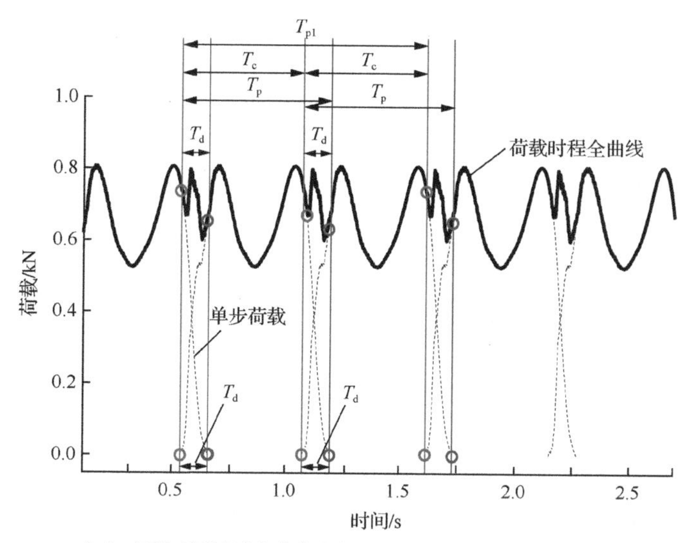

（a）时程拓展所得步行荷载曲线（注：该曲线不能反映激励空间位置变化）

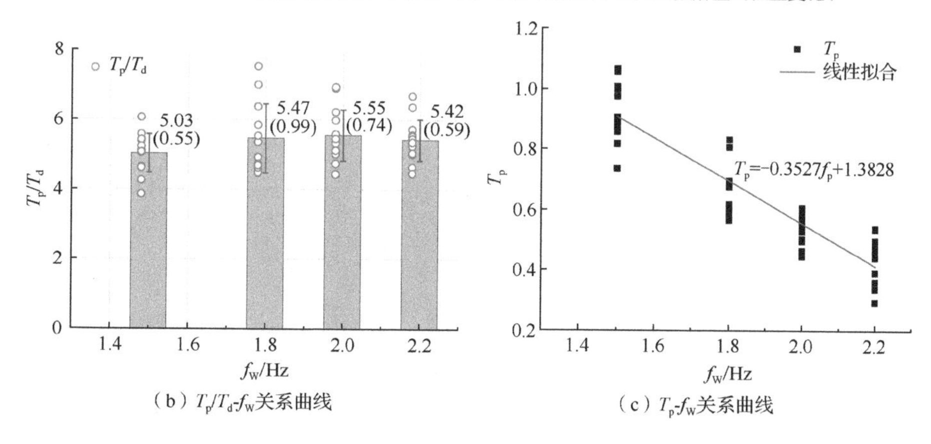

（b）T_p/T_d-f_W关系曲线　　　　（c）T_p-f_W关系曲线

图 8.7　连续步行激励荷载模型研究

连续步行激励荷载随空间的变化与步长等因素相关，本书中不单独考虑。在连续步行的一个重复周期内，连续步行激励荷载表达式为

$$F'(t)=\begin{cases}F_1(t) & (m-1)T_c \leqslant t \leqslant (m-1)T_c+T_d \\ F_2(t) & (m-1)T_c+T_d<t<mT_c\end{cases} \quad (m=1,2,3,\cdots,N) \tag{8.19}$$

$$F_1(t)=F[t+(m-1)T_c]+F(t+mT_c) \quad (m=1,2,3,\cdots,N) \tag{8.20}$$

$$F_2(t)=F[t+(m-1)T_c] \quad (m=1,2,3,\cdots,N) \tag{8.21}$$

在步行激励荷载模型研究中，由于步频容易测量，常被确定为荷载模型参数之一。本书给出了 T_p 和 f_W 的关系，如图 8.7（c）所示，当 T_p 不易量测时，可通过步频 f_W 计算 T_p，从而建立步行激励荷载模型。

8.4　单步跑步激励荷载模型

8.4.1　荷载模型形式

与研究人体步行激励荷载模型类似，在跑步过程中也假设激励者每一步激励完全相同。在此假定下，人跑步过程中的荷载为周期性荷载。因此可以将跑步激励荷载 $F_R(t)$ 展开为与步行激励荷载 $F_W(t)$ 相同的傅里叶级数的形式，即

$$F_R(t) = G\left[\alpha_{R0} + \sum_{i=1}^{n} \alpha_{Ri} \sin\left(\frac{2\pi i}{T_{Rp}} t + \theta_{Ri}\right)\right] \tag{8.22}$$

上述步行荷载模型中，确定当展开为二阶时，已经基本吻合试验荷载曲线。为得到单步跑步激励荷载模型，对 1 号测试者的 6 次激励所得荷载时程曲线进行初探计算：分别取傅里叶级数一阶展开进行试算，将计算结果与试验结果进行对比，如图 8.8 所示。

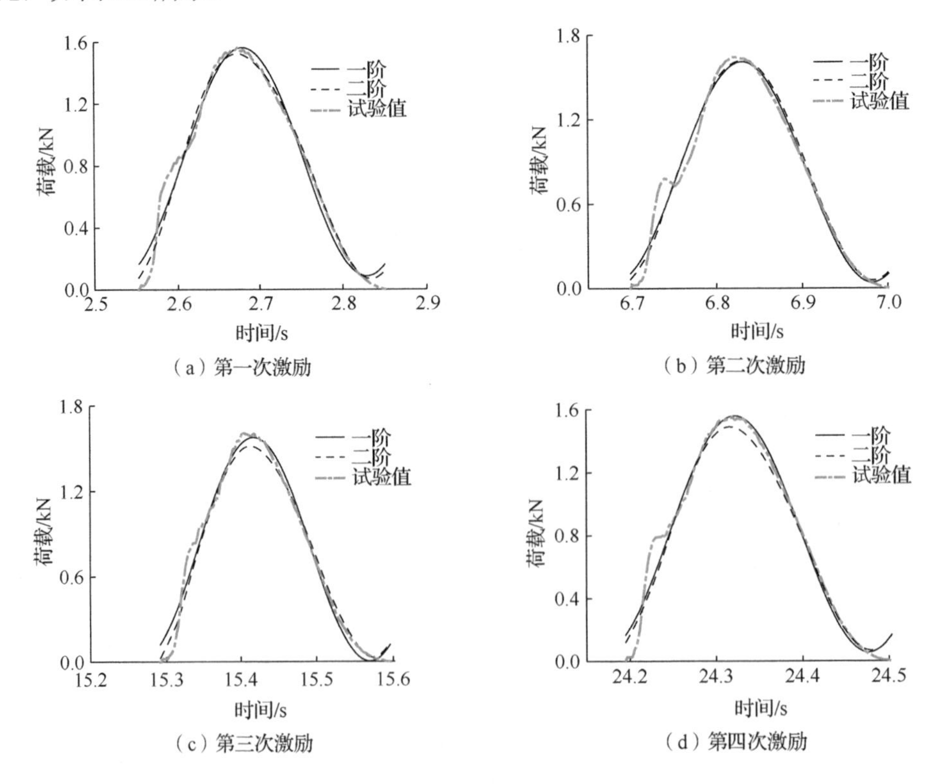

图 8.8　1 号测试者 6 次跑步激励下试验曲线与计算曲线对比

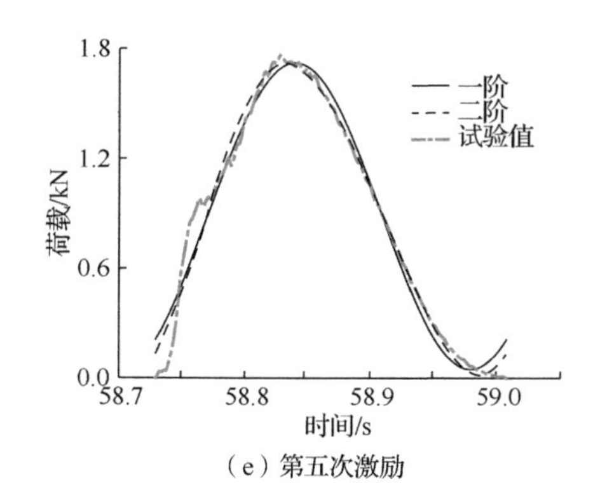

（e）第五次激励

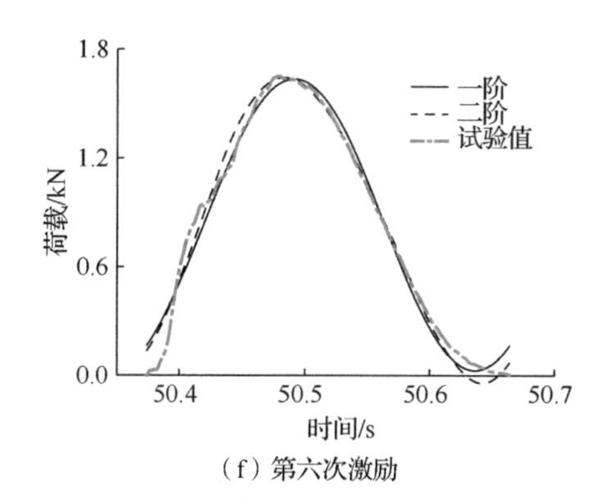

（f）第六次激励

图 8.8（续）

对比结果可知，跑步激励下傅里叶级数展开为一阶时，计算结果与试验结果吻合良好（误差 0.12%～2.45%），故在后期单步跑步激励荷载曲线计算中，采用一阶傅里叶级数，即

$$F_{\mathrm{R}}(t)=G\left[\alpha_{\mathrm{R}0}+\alpha_{\mathrm{R}1}\sin\left(\frac{2\pi}{T_{\mathrm{Rp}}}t+\theta_{\mathrm{R}1}\right)\right] \tag{8.23}$$

8.4.2 动载因子

分别计算 25 位测试者基于傅里叶一阶展开跑步荷载激励模型的动载因子及相位角，给出不同测试者跑步激励的单步接触时长 T_{Rp}，每位测试者选取 6 组激励进行分析，共 25×6=150 组。跑步激励 T_{Rp} 在 0.25～0.47s。跑步荷载激励单步持续时间 T_{Rp} 下对应的一阶动载因子和相位角数值（图 8.9），基于最小二乘法线性回归给出拟合值，从图 8.9 可得到如下结论。

（1）动载因子 $\alpha_{\mathrm{R}0}$ 随 T_{Rp} 的增加而呈现下降趋势，通过线性回归得出拟合曲线为 $\alpha_{\mathrm{R}0}=-1.6489T_{\mathrm{Rp}}+1.6688$。

（2）动载因子 $\alpha_{\mathrm{R}1}$ 随 T_{Rp} 的增加而表现出下降趋势，有较为明显的线性相关性，通过线性回归得 $\alpha_{\mathrm{R}1}=-1.0236T_{\mathrm{Rp}}+1.3402$。

（3）$\theta_{\mathrm{R}1}$ 随 T_{Rp} 的增加呈上升趋势，但无明显的线性相关性，相位角值集中在 −0.4π～−0.2π。均值为−π/3；由于相位角的取值不影响荷载曲线的峰值与周期，故为了便于计算，统一取 $\theta_{\mathrm{R}1}=-\pi/3$。

根据拟合得到的动载因子及相位角取值，计算出拟合荷载-时间模型，与试验曲线进行对比。计算出试验荷载曲线峰值与拟合计算荷载模型峰值（结果相差在 0.64%～7.01%）、试验荷载曲线冲量与拟合计算荷载模型冲量（结果相差在 0.37%～14.40%）。因此可认为，采用线性回归拟合的动载因子、相位角计算值得的单步跑步激励荷载模型与试验荷载模型吻合良好。

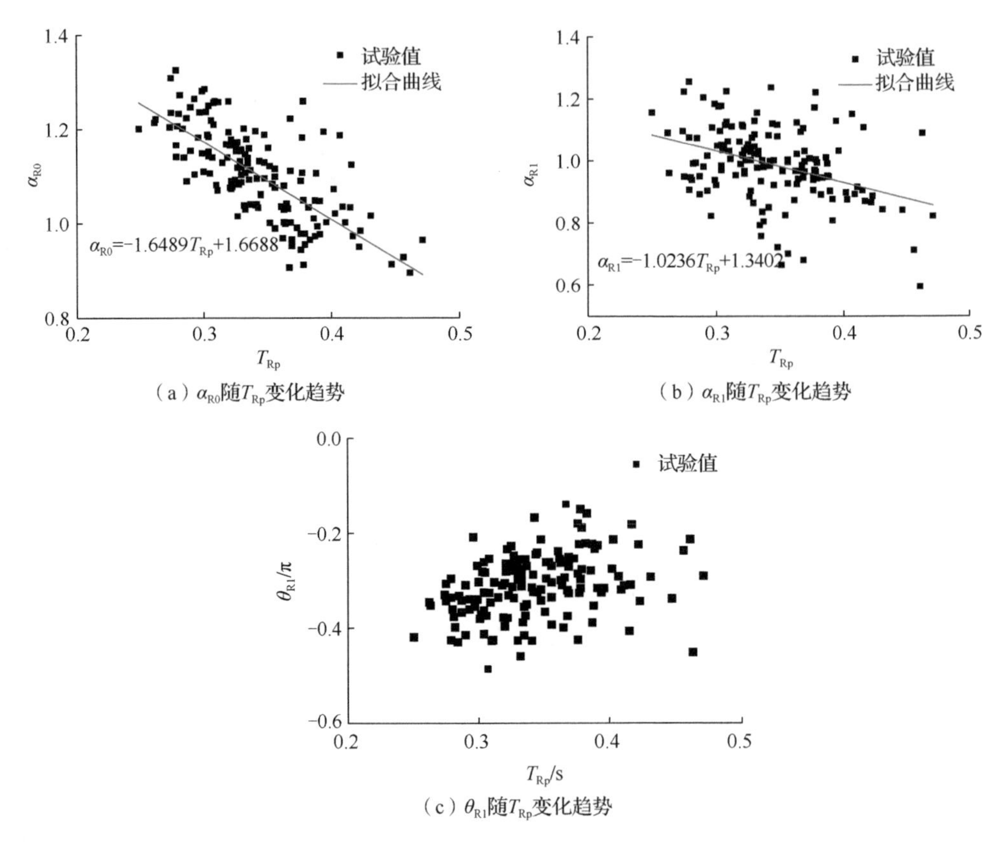

（a）α_{R0}随T_{Rp}变化趋势

（b）α_{R1}随T_{Rp}变化趋势

（c）θ_{R1}随T_{Rp}变化趋势

图 8.9　动载因子、相位角与 T_{Rp} 的关系

图 8.10 给出了典型的拟合计算结果与试验结果对比，误差对比如图 8.11 所示。

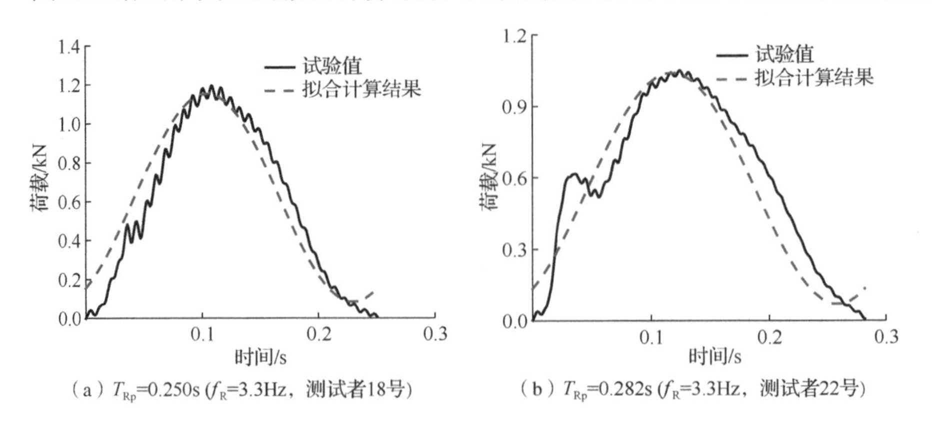

（a）T_{Rp}=0.250s (f_R=3.3Hz，测试者18号)

（b）T_{Rp}=0.282s (f_R=3.3Hz，测试者22号)

图 8.10　典型拟合计算结果与试验结果对比

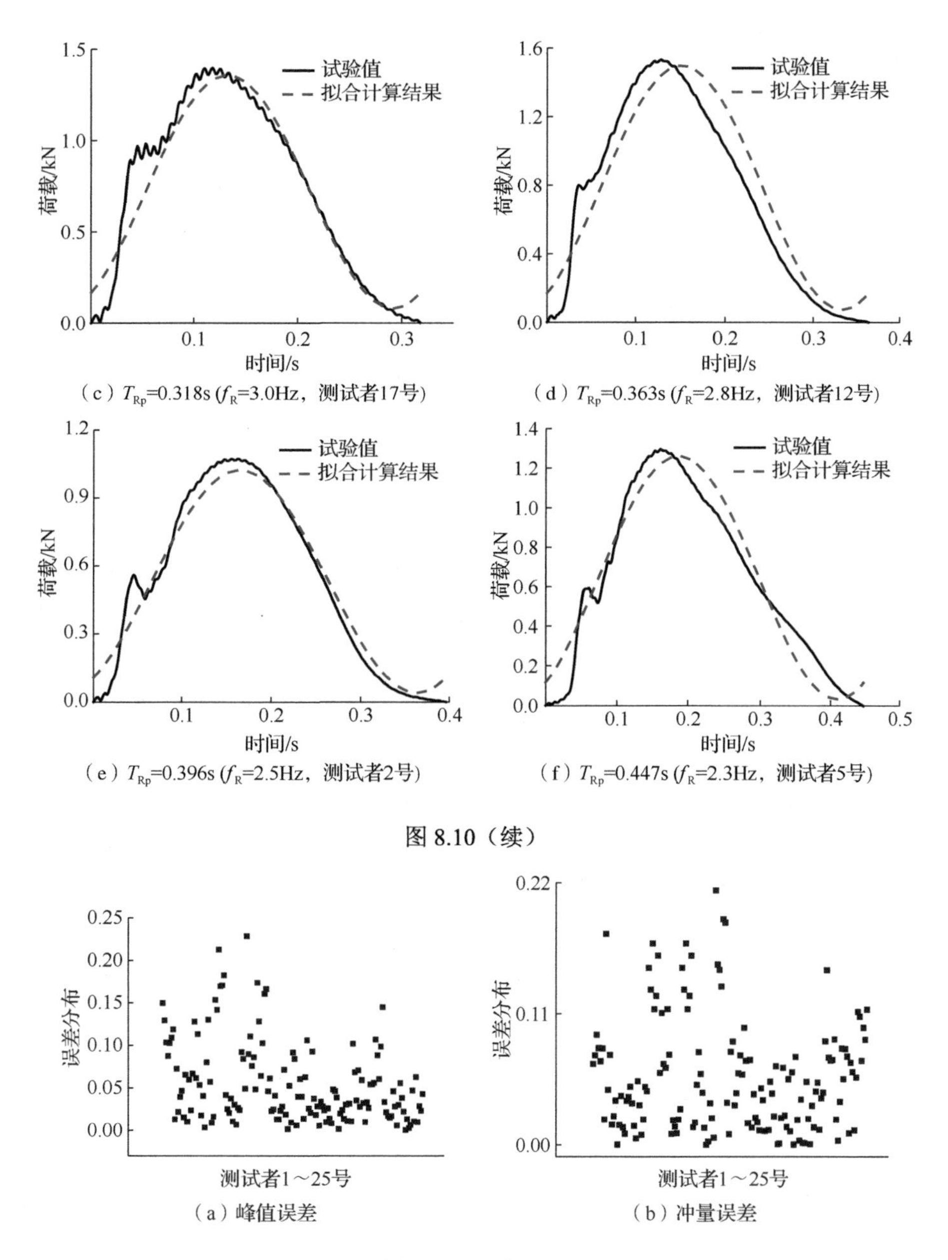

（c）T_{Rp}=0.318s (f_R=3.0Hz，测试者17号)

（d）T_{Rp}=0.363s (f_R=2.8Hz，测试者12号)

（e）T_{Rp}=0.396s (f_R=2.5Hz，测试者2号)

（f）T_{Rp}=0.447s (f_R=2.3Hz，测试者5号)

图 8.10（续）

（a）峰值误差

（b）冲量误差

图 8.11　误差对比

由图 8.10 和图 8.11 可知，拟合计算得到的单步跑步激励荷载时程曲线与试验测得的荷载时程曲线相比具有如下特点。

（1）具有相同的曲线特征，均为“单峰型”。

（2）试验所得跑步激励荷载峰值与拟合计算跑步激励荷载模型峰值结果误差为0～20%。

（3）试验所得跑步激励荷载冲量与拟合计算跑步激励荷载模型冲量结果误差为0～20%。

综上所述，采用线性回归拟合的动载因子、相位角计算值得到的单步跑步激励荷载模型与试验荷载模型吻合良好。

8.5　连续跑步激励荷载模型

众所周知，在描述跑步激励荷载时程曲线时，最重要的是明确跑步速度或跑步频率。本书涉及的跑步频率 f_R 为2.3～3.3Hz。

如图8.12（a）所示，间隔时间 T_{Ri} 可以由单步时长 $T_{Rc}=1/f_R$ 和接触时长 T_{Rp} 得到，也就是 $T_{Ri}=T_{Rc}-T_{Rp}=1/f_R-T_{Rp}$。接触时长 T_{Rp} 和跑步频率 f_R 的关系如图8.12（b）所示。需要注意的是：在步频2.3～3.0Hz范围内，T_{Rp} 和 f_R 呈线性关系，随着步频增加（如大于 3.0Hz），接触时长 T_{Rp} 不再增加；也就是说，对于快跑（f_R>3.0Hz），T_{Rp} 和 f_R 的线性关系是否满足需要认真校核。

与步行激励不同，在跑步激励过程中（2.3～3.0Hz），不存在双支撑过程。这种情况下，跑步激励连续激励荷载模型可以认为是单步荷载曲线简单重复。

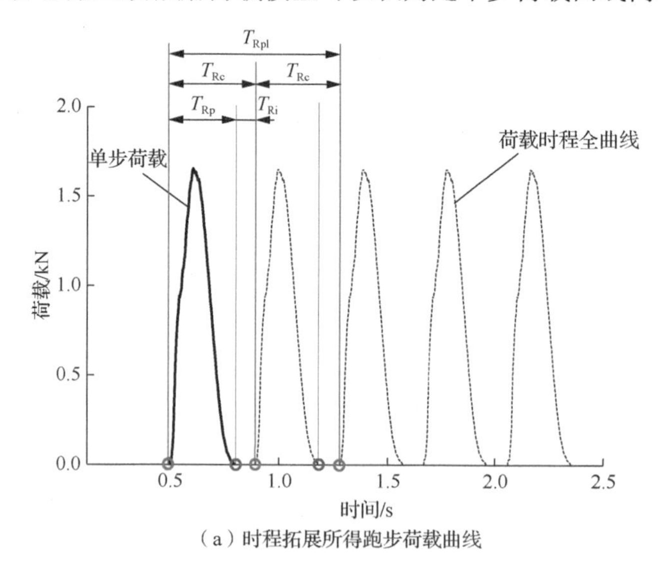

（a）时程拓展所得跑步荷载曲线

图8.12　连续跑步激励荷载模型研究（注：该曲线不能反映激励空间位置变化）

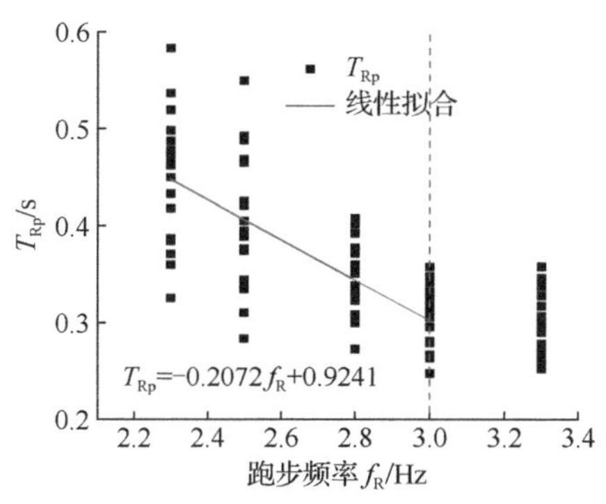

（b）单步接触时长T_{Rp}与跑步频率f_R关系

图 8.12（续）

8.6　荷载模型应用实例

参考某空心板-RC 叠合板组合梁人致振动试验，采用 SAP 软件，建立有限元分析模型，首先输入真实步行荷载时程曲线，通过模态分析和时程分析分别得到结构频率与加速度时程响应，与试验结果进行对比，验证 SAP 模型的有效性；在已验证模型的基础上，输入本章提出的步行荷载拟合模型，将计算所得加速度时程响应与试验结果进行对比，考查荷载拟合模型的有效性。

该空心板-RC 叠合板组合梁主要参数：跨度 6.0m，宽度 1.8m，预制混凝土强度等级为 C60，现浇叠合层混凝土强度等级为 C40，预制空心板厚度为 150mm，选型来自《SP 预应力空心板》图集（05SG408）中 SP15，现浇层厚度为 60mm。

截取空心板跨度方向的单元截面进行计算，换算前后截面示意图如图 8.13 所示。为简便计算，将空心截面近似取为椭圆状（惯性矩误差为 5.2%）。保证整体截面惯性矩相等，计算出换算截面高度，计算过程如下所述。

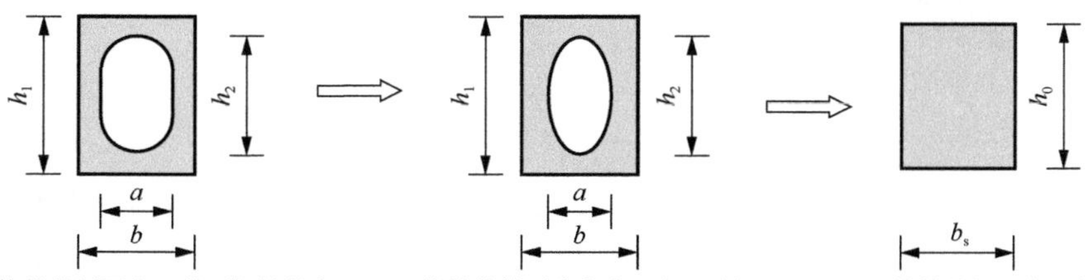

a——换算前椭圆空心截面短轴长度；b——换算前截面总宽度（空心孔间距）；h_1——换算前矩形截面高度；h_2——换算前椭圆空心截面长轴长度；b_s——换算后截面宽度，大小取 b 值；h_0——换算后实心截面高度。

图 8.13　空心楼板单元换算前后截面示意图

空心板截面惯性矩 I_0 表达式为

$$I_0 = I_1 - I_2 \tag{8.24}$$

式中，I_1——换算前矩形截面（长 h_1，宽 b）惯性矩 $\frac{bh_1^3}{12}$；

I_2——换算前椭圆空心截面（长轴 h_2，短轴 a）惯性矩 $\frac{\pi a h_2^3}{16}$。

利用截面惯性矩相等，将空心板截面等效为实心截面

$$I_{s0} = I_0 \tag{8.25}$$

即

$$\frac{b_s h_0^3}{12} = \frac{bh_1^3}{12} - \frac{\pi a h_2^3}{16} \tag{8.26}$$

式中，I_{s0}——换算后截面惯性矩 $\frac{b_s h_0^3}{12}$。

式（8.26）中取 $b = 95\text{mm}$，$a = 57\text{mm}$，$h_1 = 150\text{mm}$，$h_2 = 95\text{mm}$，可得换算后空心板厚度为 $h_0 = 130\text{mm}$。

在 SAP 有限元分析模型中，使用壳单元模拟叠合楼板（混凝土密度取 2450kg/m^3）；使用框架单元模拟钢梁（Q345 钢材，密度 7800kg/m^3）。根据叠合层（C40）弹模和预制层混凝土（C60）弹模，计算得到截面等效弹模（3.5×10^4 MPa）。边界条件采用与试验完全一致的边界条件，在固定端将 U1、U2、U3、UR1 与 UR3 进行约束，在滑动端将 U2、U3、UR1 与 UR3 进行约束。通过 SAP 软件偏移功能，将钢梁整体向下偏移 0.205m，实现钢梁框架单元与楼板壳单元相对位置与实际一致，且共用节点保证组合作用。SAP 有限元模型如图 8.14 所示。

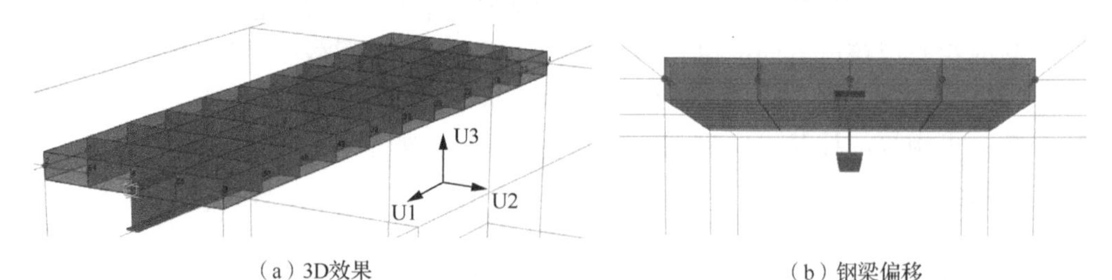

（a）3D效果　　（b）钢梁偏移

图 8.14　SAP 有限元模型

通过 SAP 有限元分析，得到结构一阶自振频率；将计算结果与试验值进行对比，如图 8.15 所示。从图 8.15 中可以看出，试验所得一阶自振频率为 15.917Hz，计算所得一阶自振频率为 16.434Hz，二者误差为 3%，吻合良好。

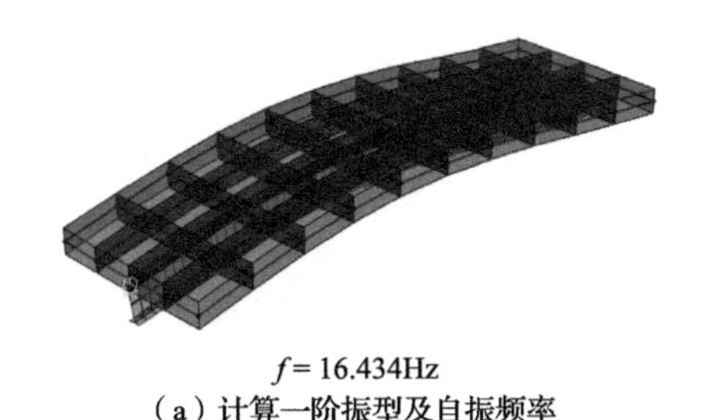

$f=16.434\text{Hz}$
（a）计算一阶振型及自振频率

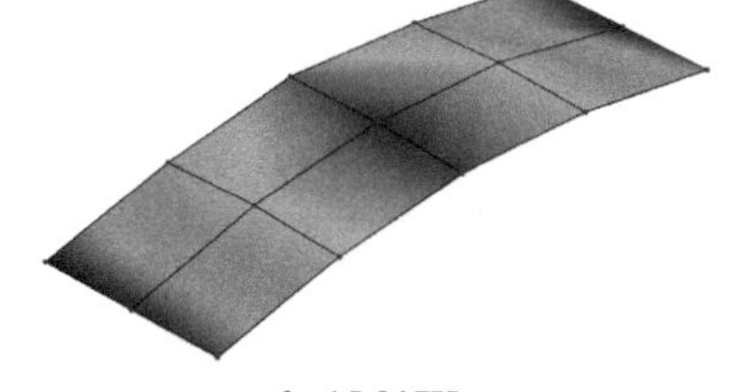

$f=15.917\text{Hz}$
（b）试验一阶振型及自振频率

图 8.15　一阶振型及自振频率对比

将实测步行荷载时程曲线输入 SAP 模型，荷载时程曲线如图 8.16（a）所示。通过有限元分析，保持模型荷载输入和加速度输出频率与试验采集频率一致（1000Hz），计算得到跨中测点的加速度时程曲线，与实测加速度时程曲线对比，如图 8.16（b）所示。可以看出，在步行激励作用下，有限元计算所得跨中加速度时程与实测跨中加速度时程吻合良好，验证了有限元模型的有效性。

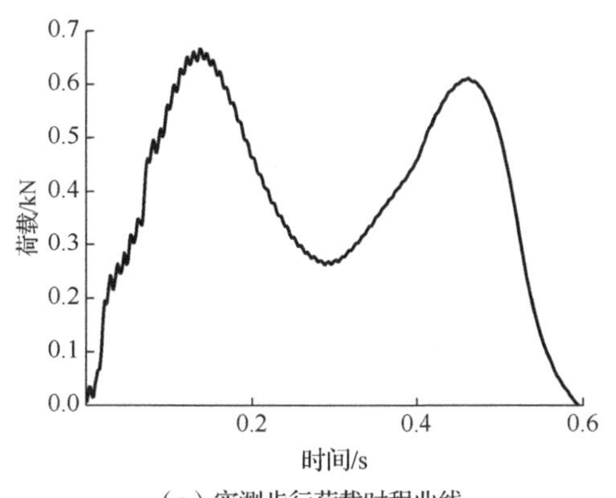

（a）实测步行荷载时程曲线

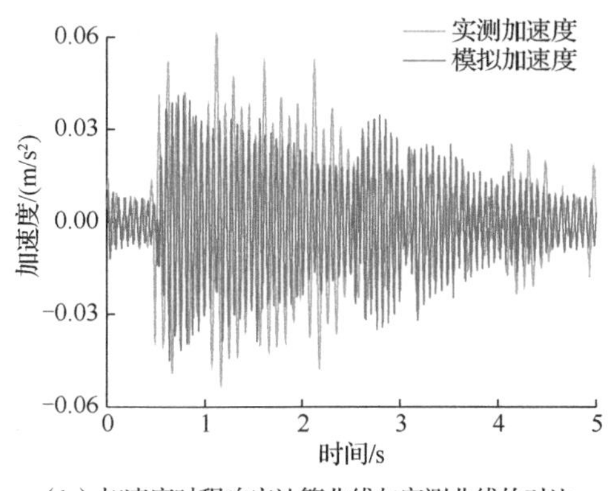

（b）加速度时程响应计算曲线与实测曲线的对比

图 8.16　基于实测荷载模型的加速度时程响应分析

在上述已验证模型的基础上，将输入荷载时程更换为本章提出的步行荷载模型［图 8.17（a）］，计算得到跨中测点的加速度时程曲线，与实测加速度时程曲线进行对比，如图 8.17（b）所示。采用拟合荷载模型计算得到的跨中加速度时程曲线与实测加速度时程曲线总体吻合良好，但考虑到拟合模型与真实荷载模型存在一定差异，这种结果可以接受。通过分析，验证了步行荷载拟合模型的有效性，可为开展振动相关分析研究提供参考。

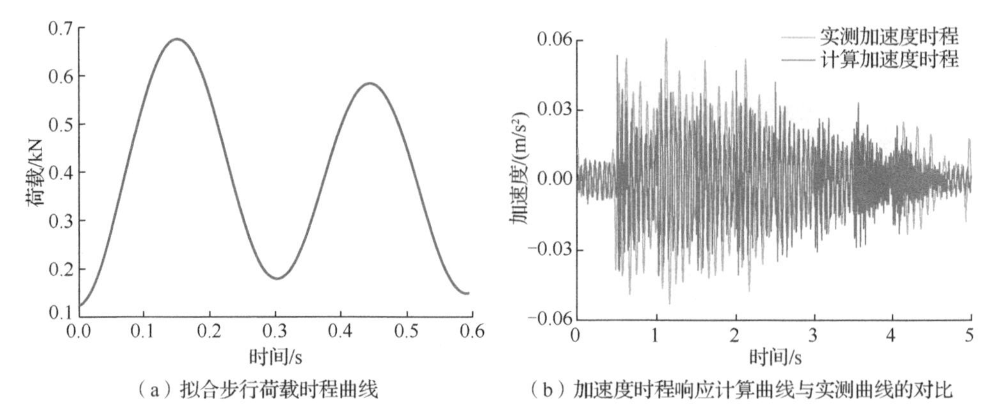

（a）拟合步行荷载时程曲线　（b）加速度时程响应计算曲线与实测曲线的对比

图 8.17　基于拟合荷载模型的加速度时程响应分析

参 考 文 献

[1] 黄鉥．人致荷载作用下大跨度装配式钢-混凝土空心板组合梁振动响应研究[D]．重庆：重庆大学，2019.

[2] Blanchard J, Davies B L, Smith J W. Design criteria and analysis for dynamic loading of footbridges[J]. TRRL Symposium on Dynamic Behaviour of Bridges, 1977, 275: 90-106.

[3] 陈隽，彭怡欣，王玲．基于步态分析技术的三向单足落步荷载曲线试验建模[J]．土木工程学报，2014，47（3）：79-87.

第9章 算例分析

9.1 楼盖振动舒适度设计评价流程

本章将基于前述章节所推导的解析解，给出矩形楼盖振动舒适度设计评价计算流程，并以某矩形预应力混凝土楼盖为例，详细阐述人致楼盖振动舒适度设计评价全过程，供设计研究人员参考。矩形楼盖振动舒适度设计评价流程如图 9.1 所示。

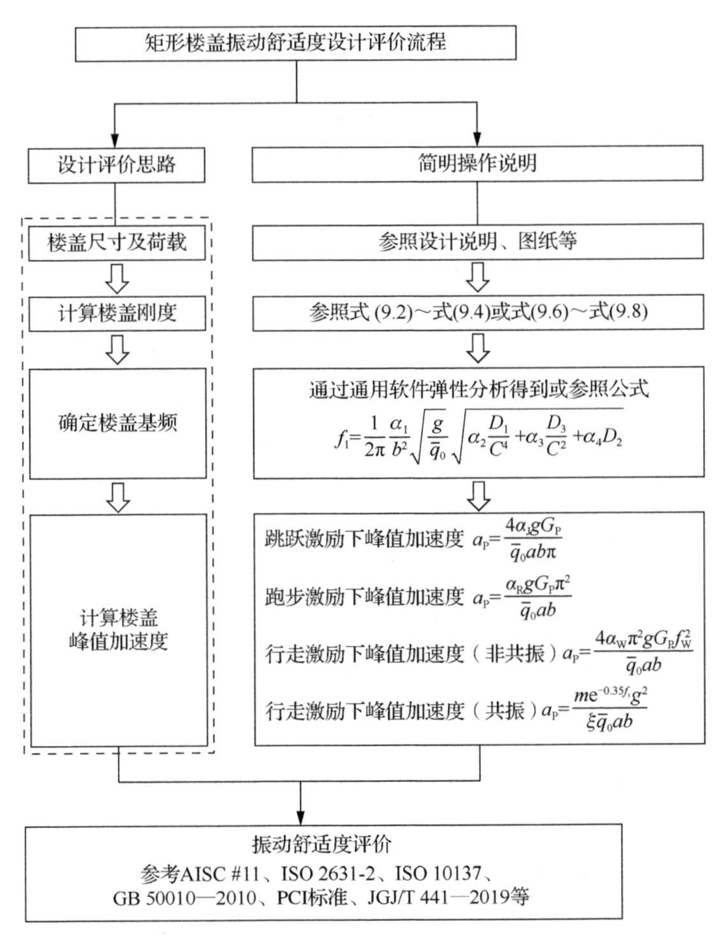

图 9.1 矩形楼盖振动舒适度设计评价流程图

矩形楼盖竖向振动舒适度具体评价设计流程如下所述。

1）确定楼盖截面尺寸及单位面积上荷载

所计算矩形楼盖跨度为 x 向楼盖的宽度为 a，y 向楼盖的宽度为 b，单位面积恒载标准值为 W_D（包含梁板自重），活载标准值为 W_L，单位面积上荷载为

$$\bar{q}_0 = \frac{W_D + W_L}{ab} \tag{9.1}$$

2）计算楼盖刚度

根据下面公式确定楼盖（图 9.2）刚度 D_1（x 方向抗弯刚度，即绕 y 轴的抗弯刚度）、D_2（y 方向抗弯刚度，即绕 x 轴的抗弯刚度）和 D_3（组合抗弯刚度）的表达式为

$$D_1 = E\left(I_1' + \frac{I_1''}{b_1}\right) \tag{9.2}$$

$$D_2 = E\left(I_2' + \frac{I_2''}{a_1}\right) \tag{9.3}$$

$$D_3 = D_1\left(S\mu + \frac{0.425h^3 b}{6I_1^0} + \frac{0.425m_1^3 n_1 \alpha b}{b_1 I_1^0} + \frac{0.425m_2^3 n_2 \alpha b}{a_1 I_1^0}\right) \tag{9.4}$$

$$S = \frac{D_2}{D_1} \tag{9.5}$$

上述式中，E ——混凝土弹性模量，详见表 9.1；

I_1' ——x 向梁板横截面内板对梁板截面重心的惯性矩；

I_1'' ——x 向梁板横截面内梁对梁板截面重心的惯性矩；

b_1 ——y 向相邻梁中至梁中的距离；

I_2' ——y 向梁板横截面内板对梁板截面重心的惯性矩；

I_2'' ——y 向梁板横截面内梁对梁板截面重心的惯性矩；

a_1 ——x 向相邻梁中至梁中的距离；

a ——x 向楼板的宽度；

μ ——泊松比，取 0.1667；

I_1^0 ——x 向梁板横截面惯性矩；

h ——楼盖板厚；

b ——y 向楼板的宽度；

α ——根据 n_i / m_i　$(i=1,2)$ 比值确定的参数，可查表 9.2；

m_1 ——y 向梁的宽度；

n_1 ——y 向梁的高度；

m_2 ——x 向梁的宽度；

n_2 ——x 向梁的高度。

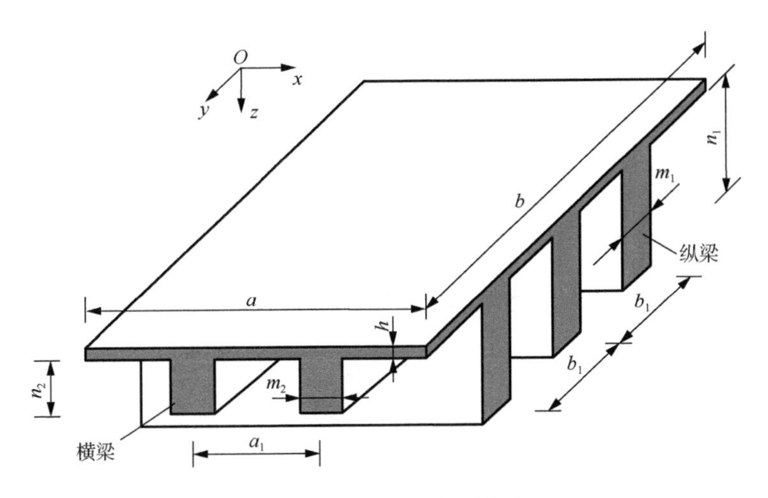

图 9.2 各向异性薄板模型

表 9.1 混凝土弹性模量

强度	弹性模量 E/（10^4MPa）
C20	2.55
C25	2.80
C30	3.00
C35	3.15
C40	3.25
C45	3.35
C50	3.45
C55	3.55
C60	3.60
C65	3.65
C70	3.70
C75	3.75
C80	3.80

表 9.2 系数 α 与 n_i/m_i 的关系

n_i/m_i	α	n_i/m_i	α
1.00	0.141	3.00	0.263
1.50	0.196	4.00	0.281
1.75	0.214	10.00	0.312
2.00	0.229	∞	0.330
2.50	0.249		

注：本章所考虑的梁为等截面且等间距梁。

特殊地，当楼盖梁仅为单向设置（等距离）时（图 9.3），刚度 D_1、D_2 和 D_3 分别为

$$D_1 = \frac{Eh^3}{12} + \frac{EI_1''}{b_1} \tag{9.6}$$

$$D_2 = \frac{Eh^3}{12} \tag{9.7}$$

$$D_3 = D_2\mu + \frac{Gh^3}{6} + \frac{Gm_1^3 n_1 \alpha}{b_1} \tag{9.8}$$

$$G = \frac{E}{2(1+\mu)} \tag{9.9}$$

式中，G——混凝土剪切模量。

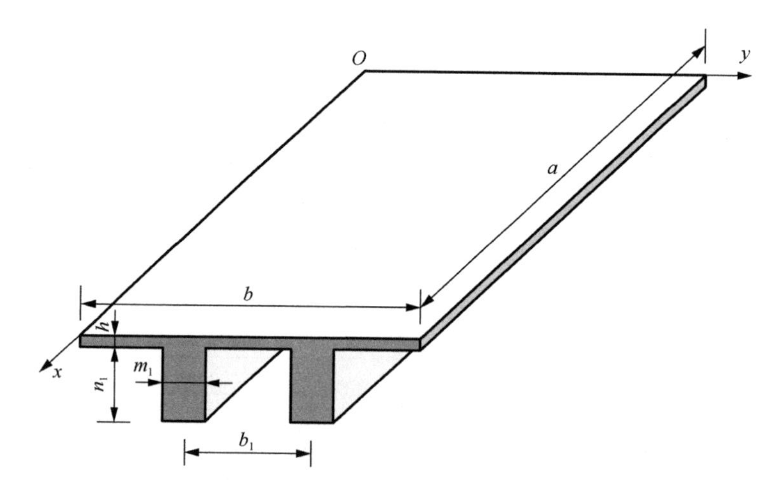

图 9.3　一组等距离梁的楼盖

3）计算楼盖基频

$$f_1 = \frac{1}{2\pi}\frac{\alpha_1}{b^2}\sqrt{\frac{g}{\bar{q}_0}}\sqrt{\alpha_2\frac{D_1}{C^4} + \alpha_3\frac{D_3}{C^2} + \alpha_4 D_2} \tag{9.10}$$

式中，C——a/b；

g——重力加速度；

$\bar{q}_0$——楼盖单位面积上荷载。

系数 $\alpha_1 \sim \alpha_4$ 为常数，主要与边界条件有关，取值参照表 9.3。表 9.3 中边界条件命名规则具体如图 9.4 所示。

表 9.3 各种边界条件下系数 α_1、α_2、α_3 和 α_4 取值

边界条件	α_1	α_2	α_3	α_4
CCCC	22.79	1.0000	0.667	1.000
CCCS	15.81	1.0000	1.299	2.078
SCSC	11.39	4.0000	2.000	0.750
FCFC	8.05	8.0000	0.000	0.000
CCSS	π^2	2.5600	3.130	2.560
SCSS	13.96	1.2810	1.250	0.500
FCFS	1.00	2.5600	0.000	0.000
FCFF	20.70	0.0313	0.000	0.000
SSSS	19.72	0.2500	0.500	0.250
FSFS	13.98	0.5000	0.000	0.000

注：1. “S”表示简支，“C”表示固支，“F”表示自由。

2. 例如，边界条件为 SCSC 的楼盖为①和③边界简支，②和④边界固支。

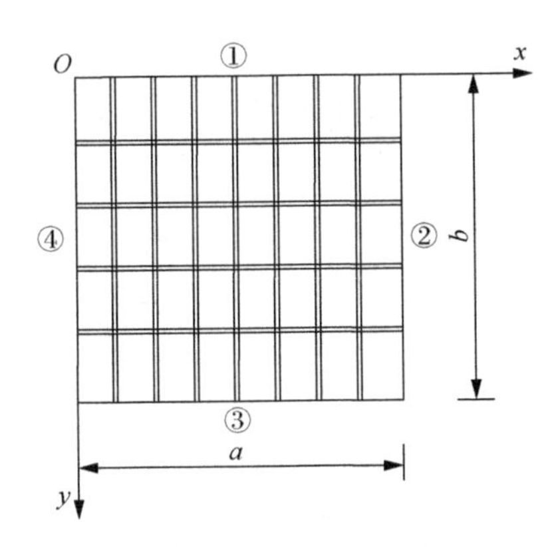

图 9.4 楼盖边界条件示意图

4）计算楼盖振动峰值加速度

$$a_{\mathrm{P}}=\begin{cases}\dfrac{4\alpha_{\mathrm{J}}gG_{\mathrm{P}}}{\bar{q}_0ab\pi} & \text{跳跃}\\[2ex] \dfrac{\alpha_{\mathrm{R}}gG_{\mathrm{P}}\pi^2}{\bar{q}_0ab} & \text{跑步}\\[2ex] \dfrac{4\alpha_{\mathrm{W}}\pi^2gG_{\mathrm{P}}f_{\mathrm{W}}^2}{\bar{q}_0ab} & \text{行走（非共振情形）}\\[2ex] \dfrac{G_{\mathrm{P}}\mathrm{e}^{-0.35f_1}g}{\xi\bar{q}_0ab} & \text{行走（共振情形）}\end{cases} \tag{9.11}$$

式中，f_{W}——步行频率，取值范围为 1.8～2.2Hz；

ξ——楼盖阻尼比，建议取值 0.02。

α_J、α_R、α_W——跳跃激励、跑步激励、步行激励作用下的荷载系数［通过式（9.12）～（9.14）计算］；

G_P——人体重量，可参照文献[1]取值（表 9.4），目前主流评价标准取值 $70\text{kg}\cdot g$。

表 9.4　世界主要国家人口体重平均值

地区	成年人数量/亿人	体重平均值/kg
非洲	5.35	60.7
亚洲	28.15	57.7
欧洲	6.06	70.8
南美洲	3.86	67.9
北美洲	2.63	80.7
大洋洲	0.24	74.1
世界范围	46.30	62.0

$$\alpha_J=\begin{cases}4341.04\mathrm{e}^{-0.48f_1} & \text{梁}\\ 17548.53\mathrm{e}^{-0.48f_1} & \text{板}\end{cases} \tag{9.12}$$

$$\alpha_R=257.69-83.65f_1+9.58f_1^2-0.37f_1^3 \tag{9.13}$$

$$\alpha_W=(0.976+0.912f_1+0.263f_1^2)\mathrm{e}^{(0.206-0.096f_1-0.058f_1^2)} \tag{9.14}$$

式中，f_1——楼盖基本频率，取值按式（9.10）计算，或者通过通用计算软件弹性分析得到。

9.2　楼 盖 实 例

以某预应力混凝土楼盖为例，混凝土强度为 C40，其结构布置如图 9.5 所示。所计算矩形楼盖 a=36m，b=41.7m，只考虑单位面积恒载标准值为 W_D，活载按照楼盖评价实际阶段取值 $W_L=0$，单位面积上荷载 $\overline{q}_0$ 表达式为

$$\overline{q}_0=\frac{W_D}{ab}=\frac{\rho Vg}{ab}=8125.16(\text{N/m}^2) \tag{9.15}$$

式中，ρ——混凝土密度，可取 2500kg/m^3；

V——楼盖体积，$V=497.857\text{m}^3$。

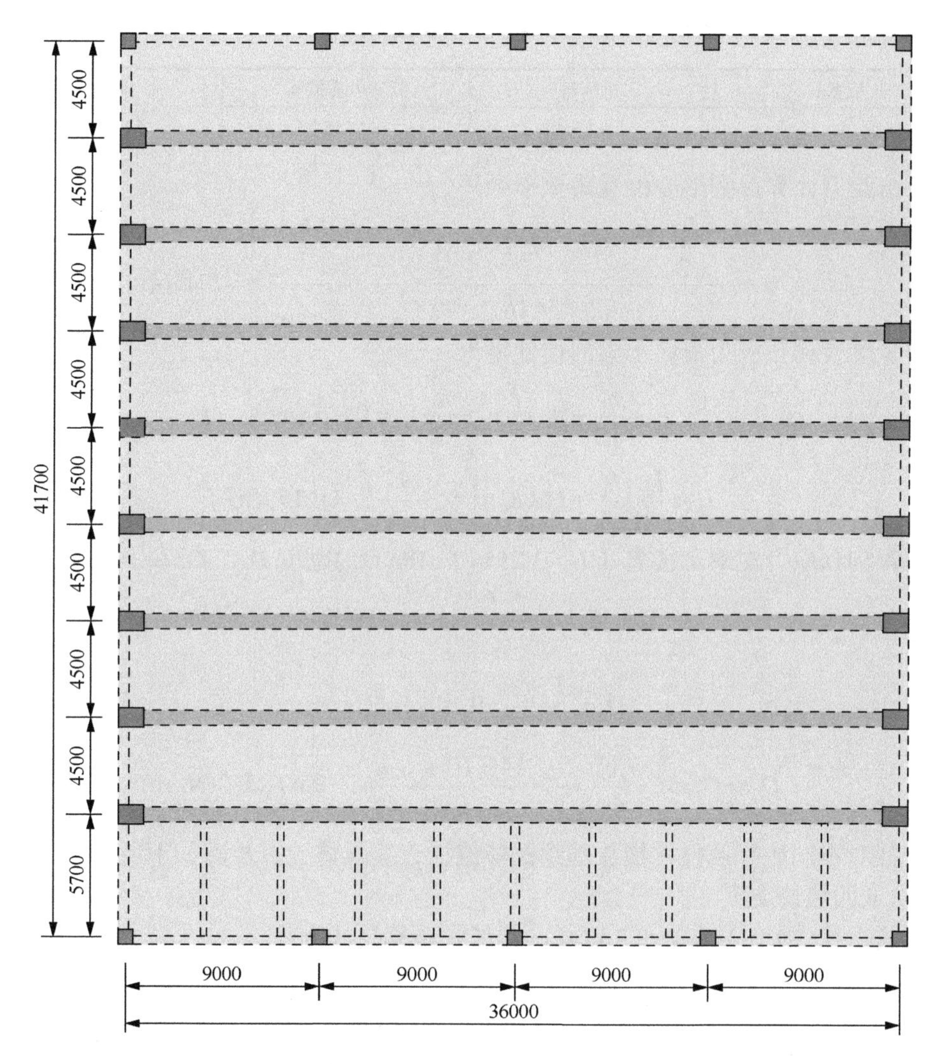

图 9.5　某预应力混凝土楼盖结构布置图（尺寸单位：mm）

预应力混凝土楼盖梁截面尺寸如图 9.6 所示，且具体截面尺寸见表 9.5。

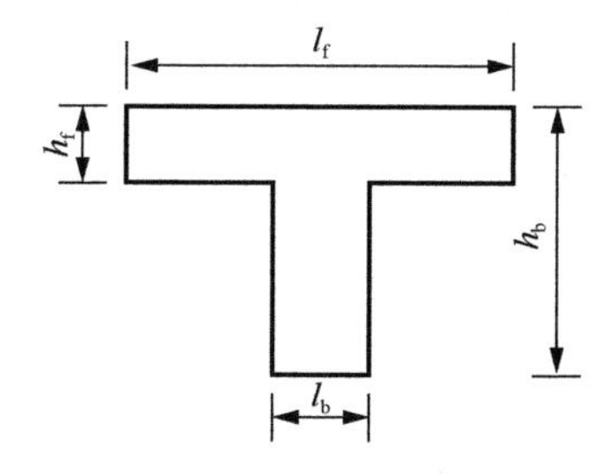

图 9.6　预应力混凝土楼盖梁截面尺寸

表 9.5　预应力混凝土楼盖梁截面尺寸　　（单位：m）

板宽 l_f	板厚 h_f	梁等效高度 h_b	梁宽 l_b
4.5	0.15	1.318	0.7

由此可计算得到形心位置距板顶距离为

$$y_c=\frac{\left[\dfrac{l_f\times h_f\times h_f}{2}+(h_b-h_f)\times l_b\times\left(\dfrac{h_f+(h_b-h_f)}{2}\right)\right]}{l_f\times h_f+(h_b-h_f)\times l_b}=0.436(\mathrm{m}) \tag{9.16}$$

单位宽度板和预应力混凝土梁的惯性矩为

$$I_f=\frac{h_f^3}{12}+h_f\times\left(y_c-\frac{h_f}{2}\right)^2=0.020(\mathrm{m}^4) \tag{9.17}$$

$$I_b=\frac{l_b\times h_b^3}{12}+l_b\times h_b\times\left(y_c-\frac{h_b}{2}\right)^2=0.179(\mathrm{m}^4) \tag{9.18}$$

由此得到预应力混凝土楼盖（E_c=3.25×10^{4}MPa）的刚度 D_1、D_2 和 D_3 分别为

$$D_1=E_cI_f+\frac{E_cI_b}{b_1}=1.94\times10^9(\mathrm{N\cdot m}) \tag{9.19}$$

$$D_2=\frac{E_ch_f^3}{12}=9.14\times10^6(\mathrm{N\cdot m}) \tag{9.20}$$

$$D_3=D_2\mu+\frac{G_ch_f^3}{6}+\frac{0.214G_cl_b^3(h_b-h_f)}{l_b}=2.67\times10^8(\mathrm{N\cdot m}) \tag{9.21}$$

针对不同边界条件，楼盖基频及峰值加速度具体计算步骤如下所述。

1）四边简支

依据式（9.10）和表 9.3 可知，其基频计算公式为

$$f_1=\frac{1}{2\pi}\frac{19.72}{b^2}\sqrt{\frac{g}{\overline{q}_0}}\sqrt{0.25\frac{D_1}{C^4}+0.5\frac{D_3}{C^2}+0.25D_2}\approx2.04(\mathrm{Hz}) \tag{9.22}$$

跳跃荷载作用下，由经验可知楼板上点的峰值加速度将远大于混凝土梁上点的加速度，故峰值加速度计算公式为

$$a_P=\frac{4\alpha_JgG_P}{\overline{q}_0ab\pi}=\frac{4\times17548.53\times\mathrm{e}^{-0.48\times2.04}\times9.8\times9.8\times70}{8125.16\times41.7\times36\times3.14}(\mathrm{m/s^2})\approx4.63(\mathrm{m/s^2}) \tag{9.23}$$

需要强调本章所考虑的人的体重均为 70kg。

假设步行过程中步行频率 f_W 为 2.2Hz，步行荷载作用下预应力混凝土楼盖的峰值加速度为

$$\begin{aligned}a_P&=\frac{4\alpha_W\pi^2gG_Pf_W^2}{\overline{q}_0ab}\\&=\frac{4\times(0.976+0.912\times2.04+0.263\times2.04^2)\mathrm{e}^{(0.206-0.096\times2.04-0.058\times2.04^2)}\times3.14^2\times9.8\times9.8\times70\times2.2^2}{8125.16\times41.7\times36}\end{aligned}$$

$$\approx 0.33(\mathrm{m/s^2}) \tag{9.24}$$

跑步荷载作用下，预应力混凝土楼盖的峰值加速度为

$$a_{\mathrm{P}} = \frac{\alpha_{\mathrm{R}} g G_{\mathrm{P}} \pi^2}{\overline{q}_0 ab}$$

$$= \frac{(257.69 - 83.65\times 2.04 + 9.58\times 2.04^2 - 0.37\times 2.04^3)\times 9.8\times 9.8\times 70\times 3.14^2}{8125.16\times 41.7\times 36}$$

$$\approx 0.67(\mathrm{m/s^2}) \tag{9.25}$$

以美国 AISC 标准为例，如图 9.7 所示，在步行和跑步激励作用下，楼盖振动 RMS 加速度均小于阈值（以商场为例），无振动舒适度问题。这里，步行作用下，峰值加速度与 RMS 加速度比值（波峰因数 $\beta_{\mathrm{rp}} = 0.87 + 2.17 f_1 - 0.28 f_1^2$）取 4.13；跑步作用下，该比值（波峰因数 $\beta_{\mathrm{rp}} = 4.57 - 0.62 f_1 + 0.06 f_1^2$）取 3.55。RMS 加速度与峰值加速度关系为

$$a_{\mathrm{RMS}} = \frac{a_{\mathrm{P}}}{\beta_{\mathrm{rp}}} \tag{9.26}$$

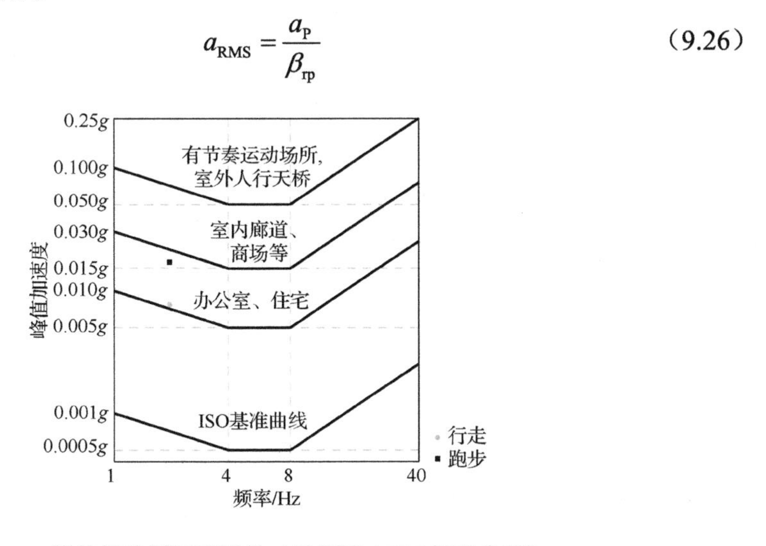

图 9.7 楼盖振动舒适度评价（以美国 AISC 标准为例）

2）四边固支

依据式（9.10）和表 9.3 可知，其基频计算公式为

$$f_1 = \frac{1}{2\pi}\frac{22.79}{b^2}\sqrt{\frac{g}{\overline{q}_0}}\sqrt{\frac{D_1}{C^4} + 0.667\frac{D_3}{C^2} + D_2} = 4.43(\mathrm{Hz}) \tag{9.27}$$

跳跃荷载作用下，由经验可知，楼板上点的峰值加速度将远大于混凝土梁上点的加速度，故峰值加速度计算公式为

$$a_{\mathrm{P}} = \frac{4\alpha_{\mathrm{J}} g G_{\mathrm{P}}}{\overline{q}_0 ab\pi} = \frac{4\times 17548.53\times \mathrm{e}^{-0.48\times 4.43}\times 9.8\times 9.8\times 70}{8125.16\times 41.7\times 36\times 3.14} \approx 1.47(\mathrm{m/s^2}) \tag{9.28}$$

步行荷载作用下，预应力混凝土楼盖的峰值加速度为

$$a_{\mathrm{P}}=\frac{4\alpha_{\mathrm{W}}\pi^2 gG_{\mathrm{P}}f_{\mathrm{W}}^2}{\overline{q}_0ab}$$

$$=\frac{4\times(0.976+0.912\times4.43+0.263\times4.43^2)\mathrm{e}^{(0.206-0.096\times4.43-0.058\times4.43^2)}\times3.14^2\times9.8\times9.8\times70\times2.2^2}{8125.16\times41.7\times36}$$

$$\approx0.28(\mathrm{m/s^2})\tag{9.29}$$

跑步荷载作用下，预应力混凝土楼盖的峰值加速度为

$$a_{\mathrm{P}}=\frac{\alpha_{\mathrm{R}}gG_{\mathrm{P}}\pi^2}{\overline{q}_0ab}$$

$$=\frac{(257.69-83.65\times4.43+9.58\times4.43^2-0.37\times4.43^3)\times9.8\times9.8\times70\times3.14^2}{8125.16\times41.7\times36}$$

$$\approx0.23(\mathrm{m/s^2})\tag{9.30}$$

3）三边简支，一边固支

依据式（9.10）和表 9.3 可知，其基频计算公式为

$$f_1=\frac{1}{2\pi}\frac{13.96}{b^2}\sqrt{\frac{g}{\overline{q}_0}}\sqrt{1.281\frac{D_1}{C^4}+1.25\frac{D_3}{C^2}+0.5D_2}=3.11(\mathrm{Hz})\tag{9.31}$$

跳跃荷载作用下，由经验可知，楼板上点的峰值加速度将远大于混凝土梁上点的加速度，故峰值加速度计算公式为

$$a_{\mathrm{P}}=\frac{4\alpha_{\mathrm{J}}gG_{\mathrm{P}}}{\overline{q}_0ab\pi}=\frac{4\times17548.53\times\mathrm{e}^{-0.48\times3.11}\times9.8\times9.8\times70}{8125.16\times41.7\times36\times3.14}\approx2.77(\mathrm{m/s^2})\tag{9.32}$$

步行荷载作用下，预应力混凝土楼盖的峰值加速度为

$$a_{\mathrm{P}}=\frac{4\alpha_{\mathrm{W}}\pi^2 gG_{\mathrm{P}}f_{\mathrm{W}}^2}{\overline{q}_0ab}$$

$$=\frac{4\times(0.976+0.912\times3.11+0.263\times3.11^2)\mathrm{e}^{(0.206-0.096\times3.11-0.058\times3.11^2)}\times3.14^2\times9.8\times9.8\times70\times2.2^2}{8125.16\times41.7\times36}$$

$$\approx0.35(\mathrm{m/s^2})\tag{9.33}$$

跑步荷载作用下，预应力混凝土楼盖的峰值加速度为

$$a_{\mathrm{P}}=\frac{\alpha_{\mathrm{R}}gG_{\mathrm{P}}\pi^2}{\overline{q}_0ab}$$

$$=\frac{(257.69-83.65\times3.11+9.58\times3.11^2-0.37\times3.11^3)\times9.8\times9.8\times70\times3.14^2}{8125.16\times41.7\times36}$$

$$\approx0.43(\mathrm{m/s^2})\tag{9.34}$$

4）两邻边简支，两邻边固支

依据式（9.10）和表 9.3 可知，其基频计算公式为

$$f_1=\frac{1}{2\pi}\frac{\pi^2}{b^2}\sqrt{\frac{g}{\overline{q}_0}}\sqrt{2.56\frac{D_1}{C^4}+3.13\frac{D_3}{C^2}+2.56D_2}=3.15(\mathrm{Hz})\tag{9.35}$$

跳跃荷载作用下，由经验可知，楼板上点的峰值加速度将远大于混凝土梁上点的加速度，故峰值加速度计算公式为

$$a_{\rm P}=\frac{4\alpha_{\rm J}gG_{\rm P}}{\overline{q}_0ab\pi}=\frac{4\times17548.53\times{\rm e}^{-0.48\times3.15}\times9.8\times9.8\times70}{8125.16\times41.7\times36\times3.14}\approx2.72({\rm m/s^2}) \tag{9.36}$$

步行荷载作用下，预应力混凝土楼盖的峰值加速度为

$$\begin{aligned}a_{\rm P}&=\frac{4\alpha_{\rm W}\pi^2gG_{\rm P}f_{\rm W}^2}{\overline{q}_0ab}\\&=\frac{4\times(0.976+0.912\times3.15+0.263\times3.15^2){\rm e}^{(0.206-0.096\times3.15-0.058\times3.15^2)}\times3.14^2\times9.8\times9.8\times70\times2.2^2}{8125.16\times41.7\times36}\\&\approx0.35({\rm m/s^2})\end{aligned} \tag{9.37}$$

跑步荷载作用下，预应力混凝土楼盖的峰值加速度为

$$\begin{aligned}a_{\rm P}&=\frac{\alpha_{\rm R}gG_{\rm P}\pi^2}{\overline{q}_0ab}\\&=\frac{(257.69-83.65\times3.15+9.58\times3.15^2-0.37\times3.15^3)\times9.8\times9.8\times70\times3.14^2}{8125.16\times41.7\times36}\\&\approx0.42({\rm m/s^2})\end{aligned} \tag{9.38}$$

5）两对边简支，两对边固支

依据式（9.10）和表9.3可知，其基频计算公式为

$$f_1=\frac{1}{2\pi}\frac{11.39}{b^2}\sqrt{\frac{g}{\overline{q}_0}}\sqrt{4\frac{D_1}{C^4}+2\frac{D_3}{C^2}+0.75D_2}=4.39({\rm Hz}) \tag{9.39}$$

跳跃荷载作用下，由经验可知，楼板上点的峰值加速度将远大于混凝土梁上点的加速度，故峰值加速度计算公式为

$$a_{\rm P}=\frac{4\alpha_{\rm J}gG_{\rm P}}{\overline{q}_0ab\pi}=\frac{4\times17548.53\times{\rm e}^{-0.48\times4.39}\times9.8\times9.8\times70}{8125.16\times41.7\times36\times3.14}\approx1.50({\rm m/s^2}) \tag{9.40}$$

步行荷载作用下，预应力混凝土楼盖的峰值加速度为

$$\begin{aligned}a_{\rm P}&=\frac{4\alpha_{\rm W}\pi^2gG_{\rm P}f_{\rm W}^2}{\overline{q}_0ab}\\&=\frac{4\times(0.976+0.912\times4.39+0.263\times4.39^2){\rm e}^{(0.206-0.096\times4.39-0.058\times4.39^2)}\times3.14^2\times9.8\times9.8\times70\times2.2^2}{8125.16\times41.7\times36}\\&\approx0.24({\rm m/s^2})\end{aligned} \tag{9.41}$$

跑步荷载作用下，预应力混凝土楼盖的峰值加速度为

$$\begin{aligned}a_{\rm P}&=\frac{\alpha_{\rm R}gG_{\rm P}\pi^2}{\overline{q}_0ab}\\&=\frac{(257.69-83.65\times4.39+9.58\times4.39^2-0.37\times4.39^3)\times9.8\times9.8\times70\times3.14^2}{8125.16\times41.7\times36}\\&\approx0.24({\rm m/s^2})\end{aligned} \tag{9.42}$$

6）一边简支，三边固支

依据式（9.10）和表 9.3 可知，其基频计算公式为

$$f_1=\frac{1}{2\pi}\frac{15.81}{b^2}\sqrt{\frac{g}{\overline{q}_0}}\sqrt{\frac{D_1}{C^4}+1.299\frac{D_3}{C^2}+2.078D_2}=3.17(\mathrm{Hz}) \tag{9.43}$$

跳跃荷载作用下，由经验可知，楼板上点的峰值加速度将远大于混凝土梁上点的加速度，故峰值加速度计算公式为

$$a_{\mathrm{P}}=\frac{4\alpha_{\mathrm{J}}gG_{\mathrm{P}}}{\overline{q}_0ab\pi}=\frac{4\times 17\,548.53\times \mathrm{e}^{-0.48\times 3.17}\times 9.8\times 9.8\times 70}{8125.16\times 41.7\times 36\times 3.14}=2.69(\mathrm{m/s^2}) \tag{9.44}$$

步行荷载作用下，预应力混凝土楼盖的峰值加速度为

$$\begin{aligned}a_{\mathrm{P}}&=\frac{4\alpha_{\mathrm{W}}\pi^2gG_{\mathrm{P}}f_{\mathrm{W}}^2}{\overline{q}_0ab}\\&=\frac{4\times(0.976+0.912\times 3.17+0.263\times 3.17^2)\mathrm{e}^{(0.206-0.096\times 3.17-0.058\times 3.17^2)}\times 3.14^2\times 9.8\times 9.8\times 70\times 2.2^2}{8125.16\times 41.7\times 36}\\&\approx 0.35(\mathrm{m/s^2})\end{aligned} \tag{9.45}$$

跑步荷载作用下，预应力混凝土楼盖的峰值加速度为

$$\begin{aligned}a_{\mathrm{P}}&=\frac{\alpha_{\mathrm{R}}gG_{\mathrm{P}}\pi^2}{\overline{q}_0ab}\\&=\frac{(257.69-83.65\times 3.17+9.58\times 3.17^2-0.37\times 3.17^3)\times 9.8\times 9.8\times 70\times 3.14^2}{8125.16\times 41.7\times 36}\\&\approx 0.42(\mathrm{m/s^2})\end{aligned} \tag{9.46}$$

参 考 文 献

[1] Walpole S C, Prieto-Merino D, Edwards P, et al. The weight of nations: an estimation of adult human biomass [J]. BMC Public Health, 2012, 12: 439.